Hamburger Symposium
Geographie

Band 2
Klimawandel und Klimawirkung

Herausgegeben von
Jürgen Böhner
Beate M.W. Ratter

Geographisches Institut
der Universität Kiel

Schriftenreihe des Instituts für Geographie der Universität Hamburg

Hamburger Symposium Geographie, Band 2

Gefördert von: KlimaCampus Hamburg

Die Deutsche Bibliothek – CIP Einheitsaufnahme

Böhner, Jürgen; Ratter, Beate M.W. (Hrsg):
Klimawandel und Klimawirkung.
Beiträge von Bechtel, Benjamin; Böhner, Jürgen; Kruse, Nicole;
Langkamp, Thomas; Nehrdich, Tobias; Oßenbrügge, Jürgen;
Ratter, Beate M.W.; Schickhoff, Udo; Scholten, Thomas /
hrsg. von Jürgen Böhner und Beate M.W. Ratter.
– Hamburg: Institut für Geographie der Universität Hamburg, 2010
  (Hamburger Symposium Geographie ; 2)
  ISBN: 978-3-9806865-9-4

© 2010

Herausgeberin der Reihe: Beate M.W. Ratter
Schriftleitung: Arnd Holdschlag
Layout und Gestaltung: Claus Carstens
Herstellung und Druck: Karl Neisius GmbH, 56333 Winningen

Hamburger Symposium Geographie – Klimawandel und Klimawirkung

Inhalt

Einleitung: Hamburger Symposium Geographie – Klimawandel und Klimawirkung .. 3
Jürgen Böhner, Beate M.W. Ratter

Teil A

*Klimawandel und Klimamodellierung –
Eine Einführung in die computergestützte Analyse des Klimawandels* 9
Thomas Langkamp, Jürgen Böhner

*Klimawandel und Landschaft –
Regionalisierung, Rekonstruktion und Projektion
des Klima- und Landschaftswandels Zentral- und Hochasiens* 27
Jürgen Böhner, Thomas Langkamp

*Klimawandel und Vegetationsdynamik –
Die Entwicklung der Pflanzendecke
in höheren Breiten und in den Hochgebirgen der Erde* 51
Udo Schickhoff, Thomas Scholten

*Klimawandel und Boden –
Die Rolle des Klimawandels für Bodennutzung und Bodenschutz* 85
Thomas Scholten, Udo Schickhoff

*Klimawandel und Stadt –
Der Faktor Klima als neue Determinante der Stadtentwicklung* 97
Jürgen Oßenbrügge, Benjamin Bechtel

*Klimawandel und Wahrnehmung –
Risiko und Risikobewusstsein in Hamburg* 119
Beate M.W. Ratter, Nicole Kruse

Teil B

Didaktischer Beitrag zu Lehrmethoden

*Geographien im Plural erzählen –
Raumkonzepte als didaktisches Werkzeug für den Geographieunterricht* 141
Tobias Nehrdich

Foto: M. Kretschmer, März 2010

Einleitung:
Hamburger Symposium Geographie – Klimawandel und Klimawirkung

Jürgen Böhner, Beate M.W. Ratter

erschienen in: Böhner, J. & B.M.W. Ratter (Hg.): Klimawandel und Klimawirkung. Hamburg 2010
(Hamburger Symposium Geographie, Band 2): 3-5

Nein, dieses Frontispiz zeigt keinen vertrockneten Baum, der dem Klimawandel nicht mehr gewachsen war. Der verbrannte Baum in Argentiniens Nationalpark Los Glaciares wurde vielmehr Opfer einer achtlos weggeworfenen Zigarette und mahnt als *„Monumento al caminante distraido"* – das Denkmal des achtlosen Wanderers – metaphorisch einen bewussten Umgang mit der Natur an. Aus didaktischer Sicht ist dieser „moralische Zeigefinger" sicher für die meisten Leserinnen und Leser kein zeitgemäßes Instrument zur Umwelterziehung. Dennoch, die für jeden Betrachter klare Kausalkette von Impuls (Zigarette) – Prozess (Feuer) – Wirkung (verbrannter Baum) hinterlässt Eindruck, und mehr noch, sie bietet auch keinerlei Spielräume für Interpretationen über Verantwortlichkeiten, Ursachen und Wirkungen. Angesichts der Kritik einzelner Wissenschaftler aus der Gruppe der so genannten „Klimaskeptiker" an der modernen Klimaforschung würde sich sicher so mancher, mit dem Thema befasste, seriöse Wissenschaftler an dieser Stelle wünschen, dass auch der Klimawandel und die an den Klimawandel gebundenen Prozesse und Implikationen derart schlichten Kausalitäten folgten. Leider ist aber die wissenschaftliche Realität wesentlich komplexer, und – um dem Leser bereits hier reinen Wein einzuschenken – auch in dieser Sammlung von Beiträgen nicht soweit zu vereinfachen, dass am Ende der Lektüre jeder Leser die eine Antwort mitnimmt.

Bereits im ersten Artikel von Thomas Langkamp und Jürgen Böhner, einer Einführung in die modell-gestützte Analyse des Klimawandels, scheint die Spannweite unterschiedlicher Angaben zum global gemittelten Temperaturanstieg von 1,1 bis 6,4 °C bis zum Ende dieses Jahrhunderts im jüngsten Sachstandsbereicht des IPCC (Intergovernmental Panel on Climate Change 2007) massive Modell-Unsicherheiten zu dokumentieren. Ein Missverständnis: Klimamodellberechnungen sind keine Vorhersagen, sondern „übersetzen" alternative Annahmen über Bevölkerungswachstum, sozioökonomische Entwicklungen und damit verbundene Veränderungen im Ausstoß von Treibhausgasen in entsprechend unterschiedliche, aber keineswegs widersprüchliche Klimaszenarien. Selbstverständlich bestehen nach wie vor modellimmanente Unsicherheiten, die im Bericht des IPCC auch ganz ausdrücklich den gesicherten Befunden gegenüber gestellt werden; der größte Unsicherheitsfaktor ist aber der Mensch – wir, unser Verhalten, jetzt und in Zukunft.

Trotz dieser letztlich nicht prognostizierbaren und daher nur in Szenarien abzubildenden Entwicklung der Treibhausgasemissionen haben sich die Forschungsergebnisse unterschiedlicher Disziplinen seit dem letzten Sachstandsbericht

Hamburger Symposium Geographie – Klimawandel und Klimawirkung

des IPCC von 2000 zu einer vielfach validierten, aber unbequemen Kernaussage verdichtet: mit sehr hoher Wahrscheinlichkeit leben wir nicht nur im Zeitalter einer vom Menschen mit verursachten Phase globaler Erwärmung. Im Gegenteil, dieser Trend wird sich auch in diesem Jahrhundert weiter fortsetzen, und zwar selbst dann, wenn eine globale Saulus-Paulus-Metamorphose ca. 6,9 Milliarden Menschen von heute auf morgen zu einem radikal ressourcenschonenden Verhalten bekehrt.

Aus physiogeographischer Sicht ist damit auch unstrittig: der Klimawandel wird Konsequenzen für die naturräumliche Ressourcenausstattung haben und Anpassungsstrategien auslösen, aber welche? Diese Frage thematisiert der Beitrag von Jürgen Böhner und Thomas Langkamp. Am Beispiel der als besonders klimasensitiv eingestuften Hochgebirgs- und Trockenräume Zentral- und Hochasiens werden Methoden zur Regionalisierung rezenter Klimaverhältnisse und naturräumlicher Landschaftseinheiten vorgestellt, die dann sowohl Rekonstruktionen vergangener Klimazustände als auch Projektionen potenziell zukünftiger naturräumlicher Konsequenzen des Klimawandels unterstützen. Eine deutlich stärker an den Prozessen orientierte Analyse und Diskussion des Klimawirkungskomplexes liefern die Beiträge von Udo Schickhoff und Thomas Scholten. Getrennt nach physiogeographischen Elementarkomplexen werden die möglichen Konsequenzen des Klimawandels zunächst für die Vegetation und dann für den Boden dargestellt sowie deren Rückkopplungsmechanismen mit dem Klimasystem diskutiert, womit letztlich auch Unsicherheiten im aktuellen Wissen und damit verbundene offene Forschungsfragen identifiziert werden.

Bereits im ersten Symposium Geographie wurde unter dem Leitthema „Küste und Klima" die Bedeutung des Klimawandels für Küstenregionen diskutiert. Der aktuelle Beitrag von Beate M.W. Ratter und Nicole Kruse schlägt eine Brücke zum ersten Symposium, indem das Thema Klimawandel und Küste aufgenommen und unter regionaler Fokussierung auf die Metropolregion Hamburg um den gerade für das Risikomanagement wichtigen Aspekt der Risikowahrnehmung erweitert wird. Eine breite öffentliche Wahrnehmung von Klimarisiken und nachteiligen Implikationen des Klimawandels ist schließlich auch Grundvoraussetzung für die gesellschaftliche Akzeptanz von Anpassungs- und Mitigationsstrategien. Der Beitrag von Jürgen Oßenbrügge und Benjamin Bechtel identifiziert Klimawandel als neue Determinante der Stadtentwicklung und verknüpft wissenschaftliche Fakten zum Stadtklima mit politischen Entscheidungs- und Planungsprozessen.

Der globale Klimawandel und die damit verbundenen regionalen naturräumlichen und sozioökonomischen Implikationen stellen aber nicht nur zentrale Zukunftsthemen für Wissenschaft und Politik dar, sie bilden vielmehr eine gesamtgesellschaftliche Herausforderung mit signifikant gesteigerten Anforderungen an die schulische Umwelterziehung. Neben Fragen wie der Rolle natürlicher und anthropogener Ursachen des Klimawandels und deren Abbildung in Klimamodellen generieren insbesondere die an den Klimawandel gebundenen Veränderungen der naturräumlichen Ressourcenausstattung und -verfügbarkeit sowie assoziierte Änderungen menschlicher Handlungsoptionen und -spielräume neue Unterrichtsinhalte.

Vor diesem Hintergrund rekrutiert sich der zweite Teil dieses Buches aus der Geographiedidaktik. Unter dem Titel „Geographien im Plural erzählen" zeigt Tobias Nehrdich verschiedene Wege der geographischen Erkenntnisgewinnung auf, die der Vieldeutigkeit des Klimawandels im Speziellen und dem Pluralismus geographischer Inhalte im Allgemeinen im praktischen Unterricht gerecht werden sollen. Nehrdich stellt insbesondere unterschiedliche, jeweils aus prominenten fachwissenschaftlichen

Hamburger Symposium Geographie – Klimawandel und Klimawirkung

Erkenntnispositionen heraus begründete Raumkonzepte vor und zeigt am Beispiel der Elbeflut in Dresden 2002 exemplarisch auf, wie und unter welchen Fragestellungen diese curricularen Raumkonzepte im Unterricht eingesetzt beziehungsweise berücksichtigt werden können.

Der zweite Band Hamburger Symposium Geographie spannt damit einen Bogen von der Grundlagenforschung zur Angewandten Forschung und vom akademischen Disput zum Unterrichtsalltag. Wir hoffen, dass die angebotenen Themen das Fach Geographie im Klimaforschungskontext prominent positionieren und gleichzeitig Diskussionen über eine mögliche Neujustierung geographischer Inhalte im Unterricht anregen. Die Geographie zeigt einerseits eine etablierte Verantwortung für die Lehramtsausbildung und andererseits vielfältige Forschungskompetenzen einer Multimethodendisziplin. Wir sind davon überzeugt, daß diese Dichotomie nicht zuletzt das Fach Geographie unverzichtbar macht und neue Erkenntnisse aus der Erdsystem- und Klimaforschung auf dem denkbar kürzesten Wege in die Umwelterziehung transportiert.

Die Realisierung und insbesondere die Durchführung und Organisation des Symposiums Klimawandel und Klimawirkung, auf dem dieser Band basiert, wurde unterstützt vom Landesinstitut für Lehrerbildung und Schulentwicklung Hamburg, wofür wir uns an dieser Stelle bedanken möchten. Unser besonderer Dank gilt Herrn Paul Cremer-Andresen für vielfältige Unterstützung und Kooperation. Darüber hinaus möchten wir uns für die freundliche Unterstützung des KlimaCampus Hamburg bedanken, der die Finanzierung dieser Publikation übernommen hat.

Jürgen Böhner, Beate M.W. Ratter
Institut für Geographie
Universität Hamburg
Bundesstraße 55, 20146 Hamburg
boehner@geowiss.uni-hamburg.de, ratter@geowiss.uni-hamburg.de
http://www.uni-hamburg.de/geographie/personal/professoren/

Hamburger Symposium Geographie – Klimawandel und Klimawirkung

Teil A

Klimawandel und Klimamodellierung –
Eine Einführung in die computergestützte Analyse des Klimawandels

Thomas Langkamp, Jürgen Böhner

erschienen in: Böhner, J. & B. M. W. Ratter (Hg.): Klimawandel und Klimawirkung. Hamburg 2010
(Hamburger Symposium Geographie, Band 2): 9-26

1. Einführung in die Klimaproblematik und ihre Analyse mit Modellen

Der Entwicklungsstand aktueller globaler Klimamodelle (*Global Climate Models:* GCM) erlaubt den Einsatz in vielen Bereichen; darunter die Berechnung vergangener Klimazustände oder die Simulation des heutigen Klimas, um das Modell durch Abgleich mit Naturmessungen zu validieren oder zu falsifizieren.

Im Zentrum des Interesses steht momentan jedoch die Zukunft – Szenarien also des globalen Klimas der nächsten 100 Jahre unter Berücksichtigung der Emission von Treibhausgasen (THGs) wie Kohlendioxid CO_2, Methan CH_4 und Stickoxiden NO_X. Nur mit Hilfe rechenaufwendiger GCM-Läufe lassen sich entsprechende Klimaszenarien erstellen. Die Szenarien sind nicht zu verwechseln mit Projektionen oder Vorhersagen, wie jene im abendlichen Wetterbericht. Denn den GCMs werden verschiedene fiktive Emissionsszenarien für THGs vorgeschrieben. Sie sind definiert im *Special Report on Emission Scenarios* (SRES) des *Intergovernmental Panel on Climate Change* der UN (IPCC 2000). All jene Szenarien werden als gleich realistisch angesehen. Sie decken eine breite Spanne von Entwicklungen der Menschheit ab: von friedlich, ökologisch und ressourcenschonend bis kriegerisch, ökonomisch und verschwenderisch. Die aus diesen möglichen Zukünften resultierende, stärker oder schwächer zunehmende THG-Emission treibt die GCMs an und liefert für die nächsten 100 Jahre viele mögliche Klimaentwicklungs-Szenarien. Die Szenarien sind heute – aus wissenschaftlicher Sicht – die einzigen Werkzeuge, aus denen sich klimapolitische Handlungsempfehlungen ableiten lassen. Somit ist die Weiterentwicklung von GCMs unverzichtbar.

Ein ganz anderes, nämlich **politisches** Szenario geht davon aus, dass die THG-Emissionen so begrenzt werden müssen, dass der Temperaturanstieg innerhalb von 100 Jahren 2 °C nicht überschreitet. Dieses politische Szenario ist jedoch insofern wissenschaftlich, als dass es aus dem vierten internationalen Klimabericht des IPCC abgeleitet ist. Der IPCC-Bericht namens *Climate Change 2007* erwartet schon in seinem optimistischsten Emissionsszenario namens B1 eine CO_2-Gehalt-Verdoppelung. Und nach GCM-Berechnungen entspricht eben die Verdopplung einem Temperaturanstieg von 2 °C bis 2100:

„The transient climate response [...] is very likely larger than 1 °C and very unlikely greater than 3 °C" (IPCC 2007: 88; Details vgl. Abschnitte 8.6, 9.6, Boxen 10.2, 10.5).

Das IPCC beschreibt in diesem Zitat den so genannten *transient climate response*. Das ist der **allmähliche** Anstieg der CO_2-Konzentration um 100 % (auf ca. 540 ppm) gegenüber dem vorindustriellen Niveau (ca. 270 ppm) bis zum Jahr 2100. Im Jahr 2009 betrug dieser Anstieg bereits 43 % bzw. 386,3 ppm (Tans 2010: NOAA/ESRL).

Sollen die 2 °C auch über das Jahr 2100 hinaus nicht überschritten werden, ist eine Obergrenze von 450 ppm CO_2 einzuhalten, da sich die Temperatur erst nach Jahrzehnten dem CO_2-Gehalt anpasst (IPCC 2007: 791).

Bis 2 °C könnte das Klima noch stabilisiert werden, ab 2 °C ist ein Kippen in für den Menschen lebensfeindliche Klimaextreme zu befürchten. Zur Stabilisation müsste die Emission aller THGs (Abb. 1a) entsprechend zurückgefahren und so eine CO_2-äquivalente THG-Konzentrationsverdopplung verhindert werden. Jedoch folgt die aktuelle CO_2-Konzentration nicht dem optimistischen B1-Szenario, sondern dem pessimistischsten namens A1FI (Abb. 1b). Das entspricht der Verdrei- bis Vervierfachung der THG-Konzentration samt einer maximalen Temperaturerhöhung von 6,4 °C bis 2100.

All jene Temperaturszenarien stützen sich auf Analysen der Ergebnisse globaler Klimamodelle.

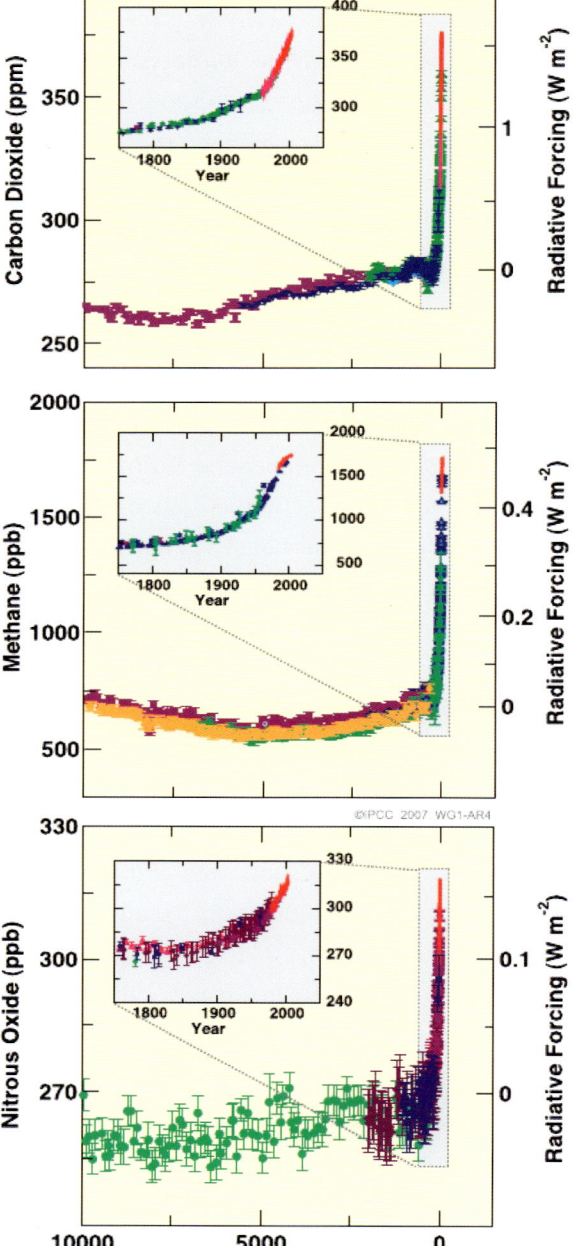

Abb. 1a (links): Konzentrationsentwicklung der drei wichtigsten Treibhausgase in der Atmosphäre vor 10.000 Jahren bis zum Jahre 2000 (IPCC 2007: Fig. SPM 1). Nicht in Abb.: Im Mai 2010 betrug der in parts per million (ppm) gemessene, saisonal korrigierte, global gemittelte CO_2-Gehalt 388,2 ppm (Tans 2010: NOAA / ESRL). Damit folgt er weiter dem pessimistischsten Szenario A1FI (vgl. Abb. 1b).

Abb. 1b (unten): Die CO_2-Emissionen bis 2008 (gepunktet, Jahresmittel) gegenüber den 6 SRES-Szenarien des IPCC. Der Ausstoß stieg mit einer Rate von 3,4 % pro Jahr zwischen 2000 und 2008, verglichen mit 1,0 % pro Jahr in den 90er Jahren. Der Ausstoß folgt damit seit 2002 Szenario A1FI (Fossile Intensive). Der für 2009 projizierte Rückgang im Ausstoß bedeutet keinen Rückgang der Konzentration in ppm (vgl. Abb. 1a), sondern lediglich 1 Jahr lang eine Verlangsamung ihres Anstiegs (Le Quéré et al. 2009: Fig. 1a).

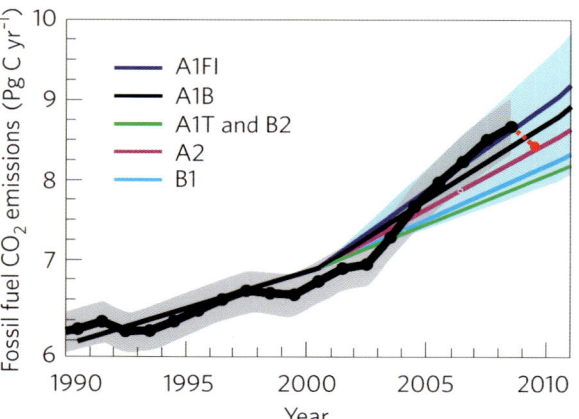

Klimawandel und Klimamodellierung

Neben der Temperatur können auf ihrer Grundlage z.B. auch Veränderungen großräumiger Wind- und Meeresströme abgeschätzt werden; oder auch der Meeresspiegelanstieg, was Küstenstädte befähigt, Anpassungsmaßnahmen zu planen.

Doch was +2 °C im globalen Mittel für lokaler agierende Interessenten wie Land- und Forstwirte bedeuten, das geht aus GCMs aufgrund ihrer groben Auflösung von minimal rund 100 km nicht hervor (vgl. Abb. 3a). Nicht einmal ein landwirtschaftlicher Großbetrieb der *Great Plains* in den USA könnte mit so groben Temperatur- oder Niederschlagsdaten die nächsten Jahre planen. Dabei ist die globalen Klimaerwärmung (vgl. Abb. 2a) regional sehr unterschiedlich ausgeprägt (vgl. Abb. 2b). Sichtbar ist das schon heute an der überdurchschnittlichen Erwärmung der Arktis. Für belastbare Szenarien ebenso wichtiger Klimaelemente wie Niederschlagssumme, Anzahl der Frosttage oder Dauer einer Hitze- und Dürreperiode – also insbesondere die in der Klimafolgenforschung wichtigen Wetterextreme – müssen regional fokussierte bzw. mesoskalig auflösende Klimamodelle an die Stelle der GCM treten. Dieser Typus Klimamodell nennt sich *Regional Climate Model* (RCM) (Roeckner et al. 2006: 28).

Ein wichtiger Aspekt der Klimamodellierung ist ihre Unterscheidung von der Wettervorhersage. Jene ist genauer je mehr wir über den aktuellen Zustand der Atmosphäre wissen (Startwertproblem). Da die Startwerte jedoch nicht gänzlich bekannt sind (das Messnetz müsste unendlich feinmaschig sein), bleiben zuverlässige Vorhersagen auf wenige Tage beschränkt. Das Wettermodell wird ab da beliebig ungenau, da sich die Startwerte zusehends entfernen und

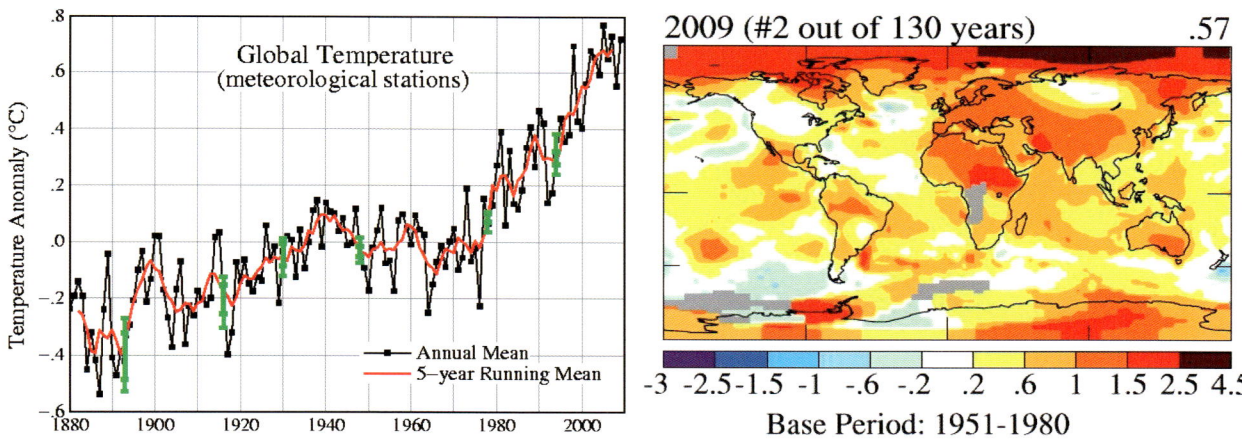

Abb. 2a (links): Kontinentale Erwärmung 1880-2009; basiert allein auf Landstationsmessungen; grün: 95 %-Fehlerbalken aufgrund von Datenlücken. Gegenüber der Periode 1950-1980 beträgt die Erwärmung +0,76 °C. Inkl. der Temperatur über den Ozeanen beträgt die Erwärmung +0,57 °C (vgl. Abb. 2b).

Abb. 2b (rechts): Globale Erwärmung seit der Periode 1951-1980 bis 2009; basiert für Ozeane auf Schiffs- und Satellitendaten. Die Interpolation in die Fläche erfolgte mit dem frei verfügbaren Programm GISTEMP des NASA Goddard Institute for Space Studies. Derzeit teilen sich 1998 und 2009 den zweiten Platz auf der Rangliste der wärmsten Jahre seit 1880. Die für 2009 global gemittelte Erwärmung beträgt +0,57 °C. Sie zeigt sich regional ausgeprägt in erheblich erwärmten Polargebieten mit bis zu +4,5 °C im Jahresmittel. Nicht in Abb.: Auch 2010 ist ein Kandidat für die oberen Ränge der wärmsten Jahre, da die Periode Januar-Juli die bisher wärmste der gemessenen 131 Jahren war. Bislang ist noch das Jahr 2005 Spitzenreiter (NASA GISS 2010, Näheres auf data.giss.nasa.gov/gistemp/graphs).

immer mehr unvorhersehbare Zufallsprozesse „dazwischenfunken". Beim Klimamodell hingegen, das im Kern dem Wettermodell gleicht, wird der Faktor Zufall über die Langzeitmittlung sozusagen herausgemittelt. Damit ergibt sich eine quantifizierbare und im Gegensatz zur 7-Tage-Wettervorhersage eng begrenzte Fehlerspanne. Die Berechnung von Klima über lange Zeiträume (i.d.R. mindestens 30 Jahre) ist also deutlich einfacher. Für kürzere Zeiträume wird das Klima entsprechend ungenauer projiziert. Und für sehr lange Zeiträume kommt der Unsicherheitsfaktor Mensch (Demographie, wirtschaftliche Entwicklung) hinzu. Zudem ist die Aussagekraft eines Klimamodells regional sehr abhängig von der Auflösung und dem Wissen über seine Randwerte (Randwertproblem) wie Struktur der Erdoberfläche oder Albedo (Reflektivität). All das unterscheidet es grundsätzlich von der Wettervorhersage.

Damit wären einige Grundlagen und zwei Typen physikalisch-dynamischer Klimamodelle (GCMs und RCMs) sowie Eckdaten des wissenschaftlichen Wissensstands hinter der Klimawandel-Debatte benannt. Es gibt jedoch eine Vielzahl weiterer Typen von Klimamodellen, Modellierungstechniken und Problemfeldern. Modelle tragen als Werkzeuge der Wissenschaft seit langem zu unserem Wissen über die Entwicklung des globalen und lokalen Klimas bei. Sie sollen in diesem Beitrag näher vorgestellt und ihre Funktionsweise sowie ihre Stärken, Schwächen und Ergebnisse erläutert werden. Denn nur mit einem fundierten Wissen über die Modelle lassen sich Wahrheitsgehalt und Aussagekraft ihrer Ergebnisse vernünftig beurteilen.

2. Modellhistorie und -typen: Vom konzeptionellen zum realistischen Modell

Dynamisch-physikalische Klimamodelle lassen sich nach ihrer räumlichen Komplexität einteilen, denn ihre Gleichungssysteme umfassen 0-3 Dimensionen. Die Anzahl der Dimensionen wird durch die Aufgabenstellung und die vorhandene Computer-Rechenkapazität vorgegeben. Parallel zur Dimensions-Klassifizierung soll hier die historische Entwicklung der Modelle aufgezeigt werden. Interessant ist, dass sie nicht chronologisch mit ansteigender Dimensionalität verlief, da sich die historische Entwicklung immer strikt nach den gegebenen Aufgabenstellungen richtete und der Wert von Modellen mit weniger Dimensionen erst später klar wurde:

Erstes 0d-EBM 1969 (McGuffie & Henderson-Sellers 2005: 63)
Energiebilanzmodelle (EBM) dienen der Berechnung des Gesamtenergieflusses eines Systems ausgehend vom ersten Hauptsatz der Thermodynamik (vgl. Kasten EXKURS). Ein EBM simuliert in der Regel nur das Einpendeln der mittleren, bodennahen Temperatur der Erde ohne räumliche Differenzierung und zwar für eine vorgegebene Strahlungs-Durchlässigkeit der Atmosphäre (Transmissivität). Die Transmissivität steigt mit sinkender THG-Konzentration und umgekehrt und kann im EBM variiert werden. Also: Mehr THG = sinkende Transmissivität = wachsender Energiefluss = höhere Temperatur, auf die sich das EBM einschwingt. Diese Prozesskette ist auch als Treibhauseffekt bekannt.

Erstes 1d-Strahlungs-Konvektionsmodell Anfang der 60er Jahre (ebd.: 63)
Es kann wie ein EBM dazu dienen, die Sensitivität des Klimas zu untersuchen. Es eignet sich dazu noch besser als ein EBM, weil es die vertikale Schichtung der Atmosphäre auflösen und sich so Konvektion (Vertikaltransport) und schichtabhängige Stoff-Konzentrationen wie Aerosole und THG si-

mulieren lassen (nach Hupfer & Kuttler 2006: 295). Den Punktschichten werden Luftdichte, Temperatur, Wärmekapazität, Strahlungsflüsse und ein konvektiver Mischungsparameter zugeordnet. Damit können sie einen realistischen Strahlungs- und Massefluss nachstellen.

Erstes 2d-statistisch-dynamisches Modell 1970   (McGuffie & Henderson-Sellers 2005: 63)

Es vereint Advektion (Horizontaltransport) entlang geographischer Länge und Konvektion. So lassen sich Phänomene der allgemeinen Zirkulation wie die Hadley-Zelle simulieren. Die spätestens ab hier notwendigen Computer berechnen dazu für vertikale Schichten den Energiefluss nach dem Prinzip eines EBM. Der zusätzliche advektive Faktor richtet sich einfach gesagt nach dem horizontalen Temperaturgefälle (Temperaturgradienten) zwischen den Schichtsegmenten.

Erstes 2,5d-EMIC 1956   (ebd.: 63)

Das *Earth modeling with intermediate complexity* war 1956 die erste Disziplin, der sich Klimamodellierer widmeten. Norman Phillips konnte damals über die quasi-geostrophische Näherung auf einem Computer mit nur 5 Kilobyte Speicher ein funktionierendes, zylindrisch geformtes EMIC programmieren und ausführen. Aufgrund der geringeren Modellkomplexität der EMICs sind heute Simulationszeiträume von mehreren 10.000 Jahren möglich oder auch eine hohe Anzahl gleichartiger Experimente mit nur leicht unterschiedlichen Randwerten (*ensemble runs*). Dadurch lässt sich messen, wie sensitiv ein Klimamodell auf kleine Änderungen reagiert (Claussen 2005: 1).

Erstes 3d-GCM 1963:

Das Erste *Global Climate Model* auf Grundlage der im Kasten EXKURS erläuterten Gleichungen wurde 1963 von Smagorinsky entwickelt (Hupfer 1991: 207). Exakter spricht man hier von *Atmospheric GCM* (AGCM), da die anderen Sphären fehlen. Das Akronym AGCM wird häufig auch übersetzt mit „Atmosphärisches Modell der allgemeinen Zirkulation".

Erste 3d CGCMs Anfang der 80er Jahre

Gekoppelte Modelle, z.B. mit Modulen für Atmosphäre und Ozean (AO-GCM), waren der logische nächste Schritt (Schönwiese 2003: 244). Sie stellten auch 2007 noch den Großteil der im IPCC Report verwendeten Modelle. Hinzu kamen einige erweiterte Modelle mit Modulen für Hydrosphäre, Biosphäre usw. (vgl. Abb. 3b).

Erste 3d-ESMs Anfang der 90er Jahre

Das von der Klimaforschung angestrebte vollständige *Earth System Model* (ESM) (McGuffie & Henderson-Sellers 2005: 52) existiert eigentlich noch nicht. Es müsste dynamische Einflüsse der Anthroposphäre einbringen, die heute noch großteils fehlen. Das bedeutet ein auf Jahrzehnte hin breites Arbeitsfeld für Anthropogeographen. Denn es sind Modelle der Demographie, Ökonomie, Soziologie bis hin zur Psychologie, die den ESM fehlen. Mit ihnen könnten die bisher statischen Emissions-Szenarien abgelöst werden. Denn diese basieren nur auf groben Abschätzungen der demographischen und ökonomischen Entwicklung. Um ihre Unsicherheit zu umgehen, decken sie einfach ein möglichst breites Spektrum potenzieller Entwicklungen ab (Schönwiese 2003: 244). Wünschenswert wäre jedoch ein einzelnes als allgemein realistisch angesehenes Szenario, auf Basis eines Ensembles vieler anthroposphärischer Modelle. Die Entwicklung solch dynamischer und validierter Anthroposphären-Modelle mit all ihren internen Feedbacks und menschlichen Unwägbarkeiten ist wohl die Herausforderung der Klimaforschung dieses Jahrhunderts.

FAR
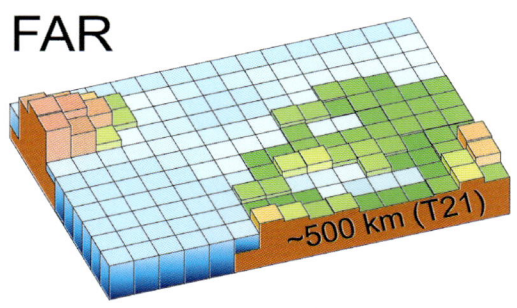

SAR
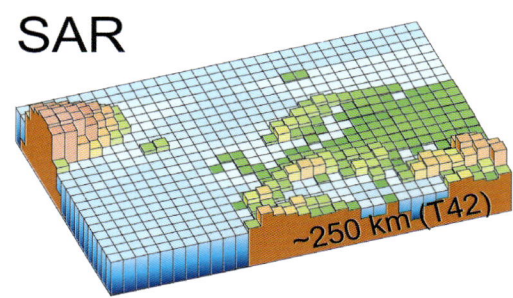

TAR
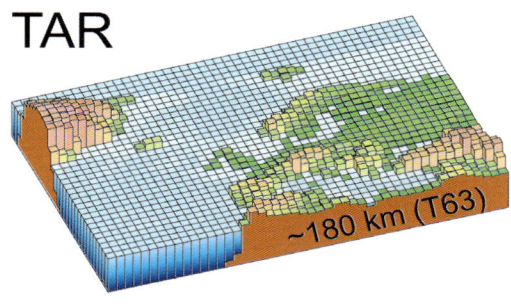

AR4
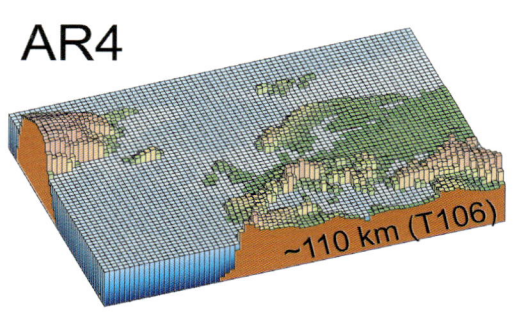

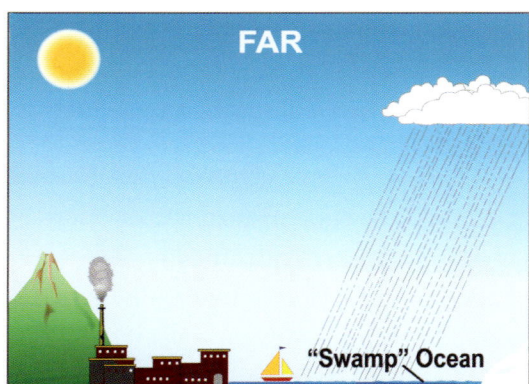
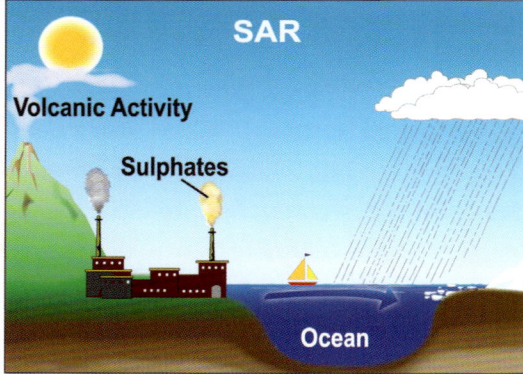
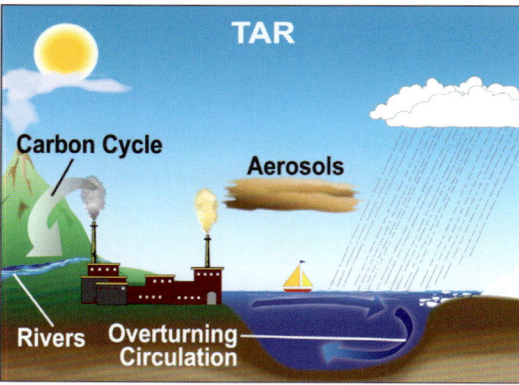
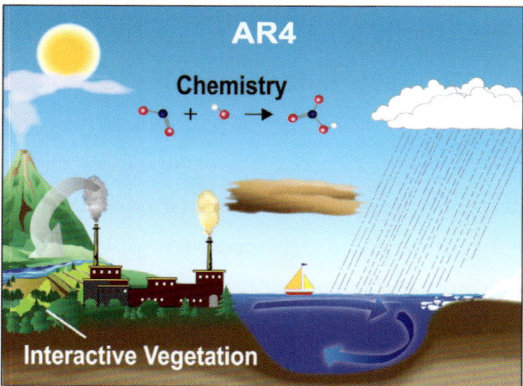

Abb. 3a (links): Entwicklung der Modellauflösung in der Horizontalen beim IPCC First Assessment Report (FAR) 1990 bis zum Assessment Report 4 (AR4) 2007.

Abb. 3b (rechts): Entwicklung der maximal verfügbaren Modellkomplexität nach Anzahl der implementierten Sphären zur Zeit der vier IPCC Reports (IPCC 2007).

Klimawandel und Klimamodellierung

Schon die Komplexität heutiger GCMs ist so hoch, dass ganze Forschungsinstitute benötigt werden, um den zugrunde liegenden Quelltext (*source code*) handhaben und weiterentwickeln zu können. Bedeutende Institute sind u.a.:

- das *National Center for Atmospheric Research* (NCAR, USA) mit dem *Community Climate System Model* (CCSM);
- die *National Oceanic and Atmospheric Administration* (NOAA, USA) mit dem *Atmospheric Model* (AM);
- das *Hadley Centre for Climate Prediction & Research* (HCCP, UK) mit dem *Hadley Centre Coupled Model* (HadCM);
- das Max-Planck-Institut für Meteorologie (MPI-M, Hamburg) mit dem *European Centre HAMburg Model* (ECHAM) und
- die *Australian Commonwealth Scientific and Research Organization* (CSIRO) mit dem *Mk Climate System Model*.

Die Erforschung und Entwicklung der GCM erbringt auch abseits des Themas **globaler** Klimawandel wichtige Erkenntnisse, sobald in ihre Makroskala regionale Modelle der Mesoskala (RCM) eingebettet werden (*nesting*), um für ein kleines Gebiet das Klima in höherer Auflösung zu rechnen.

3. Regionale vs. globale Modelle und das Problem begrenzter Rechenzeit

Im RCM-Bereich der Meso- und Mikroskala werden die meteorologischen Prozesse maßgeblich durch die Oberflächeneigenschaften des Geländes gesteuert. Bei ihrer Analyse müssen daher neben großräumigen Druckgradienten, die aus Unterschieden in der Strahlungsbilanz resultieren, auch mesoskalige Modifikationen aufgrund variierender Oberflächen berücksichtigt werden. Kleinräumige Unterschiede in Oberflächen-Rauigkeit oder -Form führen zu einer großen Variabilität des Wetters und damit des Klimas. Diese Prozesse können von GCMs nicht aufgelöst werden. Mit RCMs jedoch können z.B. Fragestellungen der Agrarklimatologie oder ökologische und sozioökonomische Kosten von Klima- und Landnutzungsänderung abgeschätzt werden. Jedoch beschränkt man sich mit RCMs heute aufgrund begrenzter Rechenkapazitäten meist noch darauf, allein atmosphärische Ergebnisse der GCMs in die Mesoskala zu übersetzen. Und selbst das mit teils noch nicht zufriedenstellenden Ergebnissen, wenn man z.B. die Ungenauigkeit der Niederschlagssimulation betrachtet.

Der Mangel an Rechenkapazität begründet sich damit, dass mit jeder vollständigen Auflösungshalbierung in Klimamodellen ein mindestens 16-facher Rechenaufwand einhergeht: Denn die Anzahl der Raumpunkte verdoppelt sich in alle drei Dimensionen und auch der Zeitschritt als vierter Verdoppler muss halbiert werden (Friedrich-Levi-Courant Kriterium). Weiterer Rechenaufwand kann entstehen, wenn bei kleineren Raum- und Zeitskalen zusätzliche physikalische Prozesse in das Modell einfließen müssen. Interessant in Bezug auf den zukünftigen Rechenleistungsbedarf ist die Einschätzung des Vorstandsvorsitzenden des Jülicher Forschungszentrums Joachim Treusch von März 2006:

„Die Nachfrage nach Rechenzeit wird in den nächsten fünf Jahren noch um den Faktor 1.000 steigen." (DDP 2006: JUBL)

Dem steht jedoch nur eine maximal 450-fache Rechenleistung gegenüber (vgl. Abb. 4). Damit bleibt die Rechenzeitnachfrage größer als das Angebot. Das zeigt, wie wichtig die Entwicklung effizienter Modelle ist. Alternativen zu RCM wie wenig rechenintensives, aber Messdaten-intensives statistisches Downscaling drängen zusehends in den Vordergrund, sollen hier aber nicht näher betrachtet werden.

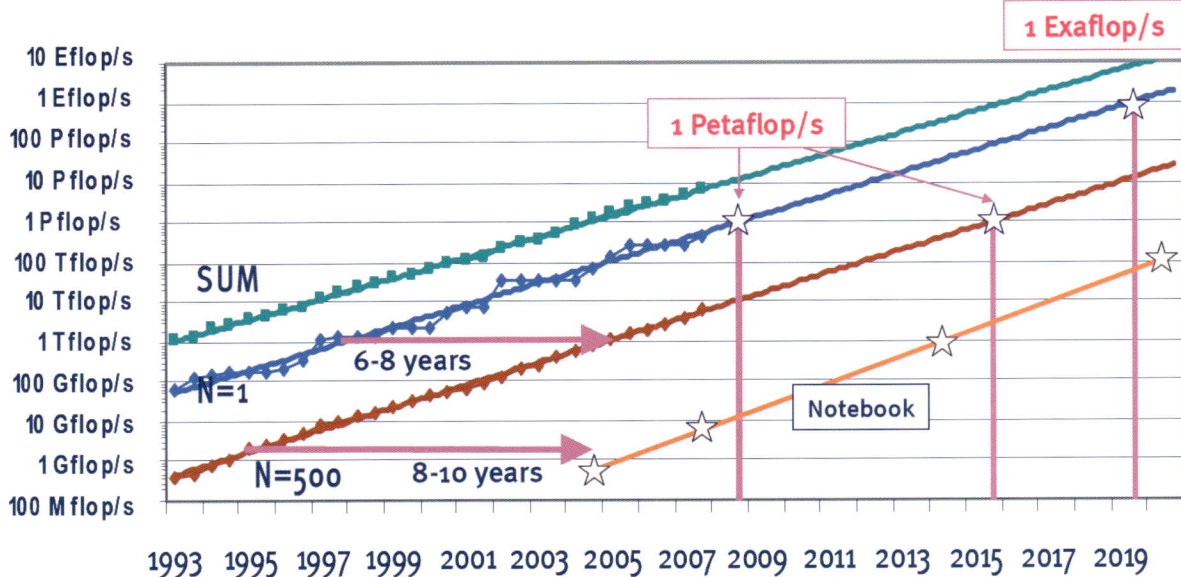

Abb. 4: Bisherige Entwicklung und Projektion der Rechenleistung; grün: Aufsummierte Rechenleistung aller Supercomputer der Top 500 Liste; blau: Rechenleistung des führenden Supercomputers; rot: Leistung des Computers auf Platz 500; orange: ein gutes Notebook. Bisher vertausendfachte sich die Geschwindigkeit der Computer alle 11 Jahre (Meuer 2008: 10).

4. Physikalische Grundannahmen von Klimamodellen

Alle Klimamodelle besitzen einen gleich aufgebauten physikalischen Kern aus Gleichungen, welche den Zustand der Atmosphäre beschreiben. Um den Rechenaufwand für das komplexe Klimasystem zu verringern, werden die Zustandsgleichungen (vgl. *EXKURS*) auf den jeweiligen Anwendungsfall optimiert. Das heißt, sie werden so vereinfacht, dass sie „nur" noch annähernd die exakte Lösung ergeben – sie werden approximiert. Bei einer Approximation wird strikt darauf geachtet, dass das Endergebnis nur um eine irrelevante Nachkommastelle vom exakten Ergebnis abweicht. Dennoch haben Approximationen den Effekt, dass der Anwendungsbereich des Modells wissentlich eingeschränkt wird. Will man ein GCM für die Mesoskala also als RCM einsetzen, dann müssen die Approximationen angepasst werden, insbesondere mit Blick auf Geländeform und Bodenbeschaffung. Wurde darauf verzichtet, muss das bei der Interpretation der Ergebnisse berücksichtigt werden.

Die Gleichungen stellen die Zusammenhänge der zeitlichen Änderung der Zustandsgrößen dar und sind nur für **unendlich** kleine Volumen und Zeitschritte exakt lösbar (von Storch et al. 1999: 105). Die Gleichungen müssen jedoch für diskrete Zeitschritte und Gitterboxen mit **endlicher** Kantenlänge gerechnet werden. Die Diskretisierung der Gleichungen führt dann dazu, dass die erwähnten Approximationen angewendet werden müssen, um sie zu lösen. Die damit verbundene iterative Annäherung an die exakte Lösung ist ein Grund für die enormen Rechenzeiten. Die bevorzugte Programmiersprache ist bis heute Fortran geblieben, da sie auf numerische Lösungen optimiert ist (Hupfer 1991: 207; McGuffie & Henderson-Sellers 2005: 63).

Die Gleichungen sollen an jedem Gitterpunkt gelöst werden. Dazu müssen sie mit den jeweils dort herrschenden Start- und Randwerten gefüttert werden, die erst empirisch zu erheben sind (Datenassimilation, Näheres in Abschnitt 6).

Klimawandel und Klimamodellierung

EXKURS für physikalisch interessierte Leser:

Nach Hupfer & Kuttler (2006: 295), McGuffie & Henderson-Sellers (2005: 56 ff, 167 ff), Schönwiese (2003: 244 ff), von Storch et al. (1999: 100 ff) und Schatzmann (2007: 45 ff) finden sich folgende, die Atmosphäre grundsätzlich beschreibende Zustandsgleichungen. Sie bestehen zum Großteil aus nicht-linearen, partiellen Differenzialgleichungen:

- Kontinuitätsgleichung = Massenerhaltung für kompressibel strömende Fluide ohne Temperaturänderung und Stoffbeimengung (Dichte ρ, Zeit t, Geschwindigkeit **v**):

$$d\rho / dt + \rho \cdot div\, \boldsymbol{v} = 0$$

- Massenbilanz für Stoffbeimengungen im Fluid (erfasst Quellen / Senken und Phasenübergänge). Für Wasserdampf z.B. gilt die Clausius-Clapeyron-Gleichung (Temperatur T, Gaskonstante für Wasserdampf R_W):

$$\frac{(T \cdot dE)}{(E \cdot dT)} = \frac{E_V}{(R_W \cdot T)}$$

Die Magnus-Formel ist eine Approximation (Sonntag 1982), die für - 30 °C ≤ t ≤ 70 °C und E_0 = 6,11213 hPa gilt:

$$E(t) = E_0 \cdot \exp \frac{17{,}5043 \cdot t}{(241{,}2\,°C + t)}$$

- Die Navier-Stokes-Bewegungsgleichung beschreibt die Impulserhaltung bzw. die Beschleunigung Dv / Dt der Masse über 4 Kraft-Terme; von links nach rechts: Druckgradient minus Reibung minus Erdschwerefeld minus Erdrotation (Corioliskraft). Die auf relativ bewegte Erde und Newtonsche Fluide (konstanter dynamischer Viskosität und Dichte) angepasste Form lautet:

$$\rho \cdot \left(\frac{Dv}{Dt}\right) = -grad\, p - \mu\, rot(rot\, v) - grad\, \Phi_g - \frac{(2 \cdot \Omega \times v_R)}{\rho}$$

- Der 1. Hauptsatz der Thermodynamik beschreibt die Energieerhaltung (Energieänderung = Änderung interne Energie + verrichtete Arbeit):

$$W = D\frac{(c_p \cdot T)}{Dt} + p \cdot D\rho - \frac{1}{Dt}$$

- Die universelle Gasgleichung oder thermische Zustandsgleichung idealer Gase beschreibt Druck, Volumen, Temperatur und Masse von Gasen (spezielle Gaskonstante R_L):

$$p = \rho \cdot R_L \cdot T$$

Dann werden sie im Modell in einer bestimmten Reihenfolge abgearbeitet:

Bei jedem Zeitschritt werden zuerst die drei Windkomponenten in den drei Raumrichtungen mit der Bewegungsgleichung nach Navier-Stokes berechnet. Der erste Hauptsatz der Thermodynamik liefert dann die Temperaturänderung. Mit den Bilanzgleichungen können die Konzentrationen von Wasserdampf oder Schadstoffen berechnet werden, anschließend wird der Druck mit Hilfe der Bewegungsgleichungen sowie der Kontinuitäts- und Gasgleichung diagnostisch für den nächsten Zeitschritt neu ermittelt (Bendix 2004: 234). Die Lösungen nennt man prognostisch (sich direkt ergebend) oder diagnostisch (aus den prognostischen indirekt hervorgehend).

Zusammenfassend noch einmal die wichtigsten Variablen und woraus sie hervorgehen:
- Luftdichte aus der Kontinuitätsgleichung,
- relative Feuchte und Masse des Flüssigwassers aus der Massenbilanzgleichung,
- Geschwindigkeitsverteilung aus der Bewegungsgleichung (Navier-Stokes),
- Lufttemperatur aus erstem Hauptsatz der Thermodynamik,
- Druck aus der Gasgleichung.

Bei einmaliger Lösung der Gleichungen hat man den Zustand der Atmosphäre zu nur einem Zeitpunkt ermittelt (das Wetter). Für einen Zeitabschnitt werden die Lösungen jedes Gitterpunkts wieder als Startwerte in die Gleichungen zurückgegeben sowie an die Nachbargitter gemeldet. Die Gleichungen mit den zu jedem Zeitschritt neuen Randwerten, werden immer wieder neu gelöst, bis der gewünschte Zeitraum abgedeckt ist. Aus Zeitreihen von über 30 Jahren lassen sich dann statistische Parameter wie Mittelwerte und Streuung von Temperatur oder Niederschlag ableiten. Erst diese Langzeitmittel definieren den Begriff Klima.

5. Modell-Nesting, Modellgitter und Parametrisierungen

Das Modellgebiet ist bei einem Regionalmodell, wie der Name schon sagt, nicht global. Stattdessen besitzt das Modellgebiet fünf Ränder innerhalb des Mediums Atmosphäre und einen Rand zum Boden. Die Randbedingungen müssen zur Seite offen formuliert werden, damit z.B. Stoffaustausch stattfinden kann. Das Koppeln oder Einhängen (*nesting*) des RCM in das GCM erfolgt also an den offenen Seitenrändern. Dort übergibt das GCM sowohl Startwerte als auch die sich kontinuierlich ändernden Randwerte an das RCM. Oberrand (Weltraum) und Unterrand (Gelände) des RCM werden wie bei GCMs überwiegend durch statische Randwerte repräsentiert, die für den gesamten Simulationszeitraum gelten. Allerdings – bei entsprechend langen Simulationszeiträumen muss sich auch die Unterlage teils dynamisch verändern. In manchen Modellen ist dies umgesetzt, z.B. über eine zuschaltbare dynamische Ozeanoberflächentemperatur oder an Land über jahreszeitlich verschiedene Vegetationsbedeckung. Komplexere Oberflächenmodelle wie zu Landnutzungsveränderung, Stadtwachstum oder langfristige Vegetationsausbreitung fehlen großteils noch.

Das über das RCM gespannte Gitternetz verwendet heute eine typische horizontale Auflösung um 10 km. Ein GCM erreicht maximal ein Zehntel dieser Auflösung aufgrund limitierter Computerkapazitäten. Die vertikale Aufteilung eines RCM erfolgt wie bei GCMs in dutzende Schichten an markanten Punkten der Atmosphäre sowie – wenn entsprechende Module eingebunden sind – auch im Boden und in Gewässern. In Bodennähe wird eine große Auflösung gewählt, um die turbulenten Prozesse der planetarischen Grenzschicht (*planetary boundary layer*) möglichst genau zu erfassen. Oberhalb von 5 km können die Schichten Mächtigkeiten von mehreren Kilometern aufweisen. Das ist aufgrund des dort fehlenden Einflusses der Oberflächenreibung möglich. Reibungseffekte durch die Orographie nehmen stetig mit der Höhe ab, sodass ab 5 km weitgehend homogene Eigenschaften vorherrschen.

Prozesse, die kleiner als die gewählte Auflösung des RCM sind (vgl. Abb. 5), können indirekt über **Parametrisierungen** im Modell abgebildet werden (von Storch et al. 1999: 107). Unter Parametrisierung versteht man das auflösungsab-

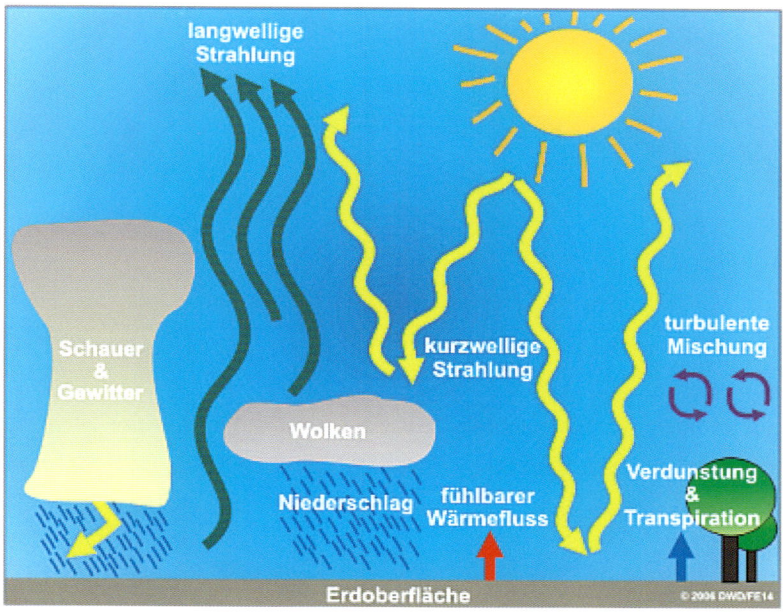

Abb. 5: Einige Prozesse, die in numerischen Modellen der Atmosphäre parametrisiert werden müssen (DWD 2009: Parametrisierungen).

gestimmte Ergänzen der Zustandsgleichungen. Das ist nichts anderes als eine weitere Art von Approximation (vgl. Abschnitt 4). Sie ist notwendig, da zunächst nur solche Prozesse einer Berechnung im Gitter des Modells zugänglich sind, die charakteristische Abmessungen von mindestens dem doppelten Abstand zwischen den Punkten des Modellgitters haben (**skalige** Prozesse). Durch die Parametrisierung kommen die Nettoeffekte der kleineren Prozesse (**subskalig**) aber doch noch in das Modell. Die Qualität der Parametrisierungen ist somit entscheidend für die Güte sowohl von GCM als auch RCM (von Storch et al. 1999: 109; Hupfer & Kuttler 2006: 296).

Ein Parametrisierungsbeispiel: Subskalige (kleiner als doppelte Gitterweite) durch Wolkentropfenbildung freigesetzte Kondensationswärme muss parametrisiert werden. Denn der Effekt der Wolke ist immens. Sie führt zu höherer Albedo aufgrund ihrer weißen Oberfläche und zu höherer Temperatur aufgrund freiwerdender Kondensationswärme. Im Modell mag die Wolke zwar zwischen den weit voneinander liegenden Gitterpunkten liegen, diese bekommen aber dank Parametrisierung einen entsprechenden Wärme- und Albedoübertrag gemeldet. Jedoch – wenn Prozesse wie die Wolkenbildung noch zu wenig verstanden oder gar gänzlich unbekannt sind, dann kann die Parametrisierung nicht gut genug gelingen. Das wird dann durch einen (meist empirisch in Messkampagnen erhobenen) Tuningparameter ausgeglichen. Verschiedene Kalibrierungs- und Validierungsschritte müssen dann sicherstellen, dass das Modell dennoch den Ansprüchen genügt. Bei der Kopplung einzelner Module etwa wird auf Phänomene geachtet, die direkt von der Kopplung abhängen; bei Hydrosphäre + Atmosphäre also die jahreszeitabhängige Eisverteilung auf Gewässern usw. Zudem lässt man das Modell vergangene Jahrzehnte nachträglich (*retroactive*) simulieren und überprüft, ob es diese korrekt wiedergibt (vgl. Abb. 6).

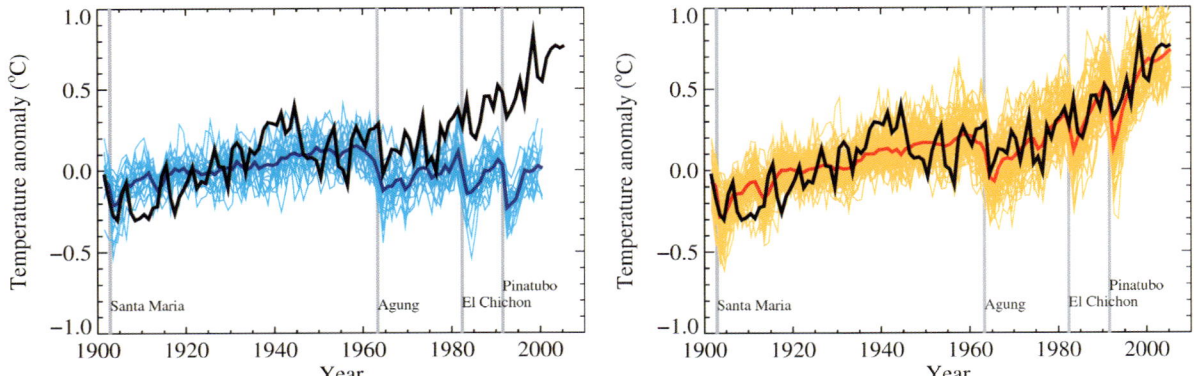

Abb. 6a (links): Modelle ohne anthropogenen Antrieb: Wird der Einfluss des Menschen (THG-Ausstoß, Aerosole, Landnutzungsveränderung) abgeschaltet, entspricht die modellierte Temperatur kaum der gemessenen (schwarze Linie). Vulkan- und Sonnenaktivität allein erklären die Erwärmung demnach nicht (IPCC 2007: Fig. 9.5).

Abb. 6b (rechts): Modelle mit anthropogenem Antrieb: Der Effekt der zusätzlichen Treibhausgase kann die Temperaturentwicklung der letzten Jahrzehnte besser erklären (ebd.).

6. Die Datengrundlage: Eingangsdaten, Datenassimilation und (Re-)Analyse

Ein großes Problem insbesondere der regionalen Klimamodellierung sind die Rand- und Startwerte, mit denen die Modelle initialisiert und kontinuierlich gefüttert werden müssen. Das Startwertproblem verlangt, dass für den Start des Modells zuerst das Wetter in einem großen Gebiet um das Untersuchungsgebiet herum bekannt ist. Wie bereits in Abschnitt 2 erläutert, sind für Klimamodelle die Randwerte entscheidender als die Startwerte. Bei einem RCM bestehen die Randwerte an den vier offenen Seiten aus den im GCM berechneten Atmosphärendaten. Bei Simulationen vergangener Zeiträume zur Überprüfung der Modellqualität werden Rand- und Startwerte jedoch zuerst aus dem meteorologischen Messnetz gewonnen (assimiliert) und in das Modellgitter eingepasst (interpoliert). Doch dessen Daten reichen nicht aus. Über Ozeanen und insbesondere über den Polargebieten klaffen Datenlücken (vgl. Abb. 7), am größten im Wind- und Feuchtefeld.

Zusatzinformationen erhält man durch den Transfer von Daten aus gut beobachteten Gebieten in datenleere Bereiche. Der Transfer gelingt wieder mit den Zustandsgleichungen bzw. dem GCM und mündet in den so genannten **Analysen**. Die Grundaufgabe der Datenassimilation lautet somit:

„Aus unvollständigen und fehlerhaften Beobachtungen zusammen mit einer näherungsweisen Beschreibung der Atmosphäre durch die prognostischen Gleichungen des Vorhersagemodells soll der wahrscheinliche augenblickliche Zustand der Atmosphäre analysiert sowie der Fehler dieser Analyse bestimmt werden." (DWD 2009: Datenassimilation)

Sind gar keine instrumentellen Daten für einen Zeitraum vorhanden, muss auf Proxydaten (indirekte Zeiger) wie aus Eisbohrkernen, Sedimentproben, Baumringen und Fossilien zurückgegriffen werden. Für Untersuchungszeiträume innerhalb des 20. Jahrhunderts sind zumeist jedoch ausreichend Messreihen vorhanden, die bereits für die globale Wettervorhersage genutzt wurden. Als Nebenprodukt der Vorhersagen entstehen so Rasterdaten des globalen Klimas von erheblichem Umfang, die der Klimaforschung in den besagten Analysen zur Verfügung gestellt

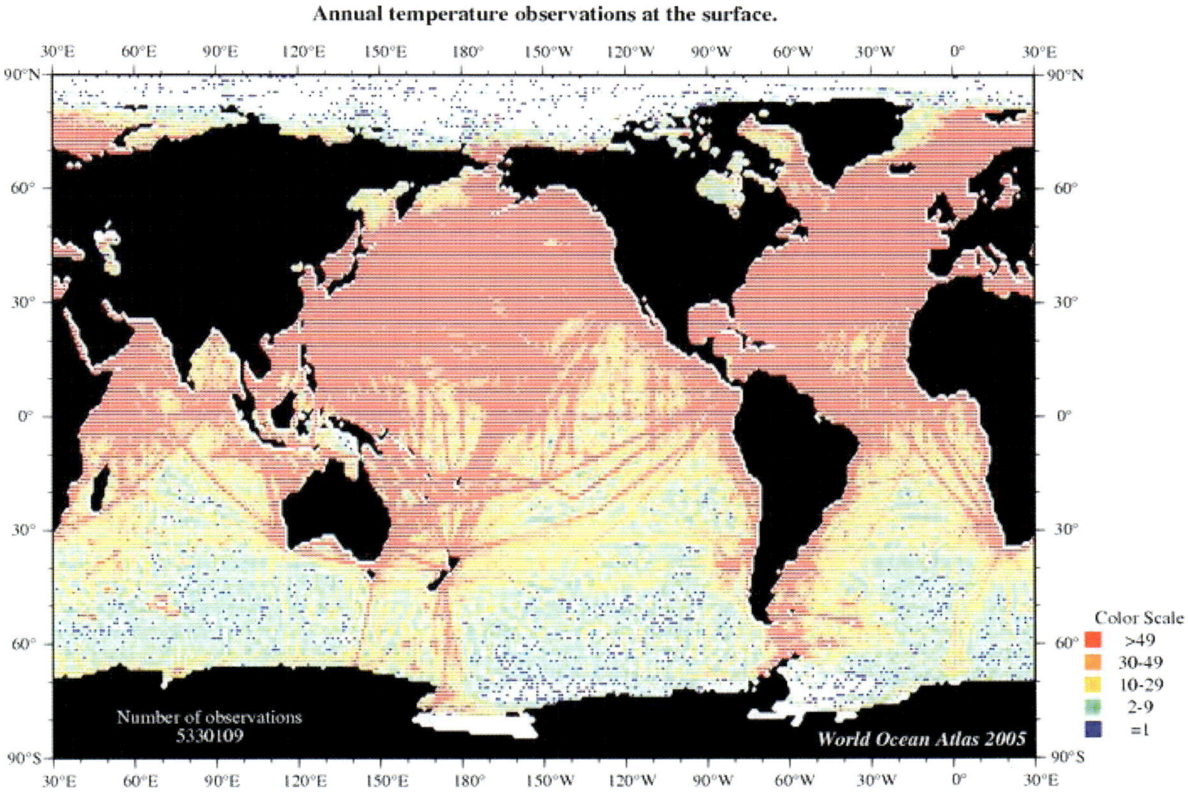

Klimawandel und Klimamodellierung

Abb. 7: Anzahl der jährlichen Messungen der Ozeanoberflächen-Temperatur im Jahr 2005 (NOAA 2005: World Ocean Atlas, Näheres auf nodc.noaa.gov/OC5/WOA05/pr_woa05.html).

werden. Die Analysen sind sozusagen die beste Schätzung der Startwerte für die globale Wettervorhersage, ein Schnappschuss des Wetters.

Die Analyse wird nahezu in Echtzeit in das GCM eingespeist (meist im 6-stündlichen Intervall) und besteht jeweils aus der vorhergehenden Vorhersageanalyse und den Daten des Beobachtungsnetzes. Je mehr Beobachtungsdaten vorhanden sind, desto genauer können auch die Analysen werden. Jedoch enthält nicht nur das GCM systematische Fehler, sondern auch die Beobachtungsdaten sind fehlerbehaftet:

„In reality [...] observational coverage varies over time, observations are [...] prone to bias, either instrumental or through not being representative of their wider surroundings, and these observational biases can change over time [... which] introduces trends and low-frequency variations in analyses." (Simmons et al. 2004: 1 f)

Da die Analysen fehlerhafte Daten von Messinstrumenten etc. enthalten, die erst spät bekannt wurden, wurden Reanalysen erstellt. Sie korrigieren bekannt gewordene Fehler. Zudem gehen in **Re**analysen weitere Messdaten ein, die lange Übertragungswege hatten (wie handschriftliche Aufzeichnungen aus Schiffslogbüchern) und so zur Erstellungszeit der Analyse nicht zur Verfügung standen. Ein dritter Unterschied ist, dass die Modelle hinter den Analysen ständig verbessert werden, im Gegensatz zu den konsistenten Modellen der Reanalysen. Die Verbesserungen führen teils zu Inkonsistenzen in den Datenreihen. Sie sind z.B. in deutlichen Sprüngen der Oberflächentemperatur sichtbar, die im Realklima so nicht auftraten. Die Inkonsistenzen können entstehen durch:

- verbesserte, vollständigere Modellphysik und höhere Auflösung des GCMs, dass die Vorhersage / Analyse erstellt;
- genauere und umfangreichere in das GCM ein-

gehende Messdaten, durch eine Ausweitung und Verbesserung des Beobachtungsnetzes.

Entsprechend wird für eine Reanalyse ein einheitliches Modell erstellt. Nur so kann sichergestellt werden, dass die Veränderungen des Klimas während eines Modelllaufs nicht auf die Modellveränderungen, sondern auf Veränderungen im realen Klimasystem zurückzuführen sind.

Zwar sind die Reanalysen aufgrund des vereinheitlichten Analyseschemas unabhängiger vom verwendeten GCM – sie sind aber umso abhängiger von den eingehenden Messdaten. Nicht aufgedeckte Messgerätefehler, Bedienungs- und Aufzeichnungsfehler oder gar fälschlich vorgenommene Korrekturen verbleiben. Da sie jedoch inzwischen weit erprobt sind, gelten Reanalysen wie die ERA-40 des ECMWF als in vielen Anwendungsbereichen verlässlich und zählen zum Standardinstrument bei der Modellvalidierung.

7. Die Modelle und ihre Ergebnisse im vierten Sachstandsbericht (AR4) des IPCC

Ende 2003 waren Klimamodellierungs-Teams in aller Welt vom IPCC aufgefordert, GCM-Läufe mit Emissionsszenarien zu rechnen und die Ergebnisse allen zur Auswertung zur Verfügung zu stellen. Die Ergebnisse fasste die *Working Group I* in Band 1 des vierten *Assessment Report* (AR4) des IPCC 2007 zusammen. Band 1 behandelt die naturwissenschaftlichen Aspekte der Klimaforschung. Die WG II betrachtet in Band 2 zukünftige und bereits stattfindende Auswirkungen des Klimawandels sowie Anpassungsmöglichkeiten. Band 3 zeigt unterschiedliche Lösungsstrategien für die Minderung der Treibhausgasemissionen im politischen und technischen Rahmen auf.

Eine der wichtigsten Gegenwarts-Aussagen der WG I für die Menschheit ist sicherlich:

„From new estimates of the combined anthropogenic forcing due to greenhouse gases, aerosols and land surface changes, it is **extremely likely** that human activities have exerted a substantial net warming influence on climate since 1750. […] It is **extremely unlikely** (< 5 %) that the global pattern of warming during the past half century can be explained without external forcing, and **very unlikely** that it is due to known natural external causes alone [vgl. Abb. 5]. The warming occurred in both the ocean and the atmosphere and took place at a time when na-

Likelihood Terminology	Likelihood of the occurance / outcome
Vitually certain	> 99 % probability
Extremely likely	> 95 % probability
Very likely	> 90 % probability
likely	> 66 % probability
More likely than not	> 50 % probability
About as likely as not	33 % to 66 % probability
Unlikely	< 33 % probability
very unlikely	< 10 % probability
Extremely unlikely	< 5 % probability
Exceptionally unlikely	< 1 % probability

Tab. 1: Im AR4 verwendete Terminologie für die Angabe der statistischen Wahrscheinlichkeit seiner Aussagen (ebd.: 25).

tural external forcing factors would **likely** have produced cooling." (IPCC 2007: 81, 86, Hervorh. v. Vf.; Details vgl. Abschnitte 2.9, 9.4, 9.7)

Die in obigem Zitat und überall im AR4 verwendete Terminologie liest sich – in statistische Wahrscheinlichkeitsangaben übersetzt – wie in Tab. 1 dargestellt.

Wie schon in Abschnitt 1 erwähnt, wird sich der menschengemachte Klimawandel bei einer CO_2-Gehalt-Verdopplung mit 90-prozentiger Wahrscheinlichkeit in einer Erwärmung von 1-3 °C ausdrücken. Eine CO_2-Gehalt-Verdopplung erfolgt bis 2100 jedoch schon nach dem optimistischsten vorhandenen Szenario B1. Der mögliche Temperaturanstieg bei der vollen Spanne an Szenarien bis hin zum Pessimistischsten A1FI (*fossile intensive*) liegt ausgehend von 1980-1999 bis 2090-2099 zwischen 1,1 und 6,4 °C bei einer Wahrscheinlichkeit von 66 % (vgl. Abb. 8) (ebd.: 70).

Der IPCC stützt sich demnach überwiegend auf die Ergebnisse von AO-GCM-Läufen. Wie viel Vertrauen das IPCC den Modellen schenkt, wird hier deutlich:

„Climate models are based on well-established physical principles and have been demonstrated to reproduce observed features of recent climate and past climate changes. There is considerable confidence that AOGCMs provide credible quantitative estimates of future climate change, particularly at continental scales and above. Confidence in these estimates is higher for some climate variables (e.g., temperature) than for others (e.g., precipitation)." (ebd.: 87; Details vgl. FAQ 8.1)

Den Temperatur-Szenarien wird also mehr Vertrauen geschenkt als z.B. dem simulierten Niederschlag. Alle an das Argens Wasser gebundenen Prozesse sind mit größeren Unsicherheiten belastet, da hier besonders viele Para-

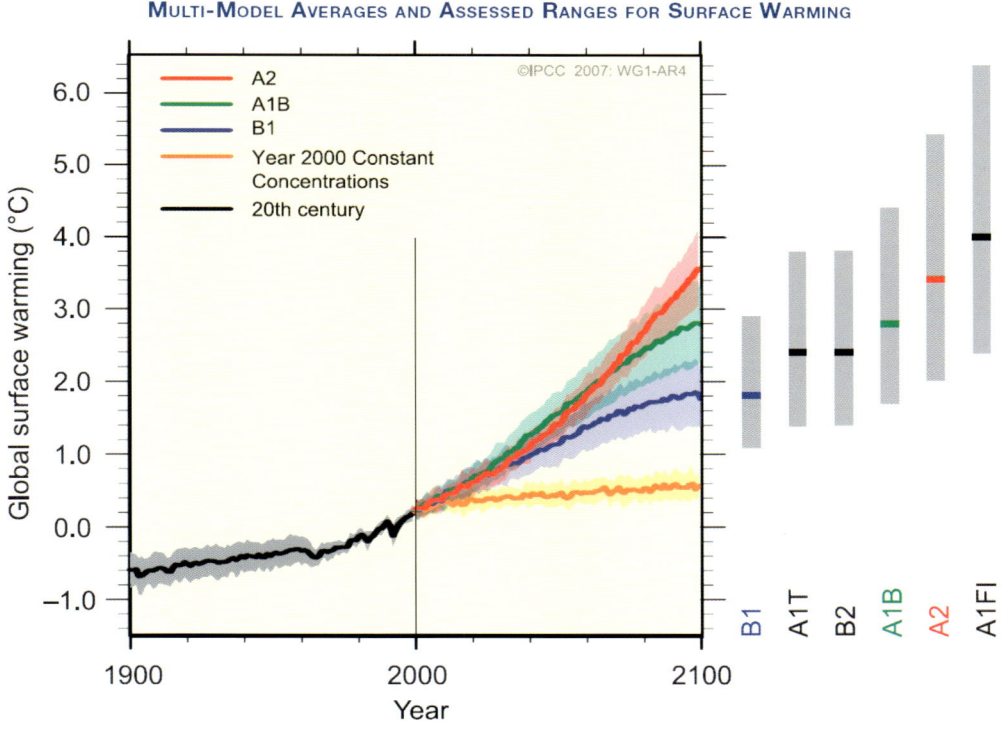

Abb. 8: Temperaturmittel von 4 Szenarien des IPCC. Berechnet wurden sie aus Läufen von 24 verschiedenen AOGCMs. Die gelbe Kurve zeigt das unrealistische Szenario was wäre, würde der atmosphärische CO_2-Gehalt ab dem Jahr 2000 nicht mehr ansteigen (ebd.: Fig. 10.4, 10.29).

metrisierungen greifen. Das Gesamtvertrauen in die Modelle ist laut IPCC jedoch über die Jahre gestiegen, insbesondere durch Fortschritte

- beim in Abschnitt 4 beschriebenen dynamischen Kern;
- bei der Modellierung von Aerosole, Landoberfläche und Meereis;
- der Simulation wichtiger Formen der Klimavariabilität und extrem heißer und kalter Zeitabschnitte;
- durch umfassendere diagnostische Tests wie der Modellfähigkeiten für Vorhersagen auf Zeitskalen von Tagen bis zu einem Jahr bei Initialisierung mit beobachteten Startwerten; und
- verbesserter Prüfung der Modelle und erweiterte diagnostische Analyse des Modellverhaltens, ermöglicht durch international koordinierte Anstrengungen die Ergebnisse der standardisierten Modellexperimente zu sammeln und zu verteilen.

Der letzte Punkt spielt auf einen zweiten Typ von *ensemble runs* an (Typ 1, vgl. Abschnitt 6.), die erstmals für den AR4 gerechnet wurden:

„The possibility of developing model capability measures ('metrics') [...] that can be used to narrow uncertainty by providing quantitative constraints on model climate projections, has been explored for the first time using model ensembles. While these methods show promise, a proven set of measures has yet to be established." (ebd.: 60; Details vgl. Abschnitte 8.1, 9.6, 10.5)

Der Fokus auf die Ensemble-Mittelwerte erfolgte aufgrund der Tatsache, dass sie auf großen Skalen eine bessere Übereinstimmung mit den beobachteten Werten liefern, da systematische Fehler individueller Modelle dazu neigen sich gegenseitig aufzuheben. Eine weitere Stärke ist, dass die auf subjektivem Urteil beruhenden Tuningparameter der individuellen Modelle gemittelt werden. Jedoch umfasst die Bandbreite der Ensemble nicht notwendiger Weise alle Unsicherheiten, was eine statistische Interpretation erschwert (ebd.: 754, 805). Parallel zu den oben zitierten Auszügen aus den *robust findings* stellt der AR4 deshalb immer auch die *key uncertainties* gegenüber (ebd.: 87, 596):

- Klimamodelle sind aufgrund der vorhandenen Rechnerkapazitäten in ihrer räumlichen Auflösung beschränkt, da insbesondere ausgeweitete Ensembleläufe und die Integration zusätzlicher Prozesse die wachsende Rechenkapazität auffressen.
- Standardisierung der Modellvalidierung: Es muss noch eine erprobte Gruppe von Modellgrößen gefunden werden, deren simulierter Wert mit dem beobachteten verglichen werden kann, um die Spannweite der Szenarien zu begrenzen.
- Viele Modelle haben weiterhin Probleme die Klimadrift eines eigentlich eingeschwungenen Systems abzustellen, insbesondere im tiefen Ozean. Diese Drift muss beim Auswerten vieler Ozeanvariablen ausgewiesen werden (Flusskorrektur). Auch produzieren die meisten Modelle weiterhin systematische Fehler bei der Simulation des südlichen Ozeans.
- Die Modelle unterscheiden sich beträchtlich in ihren Abschätzungen verschiedener Rückkopplungen im Klimasystem.
- Manche Formen der Klimavariabilität werden weiterhin schlecht im Modell abgebildet. Es zeigen sich unrealistische immer wiederkehrende atmosphärische Blockierungssituationen und extreme Niederschläge.
- Große Unsicherheit besteht auch darin, wie Wolken auf den globalen Klimawandel reagieren werden.

8. Fazit: Bewertung der Aussagekraft globaler Klimamodelle und Ausblick zum AR5

„Zusammenfassend kann man feststellen, dass heutige Klimamodelle mit ihrer groben räumlichen Auflösung das heute beobachtete Klima auf der planetaren Skala zufriedenstellend reproduzieren." (von Storch 1999: 140)

Und das ist eine Aussage, die vor über 10 Jahren von einem durchaus skeptischen Mathematiker und Klimatologen getroffen wurde. Heute lässt sich festhalten, dass die breite Spanne von Szenarien für die Ensemble-Ergebnisse aus zahlreichen AOGCM robuste Aussagen zum globalen Temperaturtrend liefern – trotz ihrer bekannten Fehler. Der größte Unsicherheitsfaktor bleibt ohnehin der Mensch, der eines der verwendeten Emissionsszenarien Realität werden oder Fiktion bleiben lässt.

Die beständigen Fortschritte im Verständnis des Erdsystems und in der Vorhersagbarkeit zukünftiger Klimaänderungen sind auf die interdisziplinäre und internationale Zusammenarbeit von Forschungsinstituten weltweit zurückzuführen. Die Kooperation sollte entsprechend vorangetrieben werden.

„Den vierten Sachstandsbericht wird ein beispielloser Fortschritt in der Modellierung auszeichnen. Dies gilt für die Modelle selbst, für die Zahl der beteiligten Institutionen (weltweit 15, inklusive des MPI-M) sowie insbesondere auch für den Umfang der durchgeführten Modellrechnungen [...]." (Roeckner et al. 2006: 7)

So wird es auch 2013/2014 wieder sein, wenn der fünfte Sachstandsbericht erscheint (IPCC 2010: AR5, Timetable). Neu gegenüber vorherigen Sachstandsberichten werden im Bericht der WG I eigene Kapitel zu Aerosolen, Wolken, zu Änderungen des Meeresspiegels, zum Kohlenstoffzyklus und zu kurz- und längerfristigen Projektionen sein. Völlig überarbeitet werden auch die Emissionsszenarien. Dank größerer Computerkapazitäten sollen zudem vermehrt RCM-Läufe analysiert werden können und somit mehr Erkenntnisse über Klimaänderungen auf der regionalen Skala gewonnen werden (BMU 2009: IPCC 5). Fein auflösende RCM werden insbesondere die Erkenntnisse zur Häufigkeit von Extremereignissen vermehren (Roeckner et al. 2006: 27).

Schon heute durch GCM belegt, ist die aktuelle und zukünftig verstärkte Erwärmung unseres Planeten im globalen Mittel, verursacht überwiegend durch menschliche Aktivität. Die Chance einer Klimastabilisation oder die Gefahr einer globalen Abkühlung ist unter der wirtschaftlichen Entwicklung dieser Tage, verknüpft mit verstärkter Emission von THG, nicht gegeben.

Literatur

BENDIX, J. (2004): Geländeklimatologie, Berlin, Bornträger

BMU (2010): IPCC bereitet 5. Sachstandsbericht vor, bmu.de/klimaschutz/internationale_klimapolitik/ipcc/doc/39274.php [27.07.10]

DDP direkt (2006): Der JUBL gibt Anlass zum Jubel, ddp-direkt.de/portal/details.php?id=13931 [01.05.07]

DWD (2009): Physikalische Parametrisierungen, http://www.dwd.de/bvbw/appmanager/bvbw/dwdwwwDesktop?_nfpb=true&_pageLabel=_dwdwww_aufgabenspektrum_vorhersagedienst&T1860931840115216470 1685gsbDocumentPath=Navigation%2FOeffentlichkeit%2FAufgabenspektrum%2FNumerische__Modellierung%2FAS__NM__Phys__Par__allg__node.html%3F__nnn%3Dtrue [29.7.2010]

HUPFER, P. (Hg.) (1991): Das Klimasystem der Erde: Diagnose und Modellierung, Schwankungen und Wirkungen, Berlin, Akademie

HUPFER, P. & W. KUTTLER (Hg.) (2006): Witterung und Klima: eine Einführung in die Meteorologie und Klimatologie, 12. Aufl., Wiesbaden, Teubner

IPCC (2000): Special report on emission scenarios, Cambridge et al., Cambridge University Press

IPCC (2007): Climate change 2007. The physical science basis. Contribution of Working Group I to the Fourth Assessment Report of the Intergovernmental Panel on Climate Change, Cambridge et al., Cambridge University Press

IPCC (2010): Fifth Assessment Report (AR5), ipcc.ch/activities/activities.htm#1, & Timetable, cmip-pcmdi.llnl.gov/cmip5/docs/IPCC_AR5_Timetable.pdf [01.07.10]

LE QUÉRÉ, C., RAUPACH, M.R., CANADELL, J.G. et al. (2009): Trends in the sources and sinks of carbon dioxide, Nature Geoscience, Vol. 2, doi: 10.1038/ngeo689

McGUFFIE, K. & A. HENDERSON-SELLERS (2005): A climate modelling primer, Chichester, Wiley

MEUER, H.W. (2008): The TOP500 Project: looking back over 15 years of supercomputing experience, University of Mannheim & Prometeus GmbH, http://www.top500.org/files/TOP500_Looking_back_HWM.pdf [29.7.2010]

NASA GISS (2010): Rezente globale Temperaturentwicklung, data.giss.nasa.gov/gistemp/graphs [01.06.10]

NOAA (2005): World ocean atlas, http://www.nodc.noaa.gov/OC5/WOA05/pr_woa05.html [27.07.10]

TANS, P. (2010): NOAA/ESRL, http://www.esrl.noaa.gov/gmd/ccgg/trends/ [01.06.10]

ROECKNER, E., BRASSEUR, G. P., GIORGETTA, M. et al. (2006): Klimaprojektionen für das 21. Jahrhundert, MPI-M, http://www.mad.zmaw.de/fileadmin/extern/wla/Klimaprojektionen2006.pdf [01.06.10]

SCHATZMANN, M. (2007): Hydrodynamik, Vorlesungsskript für Studierende d. Meteorologie, Met. Inst. Univ. HH

SCHÖNWIESE, C.-D. (2003): Klimatologie, 2. Aufl., Stuttgart, Ulmer

SONNTAG, D & D. HEINZE (1982): Sättigungsdampfdruck- und Sättigungsdampfdichtetafeln für Wasser und Eis, Leipzig, Deutscher Verlag für Grundstoffindustrie

VON STORCH, H., GÜSS, S. & M. HEIMANN (1999): Das Klimasystem und seine Modellierung, Berlin et al., Springer

Thomas Langkamp, Jürgen Böhner
Institut für Geographie
Universität Hamburg
Bundesstraße 55, 20146 Hamburg
thomas.langkamp@uni-hamburg.de, boehner@geowiss.uni-hamburg.de
http://www.uni-hamburg.de/geographie/personal/

Klimawandel und Landschaft –
Regionalisierung, Rekonstruktion und Projektion des Klima- und Landschaftswandels Zentral- und Hochasiens

Jürgen Böhner, Thomas Langkamp

erschienen in: Böhner, J. & B. M. W. Ratter (Hg.): Klimawandel und Klimawirkung. Hamburg 2010
(Hamburger Symposium Geographie, Band 2): 27-49

1. Einleitung

Bereits seit den frühen Beschreibungen des monsunalen Witterungsgeschehen von Hann (1897), bilden Untersuchungen zur Klimagenese und raum-zeitlichen Klimavariabilität Zentral- und Hochasiens einen etablierten Schwerpunkt in der Klima- und Atmosphärenforschung. Neben international viel diskutierten Forschungsfragen, wie insbesondere nach dem Einfluss der thermischen Bedingungen des Tibetischen Plateaus und angrenzender Gebirgsketten auf die Genese und Konstanz der Süd- und Ostasiatischen Monsunzirkulation (vgl. Flohn 1968, 1987), stehen in jüngster Zeit zunehmend Fragen nach den potenziellen Konsequenzen des *Global Warming* für die naturräumliche Ressourcenausstattung im Zentrum des wissenschaftlichen Interesses.

Die Notwendigkeit einer rechtzeitigen Abschätzung des Klimawirkungskomplexes zur Ausweisung geeigneter Mitigations- und Adaptionsstrategien ist evident: Die Wasserversorgung von etwa einem Drittel der Weltbevölkerung ist mittelbar oder unmittelbar an die Wasserressourcen Hochasiens gebunden. Mit einer Gesamtfläche von ca. 2,5 Mio. km² bildet der höchste Gebirgskomplex im Zentrum der größten Landmasse der Erde das Quell- und Einzugsgebiet der wichtigen Lebensadern rasch expandierender Nationalökonomien Zentral-, Süd- und Ostasiens. Eine quantitative Bewertung der rezent und zukünftig verfügbaren naturräumlichen Ressourcen ist allerdings angesichts einer nach wie vor sehr defizitären Datenlage kaum oder nur sehr eingeschränkt möglich. Obgleich in den letzten Jahren einige nationale Wetterdienste durch Einrichtung automatischer Wetterstationen zu einer verbesserten Datenlage beigetragen haben, sind direkte Klimabeob-achtungen zumeist auf siedlungsnahe Tal- und Beckenlagen, d.h. auf bioklimatische Gunststandorte beschränkt und längere repräsentative Messreihen aus den Hochgebirgsniveaus über 4800 m Höhe fehlen praktisch vollständig (Miehe et al. 2001; Böhner 2005).

Aber nicht nur beim rezenten Klima, auch beim Paläoklima herrscht Forschungsbedarf. Zwar haben die im Rahmen zahlreicher Expeditionen durchgeführten Analysen und Interpretationen sogenannter Proxy-Daten – indirekte Klimazeiger wie z.B. Moränenzüge eiszeitlicher Gletscherstände, Jahrringe von Bäumen, Sedimentsequenzen oder die durch Pollen belegten Vegetationsspektren vergangener Klimate – zu einem verbesserten Bild über Abfolge und Ausmaß vorzeitlicher Klimaschwankungen in verschiedenen Teilregionen geführt, dennoch bleiben zentrale, für das Verständnis der quartären Klimageschichte wesentliche Fragen, wie etwa nach der Ausdehnung der letztglazialen Maximalvereisung des Tibetischen Plateaus

Hamburger Symposium Geographie – Klimawandel und Klimawirkung

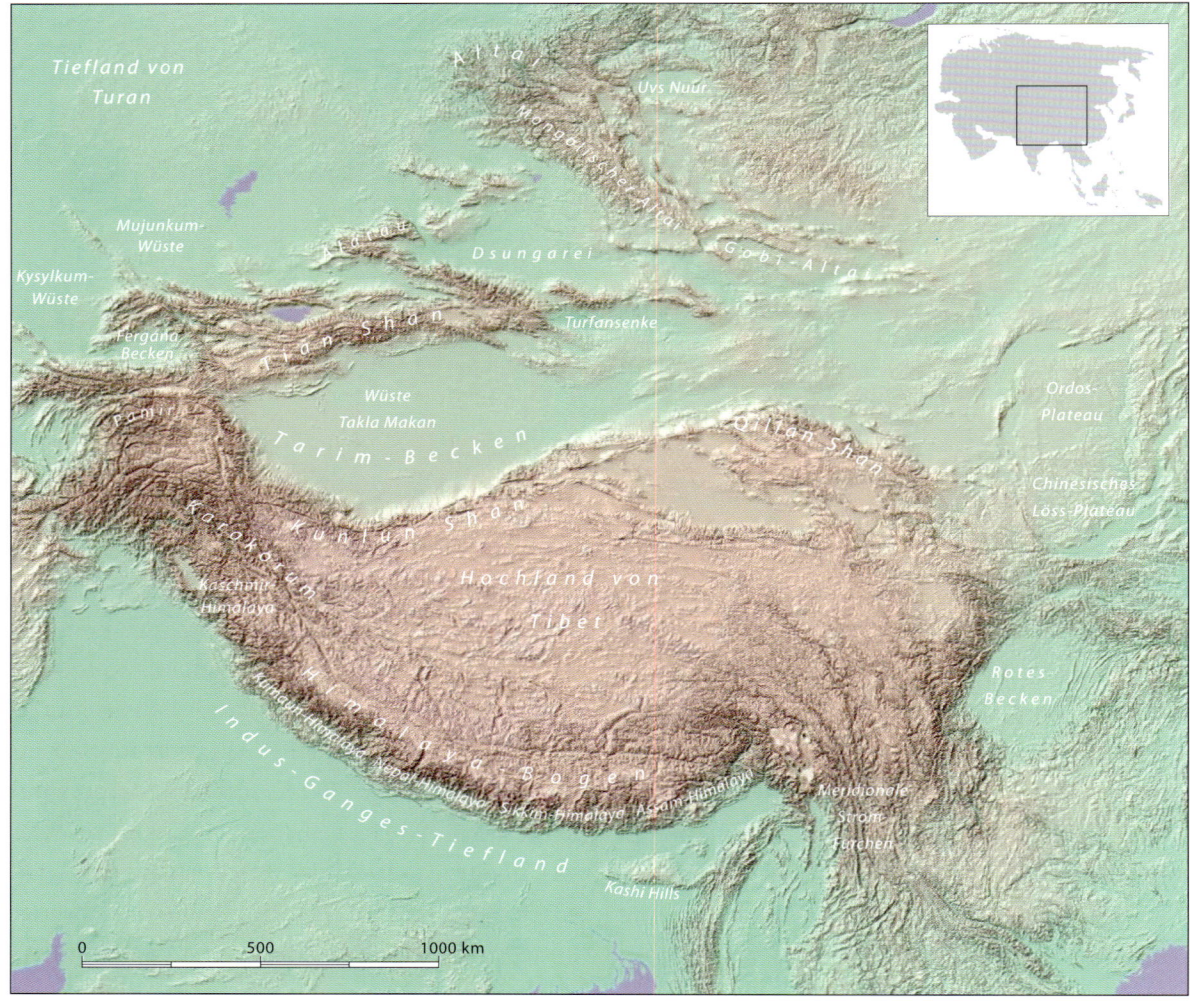

Abb. 1: Übersicht über das Untersuchungsgebiet (verändert nach Böhner 2006).

oder nach dem Zeitpunkt dieser Maximalvereisung, Gegenstand sehr kontrovers geführter Diskussionen (Kuhle 1998, 2007; Lehmkuhl 1998; Owen et al. 1998; Lehmkuhl & Haselein 2000; Frenzel & Liu 2001; Kuhle & Kuhle 2010).

Die Spannweite wissenschaftlicher Fragen manifestiert sich aktuell in dem 2008 realisierten DFG-Schwerpunktprogramm „*Tibetan Plateau: Formation, Climate, Ecosystem*". Die Themen der beteiligten Teilprojekte spannen einen weiten Bogen von der großräumigen geologischen Gebirgsgenese der letzten 23 Mio. Jahre und deren Einfluss auf die Entwicklung des Klimasystems (insbesondere der Süd- und Ostasiatischen Monsun-Zirkulation), bis hin zu detaillierten Untersuchungen aktueller mikroklimatischer Prozesse auf dem Tibetischen Plateau. Methodisch ähnlich breit aufgestellt, wenn auch mit einer stärkeren Fokussierung auf die letztglaziale Klima- und Landschaftsentwicklung Hochasiens war auch das internationale Forschungsprogramm „*Glaciation and Reorganization of Asia's Network and Drainage (GRAND)*" des „*International Geological Correlation Program (IGCP)*", in dessen Rahmen u.a. umfangreiche Untersuchungen zur zeitlichen Abfolge der eiszeitlichen Vergletscherung einschließlich ihrer klimatischen Mechanismen und geoökologischen Wechselbeziehungen zwischen hydrologischen Prozessen und der Sedimentationsgeschichte auf regionaler Basis durchgeführt wurden. Mitarbeiter der Arbeitsgruppe Geosystemanalyse, heute situiert am Institut für Geographie der Universität Hamburg, hatten im Rahmen BMBF (Bundesministerium für Bildung und Forschung) und DFG (Deutsche Forschungsgemeinschaft) geförderter Projekte Gelegenheit, zu diesem Programm beizutragen. Eine zentrale Zielsetzung lag dabei auf der Entwicklung von Methoden und Modellen, die eine Verknüpfung geomorphologischer und paläoökologischer Geländebefunde mit Klimamodellexperimenten und Szenarien leisten sollten, um einerseits paläoklimatische Indikationen und Klimarekonstruktionen auf eine breitere methodische Basis zu stellen, und andererseits Projektionen potenziell zukünftiger landschaftsökologischer Veränderungen für alternative Klimaszenarien zu ermöglichen.

Der folgende Beitrag nutzt den Rahmen dieses Bandes Hamburger Symposium Geographie, um die fast ausschließlich in englischsprachigen Fachzeitschriften publizierten Ergebnisse retrospektiv und ergänzt durch neue methodische Aspekte vorzustellen. Nach einer kurzen Übersicht über die Struktur und Zielsetzung der Forschungsarbeiten (Abschnitt 2), werden in den Abschnitten 3 und 4 Methoden der regionalen Klima- und Umweltmodellierung in ihren Gründzügen skizziert. Die Anwendungsoptionen dieser methodischen Ansätze bei Fragen der Klimarekonstruktion und Klimaimpaktanalyse sind Gegenstand der Abschnitte 5 und 6, bevor abschließend in einem kurzen Ausblick mögliche kritische Synergien von Klima- und Landnutzungswandel in Zentral- und Hochasien thematisiert werden.

In Abb. 1 ist der Untersuchungsraum unter Angabe der im Text zitierten Ortsbezeichnungen in Übersicht dargestellt. Mit einer Gesamtfläche von 14.000.000 km² umfasst dieser Raum den gesamten Kernbereich der Zentralasiatischen Hochgebirge sowie große Teile der Trockengebiete Asiens mit entsprechend unterschiedlichen Großklimaten und Landschaftseinheiten. Im Rahmen deutsch-chinesischer Gemeinschaftsexpeditionen konnte für diesen Raum umfangreiches Datenmaterial zur rezenten und letztglazialen naturräumlichen Landschaftsgliederung beschafft bzw. kartiert werden, das durch eine systematische Aufarbeitung und Interpretation von topographischen Karten, Literaturangaben und Datenbanken wie dem World Glacier Inventory ergänzt und auf Basis von Satellitenbildern überprüft wurde (vgl. Klinge et al. 2003; Lehmkuhl et al. 2003). Für die regionale Klimamodellierung und Klimaregionalisierung standen Daten von über 400 Klimastationen zumeist als Zeitreihen zur Verfügung (vgl. Böhner 1996, 2005; Miehe et al. 2001).

2. Physiogeographische Forschung im Spannungsfeld von Klimarekonstruktion und Klimaimpaktanalyse

Das Fach Geographie stellt sich heute in seiner Positionsbestimmung gegenüber Nachbardisziplinen gerne als Multimethodendisziplin dar. Völlig zurecht: Geographie wurde und wird immer aus unterschiedlichsten erkenntnistheoretischen Richtungen beeinflusst mit dem Ergebnis, dass die moderne Wissenschaftsdisziplin Geographie heute, wie wohl kein anderes Fach, natur- und geisteswissenschaftliche Methoden pragmatisch und problemorientiert zu integrieren vermag (vgl. Böhner 2007). Aber nicht nur die Gesamtgeographie, mit ihrer klassischen Dichotomie von Physischer Geographie und Humangeographie, auch die Hauptstränge und selbst deren Teildisziplinen nutzen und kombinieren unterschiedliche methodische Blickwinkel als Basis wissenschaftlichen Erkenntnisgewinns. In den physisch-geographischen Disziplinen stellt sich dieser Methodenpluralismus besonders deutlich im Systemansatz dar, der moderne Fernerkundungs- und Bildverarbeitungsverfahren sowie das Inventar geoinformatischer Methoden problemorientiert mit klassischer Feldforschung verknüpft, um räumliche Lagebeziehungen der untersuchten Phänomene und Prozesse sowie insbesondere deren Wechselwirkungen mit verschiedenen physiogeographischen Elementarkomplexen (Atmosphäre, Biosphäre, Hydrospäre, Pedosphäre, Lithosphäre, Anthroposphäre) zu erfassen und zu modellieren.

Eine systemanalytisch-landschaftsökologische Argumentation wurde auch bei der Regionalisierung, Rekonstruktion und Projektion des letztglazialen und potenziell zukünftigen Klima- und Landschaftswandels Zentral- und Hochasiens verfolgt. Abb. 2 fasst Forschungsinhalte und -ziele in einer stark vereinfachten Matrixstruktur zusammen. Dabei repräsentieren die Spalten der Matrix die untersuchten Zeitscheiben und assoziierte Ziele, während die thematischen und methodischen Ebenen in Zeilen abgebildet sind. Der Begriff Regionalisierung in der zentralen Spalte bezeichnet die Analyse und regionale räumliche Modellierung der aktuellen Klimaverhältnisse sowie die Diskretisierung (räumliche Abgrenzung) der rezenten klimatisch determinierten naturräumlichen Landschaftszonen und Höhenstufen. Unter der Prämisse, dass diese Landschaftsgliederung auch durch die aktuellen Klimaverhältnisse gesteuert ist, liefert die Analyse und Regionalisierung des Ist-Zustandes die aktualistische Basis für Rekonstruktion und Projektion. Dabei erfolgt die Rekonstruktion in einem sogenannten iterativen Verfahren, d.h. einer mathematischen Annäherung an ein paläoklimatisches Szenario, dass mit den verfügbaren Proxy-Daten aus unterschiedlichen Regionen optimal in Einklang zu bringen ist. Die Rekonstruktion basiert also auf einem induktiven Ansatz, der letztlich aus der

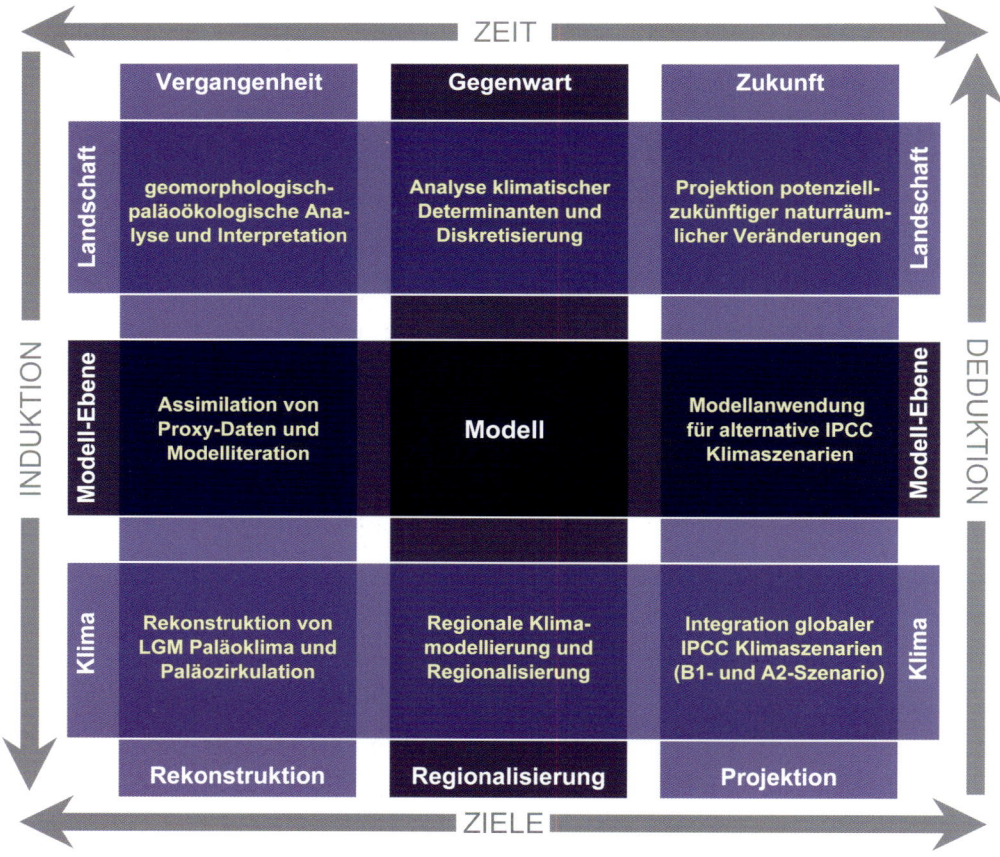

Abb. 2: Forschungsinhalte und konzeptionelle methodische Struktur (verändert nach Böhner 2005).

Summe von Einzelbefunden ein allgemeines Klima- und Landschaftsbild für die Hochphase der letzten Eiszeit, das sogenannte Stadium des Last Glacial Maximum (Letztes Glaziales Maximum, LGM) vor ca. 24.000 Jahren ableitet. Die Projektion potenziell-zukünftiger naturräumlicher Veränderung erfolgt dagegen eher deduktiv, indem gesetzmäßige Zusammenhänge zwischen Klima und Landschaft auf veränderte Klimazustände (Klimaszenarien) übertragen (projiziert) werden. Obgleich die nachfolgend näher erläuterte Modellbildung überwiegend auf statistischen Methoden beruht und folglich als empirisches bottom-up-Prinzip insgesamt induktiv angelegt ist, verknüpft der Gesamtansatz induktive und deduktive erkenntnistheoretische Arbeitsweisen und Paradigmen der Modellbildung.

Innerhalb dieser Struktur beschränkt sich die Rolle der Physischen Geographie nicht nur auf eine systematische Inventarisierung paläoklimatisch interpretierbarer geomorphologischer und paläoökologischer Befunde, sondern entwickelt und nutzt selber statistische oder numerische Modellapplikationen, die insbesondere die kritische „Übersetzung" regionaler Prozesse und Phänomene an der Schnittstelle von Klima und Klimawirkung leisten, um so einen substantiellen Beitrag für die Klimafolgenforschung zu leisten. Vor diesem Hintergrund bildet der Begriff „Modell" in Abb. 2 die Schnittmenge von Teilzielen (Spalten) und inhaltlich-methodischen Ebenen (Zeilen) und stellt damit das zentrale integrierende Element innerhalb der Forschungsstruktur dar.

3. Regionale Klimamodellierung

In den Hochgebirgen sind die klimatischen Verhältnisse aufgrund der starken Reliefgliederung durch eine kleinräumige, oft expositionsabhängige Differenzierung gekennzeichnet, die sich auch in einer entsprechend engräumigen vertikalen sowie horizontalen Abfolge und Verflechtung azonaler Ökosysteme und Landschaftseinheiten äußert. Eine Analyse klimatisch determinierter naturräumlicher Grenzen ist daher an räumlich detaillierte Klimadaten gebunden, die diese geländeklimatische Differenzierung hinreichend wiedergeben. Allerdings liegen gerade aus der Anökumene Zentralasiens und hier insbesondere aus den Hochgebirgsräumen nur wenige direkte Klimabeobachtungen vor und die Eingangs benannte geringe Dichte und kaum repräsentative Verteilung von Klimastationen bietet auch keine geeignete Grundlage, um vorhandene Beobachtungen aus Tal- und Beckenlagen durch Extrapolation auf die Hochgebirgsregionen zu übertragen (Böhner 1996; Miehe et al. 2001).

Um dennoch eine hinreichende Klimadatenbasis für weitere Analyseschritte zu generieren, wurden verfügbare Datenressourcen und GIS gestützte Regionalisierungsmethoden in einem sogenannten statistischen Downscaling-Verfahren integriert. Vereinfacht ausgedrückt werden bei diesem Ansatz globale, von einem Allgemeinen Zirkulationsmodell (*General Circulation Model*, CGM) in sehr grober räumlicher Auflösung berechnete Atmosphärendaten (z.B. Luftdruck, Temperatur, Feuchte oder Windkomponenten in unterschiedlichen Atmosphärenschichten) und Klimakenngrößen (u.a. bodennahe Temperatur, Feuchte, Niederschlag) mit verfügbaren Stationsbeobachtungen statistisch verknüpft und unter Berücksichtigung der lokalen bis regionalen Geländeverhältnisse räumlich verfeinert. Der Begriff Downscaling bezeichnet also zunächst das „Runterskalieren" großskaliger Klimainformationen. Der Zusatz statistisch kennzeichnet das empirische, auf statistisch messbaren Zusammenhängen zwischen lokalen

Klimabeobachtungen und großskaligen Modelldaten basierende Downscaling-Prinzip im Unterschied zum dynamischen Downscaling, bei dem regionale numerische Klimamodelle in globale Modelle eingebettet (genestet) werden, um für ein begrenztes Untersuchungsgebiet räumlich feiner aufgelöste Klimadaten zu berechnen (vgl. Langkamp & Böhner 2010 in diesem Band).

Für die Modellbildung wurden Reanalysen des *US National Center for Environmental Prediction* (NCEP) der Periode 1951-1990 als Tages- und Monatsdaten berücksichtigt (Kalnay et al. 1996). Diese Atmosphärendaten wurden mit Klimamodellen des *US National Center for Atmospheric Research* (NCAR) unter Integration verfügbarer Klimabeobachtungen (u.a. Stationsdaten, aerologische Beobachtungen, Satellitendaten) retroaktiv, d.h. für vergangene Zeiträume berechnet und bilden daher – genau wie Allgemeine Zirkulationsmodelle – die Atmosphäre in einem groben räumlichen Raster (hier: 2,5 x 2,5° Länge/Breite) und diskreten Atmosphärenschichten ab (Böhner 2005, 2006; Langkamp & Böhner 2010 in diesem Band).

Um auf Grundlage dieser großskaligen atmosphärischen Kenngrößen und daraus abgeleiteter Klimaparameter räumlich detaillierte geländeklimatische Daten abzuschätzen, kommt der sogenannten Reliefparametrisierung, d.h. der Analyse und Modellierung geländegesteuerter Prozessvariationen auf Basis digitaler Höhendaten besondere Bedeutung zu. So müssen z.B. bei der Solarstrahlung neben einfachen Effekten wie der Expositions- und neigungsabhängigen Einstrahlungsgeometrie auch Schlag- und Wurfschatten von Gebirgen im Tagesgang modelliert werden. Bei der Temperaturverteilung spielen die, je nach Hangposition unterschiedlich intensiven Einflüsse von Kaltluftbildung, -abfluss und -akkumulation eine wichtige Rolle und machen daher eine Parametrisierung der relativen Reliefposition notwendig, um z.B. Tal- und Beckenlagen mit häufig auftretenden Temperaturinversionen abbilden zu können. Besonders hohe Anforderungen an die Reliefanalyse stellt insbesondere die Modellierung der Niederschlagsverteilung, da Luv- und Lee-Effekte je nach Anströmrichtung, Geschwindigkeit und vertikaler Luftmassenschichtung unterschiedliche Fernwirkungen aufweisen. Datenbasis für den Reliefparametrisierungsschritt bildet ein Digitales Gelände Modell (DGM), bestehend aus insgesamt 140.000 Höhendaten, die den Untersuchungsraum in einem regelmäßigen Höhenraster mit einer räumlichen Auflösung von 1 km^2 abdecken. Eine detaillierte Darstellung, Begründung und Diskussion von Verfahren zur Parametrisierung reliefgesteuerter oder reliefbeeinflusster Prozesse und Phänomene ist Böhner & Antonic (2008) zu entnehmen.

Ausgehend von der Grundannahme, dass die durch Stationsbeobachtungen dokumentierten räumlichen und zeitlichen Variationen einzelner Klimavariablen jeweils spezifische Wirkungen einer Kombination großskaliger atmosphärischer Prozesse und lokaler geländeklimatischer Effekte repräsentieren, werden statistische Zusammenhänge zwischen atmosphärischen Variablen, Stationsbeobachtungen und Geländesituation analysiert und schließlich in mathematisch-statistischen Funktionen zusammengefasst. Im Ergebnis ermöglichen diese Funktionen eine Regionalisierung verschiedener Klimakenngrößen (Solarstrahlung, Temperatur, Niederschlag, Potenzielle Landschaftsverdunstung etc.) in sehr hoher räumlicher Auflösung (hier: 1 km^2). Gleichzeitig bietet das Gesamtverfahren die Möglichkeit, dass neben Reanalysen auch alternative Klimamodellszenarien als Eingangsdaten für Klimaprojektionen berücksichtigt werden können.

Allerdings ist die Qualität der erzielten Regionalisierungsergebnisse je nach Klimaelement sehr unterschiedlich. Während z.B. die an den Klimastationen aufgezeichneten raum-zeitlichen Temperaturvariationen zu 95 % vom Modell korrekt abbildet werden – die sogenannte Erklärte

Klimawandel und Landschaft

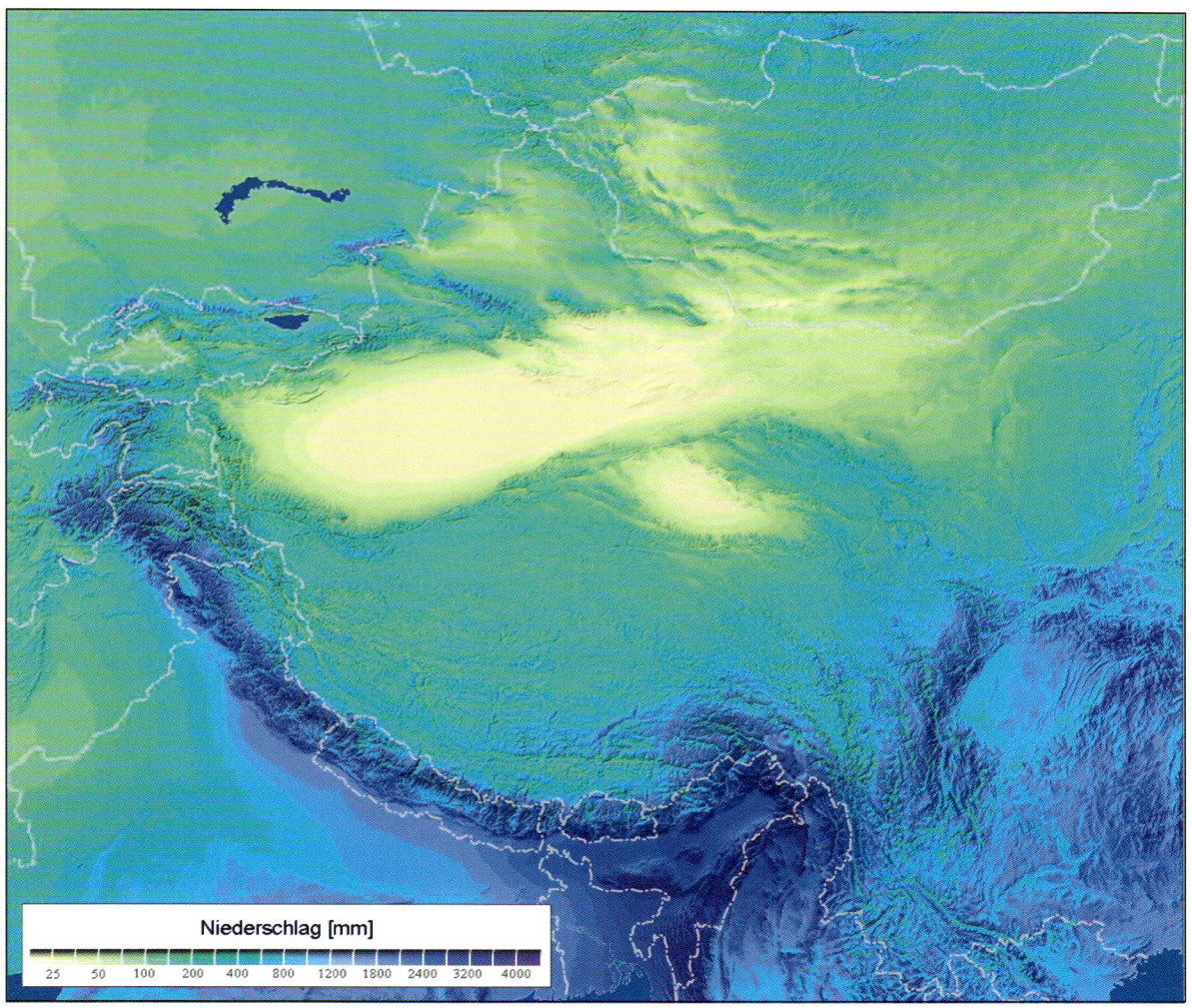

Abb. 3: Rezente Niederschlagsverteilung Zentral- und Hochasiens – Bezugsperiode: 1961-1990 (verändert nach Böhner 2006).

Varianz des Modells liegt bei den Monatsmittelwerten der Temperatur bei über 95 % - treten bei der Niederschlagsregionalisierung insbesondere in Regionen mit einer stark konvektiv dominierten Niederschlagsgenese deutliche Abweichungen zwischen Beobachtung und Modell auf, die sich – statistisch ausgedrückt – in relativ hohen unsystematischen, d.h. vom Modell nicht korrekt abgebildeten Variationsanteilen von z.T. über 30 % in den monatlichen Niederschlagssummen äußern. Gerade bei der Modellierung der raum-zeitlichen Niederschlagsvariationen stößt das gewählte Downscaling-Verfahren also an Grenzen, da die Reanalyse-Daten räumlich zu grob aufgelöst sind, um wichtige niederschlagsgenetische Aspekte wie z.B. den Durchzug von Frontensystemen ausreichend zu repräsentieren. Im Hinblick auf die weitere Analyse klimatisch determinierter Landschaftsgrenzen wurden daher aus den Differenzen zwischen Stationsbeobachtungen und Modellwerten mit Hilfe spezieller geostatistischer Interpolationsverfahren regionale Korrekturwerte berechnet, die den Modellergebnissen überlagert wurden. Weiterführende Erörterungen der gewählten Verfahren sowie spezifische Angaben über notwendiger Parametrisierungsschritte und spezifische Modellanpassungen für einzelne Klimavariablen geben Böhner (2005, 2006) und Böhner & Antonic (2008).

In Abb. 3 ist exemplarisch das Ergebnis der Niederschlagsregionalisierung für die langjährig gemittelten Jahressummen dargestellt. Trotz der benannten methodischen Unschärfen kommen in der räumlichen Verteilung wesentliche Grundzüge der hygrischen Bedingungen Zentral- und Hochasiens zum Ausdruck. Deutlich wird insbesondere die extreme Differenzierung zwischen den hochariden Bedingungen in den Zentralasiatischen Trockengebieten wie dem Tarim-Becken und den niederschlagsreichen monsunal geprägten Süd- und Ostabdachungen der zentralen Gebirgskomplexe und deren Vorländern. Die Spannweite der Niederschläge reicht von durchschnittlich unter 20 mm pro Jahr (bzw. unter 20 Liter pro m² und Jahr) in der Turfan-Depression bis über 10 m (bzw. über 10.000 Liter oder über 10 Tonnen Niederschlag pro m²) und in Einzeljahren auch über 20 m an der Südabdachung der Kashi Hills (Böhner 1996, 2006). Trotz dieser extrem hohen Jahressummen herrschen selbst in den hyperhumiden Steigregengebieten des Assam-, Sikkim- und Nepal-Himalaya sowie den Kashi Hills im Winterhalbjahr häufig aride Verhältnisse, da das Niederschlagsgeschehen im Wesentlichen auf die Sommermonsunperiode begrenzt ist. Diese prononcierte Saisonalität, mit oft exzeptionell hohen Niederschlägen im Zeitraum von Juni bis September war im Ganges-Tiefland und insbesondere in Bangladesh wiederholt mit katastrophalen Überschwemmungen verbunden. Die jüngste Überschwemmungskatastrophe in Pakistan stellt dagegen klimageschichtlich gesehen ein historisches Extremereignis dar, bei dem allerdings nicht nur die Witterungsanomalie mit sehr lagestabilen Monsunniederschlägen an der Südabdachung des Karakorum und Kaschmir-Himalaya, sondern auch die Veränderung des hydrologischen Prozessgeschehens durch die hohen Rodungsraten im Bereich der Gebirgswälder seinen Anteil am Ursachenkomplex gehabt haben dürfte (vgl. Schickhoff & Scholten 2010 in diesem Band).

4. Klimatische Determinanten naturräumlicher Grenzen und Landschaftsdiskretisierung

Das Klima bildet die wohl wichtigste Determinante für die naturräumliche Differenzierung von Landschaftszonen und Höhenstufen. Der langjährige Ist-Zustand des Klimas, in seiner für einen Ort oder eine Region typischen saisonalen und interannuellen (Jahr-zu-Jahr) Variation resultiert in einem charakteristischen Gefüge biologischer, hydrologischer, geomorphologischer und bodengenetischer Prozesse, die sich wiederum in einer ebenso charakteristischen naturräumlichen Ressourcenausstattung mit entsprechend unterschiedlichen Rahmenbedingungen für die Art und Intensität der Bewirtschaftung eines Raumes ausdrücken.

Bereits ein visueller Vergleich zwischen der Niederschlagsverteilung und dem in Abb. 4 dargestellten *Normalized Difference Vegetation Index* (NDVI), einem aus Satellitendaten abgeleiteten Index für die „Grünheit" und den Bedeckungsgrad der Vegetation, macht diesen engen Zusammenhang deutlich. Die als Rasterdaten in einer räumlichen Auflösung von 1 km² abgebildeten NDVI-Maxima der Jahre 1993 und 1994 zeichnen die Niederschlagsverteilung räumlich weitgehend kongruent nach. Starke Abweichungen vom Niederschlagsmuster treten im NDVI-Signal aufgrund von Verzerrungen der Aufnahmegeometrie des Satellitensystems (in Abb. 4 durch das Fenster B markiert) aber auch in Bereichen mit azonalen Vegetationsformationen auf. Das Fenster A kennzeichnet einen derartigen Bereich mit grüner dichter Vegetation am Westrand der Wüste Takla Makan, obgleich in diesem Raum durchschnittlich nur ca. 50 mm Niederschlag pro Jahr fallen. Das für die Vegetation notwendige Wasserdargebot stammt aus den

Klimawandel und Landschaft

Abb. 4: Maximum des NDVI (Normalized Difference Vegetation Index) im Zeitraum 04/1992 bis 06/1993 (Minimum: 0.36 = Gelb, NDVI Maximum: 0.81 = Blau).

benachbarten Gebirgen, wo die dort fallenden Niederschläge nach oberflächlichem oder oberflächennahem Abfluss in den Schotterkörpern der Gebirgsvorländer versickern, um dann am Fuß dieser zumeist eiszeitlichen Schwemmfächer und Schutthalden als Quellen auszutreten (vgl. Böhner & Kickner 2002). Der grüne Saum entlang der Gebirgsvorländer an der Peripherie der Wüste Takla Makan markiert diesen Oasengürtel und zeichnet damit gleichzeitig den Verlauf historischer Handelsrouten wie der berühmten Seidenstraße nach.

Während sich die hygrischen Bedingungen insbesondere in der großräumig-zonalen Vegetationsdifferenzierung niederschlagen, ist die hypsometrische Differenzierung im Hochgebirge bei hinreichendem Wasserdargebot eng mit den thermischen Verhältnissen korreliert. Besonders augenfällig ist der Einfluss des limitierenden Faktors Wärme an der oberen Waldgrenze, einem relativ schmalen Übergangssaum von überwiegend geschlossenen Waldbeständen zu Einzelbäumen (Krummholz), der in der älteren Literatur etwas archaisch als „Kampfzone" des Waldes bezeichnet wird (vgl. Rathjens 1982; Körner 2003, 2007; Holtmeier 2009). Eine Analyse klimatischer Determinanten dieses als besonders klimasensitiv eingestuften sogenannten Waldgrenzökotons ist allerdings problematisch, da Nutzungsdruck und Beweidung auch in Hochasien die Waldgrenze vielfach herabdrücken. Vor diesem Hintergrund wurden bei der statistischen Modellierung insbesondere naturnahe Waldareale und Refugien berücksichtigt. Eine zusammenfassende Übersicht über die empirische Datenbasis geben Böhner & Lehmkuhl (2005) sowie Klinge et al. (2003). Bei ausreichendem Feuchtedargebot stellt die obere Waldgrenze allgemein eine Wärmemangelgrenze dar, wobei die Dauer und die Wärmesummen der Vegetationsperiode die wichtigsten limitierenden Faktoren für den Baumwuchs bilden. Mit Rücksicht auf die verfügbaren Klimaflächendaten sind diese Faktoren in der in Abb. 5 angegebenen klimaökologischen Grenzwertfunktion stark vereinfachend durch Jahresmitteltemperatur und Jahrestemperaturamplitude substituiert und stellen folglich nur eine Annäherung an den relevanten thermischen Wirkkomplex dar (vgl. Körner 2007; Kessler et al. 2007; Holtmeier 2009).

Neben der Oberen Waldgrenze wurden bei Böhner & Lehmkuhl (2005) für die räumliche Diskretisierung potenzieller Waldstandorte auch Klimagrenzwerte für die Untere Waldgrenze ermittelt. Allerdings ist diese hygrisch determinierte Grenze durch eine starke vertikale Verzahnung von waldfreien Flächen und azonalen Waldvorkommen räumlich nur sehr unscharf ausgeprägt, so dass in dieser Analyse lediglich auf Permafrost-Standorten (s.u.) diese Trockengrenze berücksichtigt wurde, um Bereiche mit starker Frostwechseldynamik und Fußflächenbildung (Pedimentation) bei schütterer Vegetationsbedeckung ausweisen zu können. Unterhalb der oberen Waldgrenze wurde sonst für die weitere Vegetationsdifferenzierung das Konzept der hydroklimatischen Vegetationszonen von Henning (1994) berücksichtigt. Gestützt auf globale Klima- und Vegetationsdaten werden hier Vegetationsformationen definiert, die als „Klimavegetation" jeweils durch gut abgesicherte Schwellenwerte des Quotienten aus Niederschlag und Potenzieller Landverdunstung, dem sogenannten Transeau-Verhältnis abgegrenzt werden. Übertragen auf die Ergebnisse der Klimaregionalisierung ergeben sich die in Abb. 6 dargestellten Verbreitungsmuster. Die resultierende Differenzierung von Absoluten Vollwüsten bis hin zu Feuchtwäldern bildet dabei selbstverständlich nicht die reale Vegetationsbedeckung, sondern nur die Potenzielle Natürliche Vegetation (PNV) ab, ist aber insbesondere bei Klimaprojektionen ein geeigneter Indikator, um potenzielle Konsequenzen des Klimawandels für naturräumliche Ressourcenausstattung zu repräsentieren. Neben der Vegetation ist auch die räumliche Verbreitung geomorphologischer Höhenstufen und Prozessregionen klimatisch gesteuert. Besonders deutlich ausgeprägt ist dieser enge Zusammenhang zwischen Klima und Oberflächenprägung im Glazialraum mit seinem von Gesteinsunterschieden weitgehend unbeeinflussten und über alle Großklimate der Erde vergleichbaren Formeninventar. Die daraus resultierenden Möglichkeiten einer paläoklimatischen Indikation auf Basis eines vorzeitlichen glazigenen Formeninventars haben insbesondere bei der Gletscherschneegrenze zu verschiedensten Forschungsanstrengungen bei der Analyse ihrer determinierenden Klimafaktoren geführt (Furrer 1991; Haeberli 1991). Gestützt auf räumlich explizite Angaben zur Gletscherschneegrenze wurde von Böhner & Lehmkuhl (2005) auf Basis der Ergebnisse der Klimaregionalisierung ein statistisches Modell bestimmt, das die kritische Jahresmitteltemperatur an der Gletscherschneegrenze als Funktion des Jahresniederschlags, des Jahresmittels der Einstrahlung sowie der Jahrestemperaturamplitude bestimmt (vgl. Abb. 5). Die Schneegrenzniveaus wurden einheitlich als Mittelwert des höchsten Punktes des Gletschereinzugsgebietes und der Eisrandlage ermittelt. Dieser von Louis (1955) vorgeschlagene sehr einfache Ansatz liefert zwar verglichen mit glaziologisch besser abgesicherten Verfahren wie z.B. der Flächenteilungsmethode von Gross et al. (1978) nur eine Annäherung an das Schneegrenzniveau auf Gletschern, bietet aber den Vorteil einer methodisch einheitlichen Aufnahme unterschiedlichster Datenquellen (u.a. aktuelle Topographische Karten in Kombination mit Luftbildern, Transektkartierungen aus verschiedenen Expeditionen, Daten des *World Glacier Inventory*; vgl. Klinge et al. 2003; Böhner & Lehmkuhl 2005).

Da eine verlässliche paläoklimatische Rekonstruktion nur auf Grundlage eines Multiproxy-basierten Ansatzes, d.h. durch synthetische Betrachtung und Analyse verschiedener Proxy-Daten gewonnen werden kann, wurden neben den Schneegrenzen auch Permafrost-Indikatoren nach dem Prinzip des Aktualismus geeicht.

Klimawandel und Landschaft

$T_G = 2{,}92 \ln(P) - 0{,}298\,R - 0{,}12\,A - 18{,}74$

$T_C = -4 - \left(\dfrac{AR}{200}\right)^{0{,}8}$

$T_D = -\left(\dfrac{AR}{200}\right)^{0{,}9}$

$T_F = 6{,}5 - 0{,}35\,A$

thermische Grenzwerte:
T_G = Gletscherschneegrenze [°C]
T_C = Kontinuierlicher Permafrost [°C]
T_D = Diskontinuierlicher Permafrost [°C]
T_F = Obere Waldgrenze [°C]

P = Jahresniederschlag [mm]
R = Solarstrahlung [MJ·m^{-2}d^{-1}]
T = Jahresmitteltemperatur [°C]
A = Jahrestemperaturamplitude [°C]

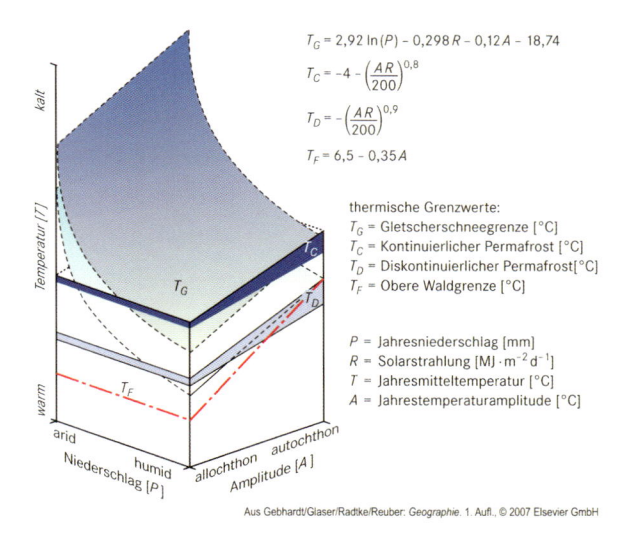

Aus Gebhardt/Glaser/Radtke/Reuber: Geographie. 1. Aufl., © 2007 Elsevier GmbH

Abb. 5: Klimatische Grenzwertfunktionen rezenter naturräumlicher Grenzen Zentral- und Hochasiens.

Die Ergebnisse dieser statistischen Analysen für die Verbreitung des kontinuierlichen Permafrostes (mit flächenhaft gefrorenem Unterboden) und des diskontinuierlichen Permafrostes (mit einem Flächenanteil gefrorenem Unterbodens von über 50 %) liefern valide thermische Grenzwertfunktionen (vgl. Abb. 5), die sowohl punktuelle Geländebefunde aus diversen Expeditionen als auch flächenhafte Kartierungen der Permafrostverbreitung in guter Näherung räumlich kongruent abbilden (vgl. Klinge et al. 2003; Böhner & Lehmkuhl 2005).

Zur Visualisierung der räumlichen Lagebeziehung wichtiger naturräumlicher Grenzen sind in Abb. 5 zusammenfassend die Grenzwertfunktionen für die Gletscherschneegrenze, die Permafrostgrenzen sowie die Obere Waldgrenze in einem durch drei Variablen-Achsen (Jahresmitteltemperatur, Jahresniederschlag, Temperaturamplitude) definierten Diagramm dargestellt. Aufgrund der 3-Achsen-Limitierung ist der Einfluss der Solarstrahlung bei den Permafrost- und Gletscherschneegrenzen jeweils durch die Darstellung von zwei Strahlungsniveaus berücksichtigt. Das gewählte Diagrammschema illustriert insbesondere die je nach naturräumlicher Grenze sehr unterschiedlichen klimatischen Amplituden. Besonders starke räumliche Variationen herrschen danach an den Gletscherschneegrenzen Hochasiens. Während z.B. die thermischen und hygrischen Bedingungen im Schneegrenzniveau der nordwestlichen und nördlichen Gebirgsräume (Tian Shan, Alatau, Altai) durch relativ geringe Jahresmitteltemperaturen, geringe Niederschläge und hohe Jahrestemperaturamplituden (also auch verglichen mit der Jahresmitteltemperatur relativ hohe Sommertemperaturen) gekennzeichnet sind, liegen die Jahresmitteltemperaturen an den Schneegrenzen der Himalaya-Gletscher deutlich höher, was hier aber wiederum durch größere Niederschlagsmengen (Schneeniederschläge) und geringe Jahrestemperaturamplituden (d.h. relativ niedrige Sommertemperaturen) kompensiert wird. Verglichen mit den Gletscherschneegrenzen sind dagegen die Jahresmitteltemperaturen an den Permafrostgrenzen des Untersuchungsraums relativ homogen. So differieren die Jahresmitteltemperaturen an der Untergrenze des Diskontinuierlichen Permafrostes im Himalaya-Bogen mit ca. -1 bis -2 °C nur unwesentlich von denen der hochkontinentalen (autochthonen) Klimaregionen in den nördlichen und nordwestlichen Gebirgsgruppen. Bei einer Jahresmitteltemperatur von ca. -2 bis -3 °C an der Untergrenze des diskontinuierlichen Permafrostes liegt hier die Obere Waldgrenze, begünstigt durch die sehr hohen Sommertemperaturen bereits im Permafrostniveau, wobei im Tian Shan-, Alatau- und Altai-Gebirge Wälder auf Permafrost-Standorten insbesondere auf nordexponierten Hängen verbreitet sind.

Kombiniert mit Schwellenwerten des Transeau-Verhältnisses nach Henning (1994) bildet das Gleichungssystem der Abb. 5 ein einfaches empirisches Modell der klimatisch gesteuerten naturräumlichen Landschaftsgliederung Zentral- und Hochasiens, das eine Landschaftsdiskretisierung des Modellgebietes auf Basis regionalisierter Klimadaten ermöglicht. Das Ergebnis dieser „Übersetzung" von Klimainformationen in naturräumliche Landschaftseinheiten ist in Abb. 6 dargestellt. Für die Approximation der vergletscherten Flächen wurden die in Abb. 5 angegebenen Klimaparameter des Schneegrenzmodells jeweils als gewichtete arithmetische Einzugsgebietsmittel berücksichtigt, um nicht nur das Niveau oberhalb der Gletscherschneegrenze, sondern auch die Ablationsgebiete anzunähern (vgl. Böhner & Lehmkuhl 2005). Als zusätzliche Grenzbedingung für Vergletscherung wurde eine positive klimatische Wasserbilanz der Einzugsgebiete oberhalb des Schneegrenzniveaus gefordert. Das reliefanalytische Verfahren der Bestimmung von Einzugsgebietskenngrößen auf DGM-Basis ist bei Conrad (2007) erläutert. Auch bei der hydroklimatischen Vegetationsdifferenzierung wurden die Transeau-Verhältnisse einzugsgebietsbezogen ermittelt, um insbesondere die azonale Verzahnung hygrisch determinierter Vegetationsformationen, z.B. im Bereich der endorheisch entwässernden Gerinne an der Grenze zum Tarim-Becken, zumindest im Visualisierungsergebnis abzubilden. Bei den Permafrostgebieten (kontinuierlicher und diskontinuierlicher Permafrost) sind Waldstandorte auf Permafrost sowie Gebiete mit intensiver Fußflächenbildung gesondert ausgewiesen.

Der so skizzierte empirische Modellierungsansatz kann die in der Realität wesentlich komplexeren klimatischen Verhältnisse an den naturräumlichen Grenzen selbstverständlich nur annähern, bietet aber den Vorteil, das durch die Berücksichtigung weniger effektivklimatischer Variablen die „Zahl der Freiheitsgrade" bei der Rekonstruktion paläoklimatischer und paläoökologischer Zustände auf Basis von Proxy-Daten reduziert wird. Gleichzeitig definiert das Gleichungssystem einfache statistische Analogien für die Projektionen potenziell zukünftiger klimatisch induzierter Veränderungen des montanen Naturraumpotenzials (Böhner & Lehmkuhl 2005). Beide Anwendungsoptionen, die Mandl (2000) unter dem Begriff „Geosimulation" als Dynamisierung statischer räumlicher Modelle beschreibt, werden im Folgenden diskutiert.

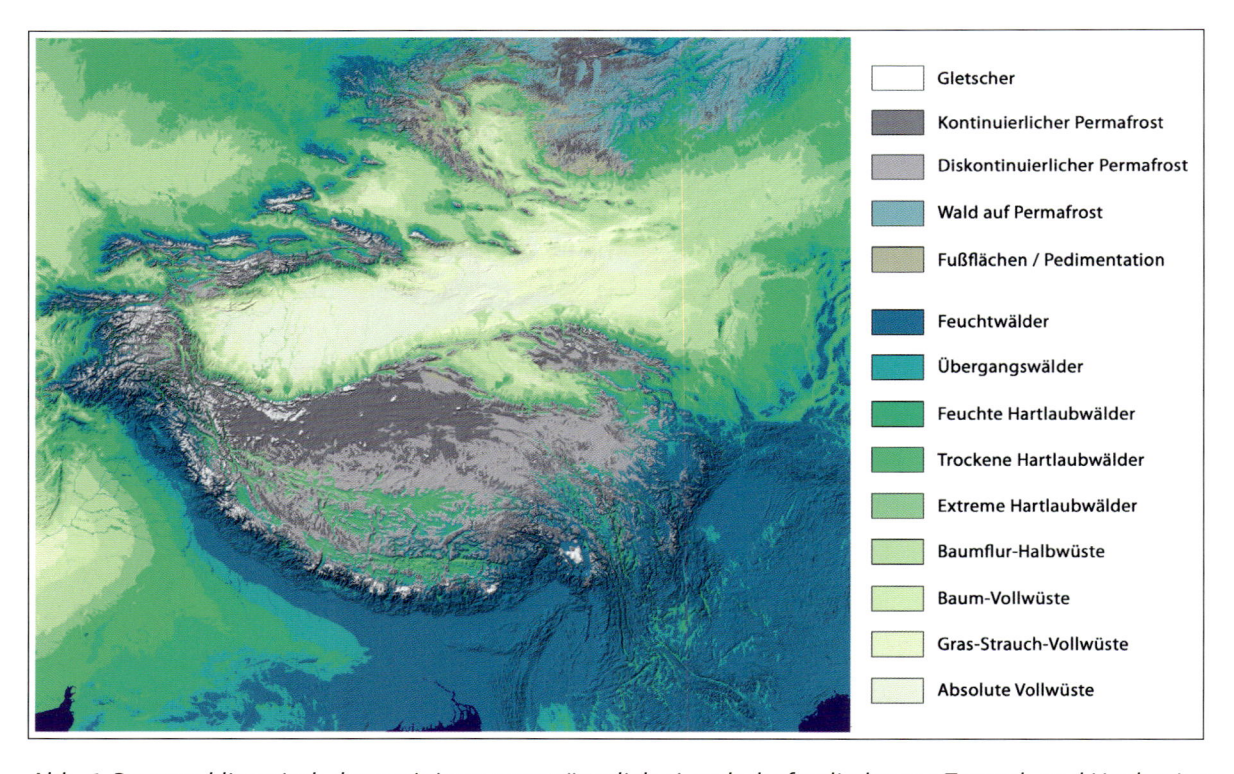

Abb. 6: Rezente klimatisch determinierte naturräumliche Landschaftsgliederung Zentral- und Hochasiens.

5. Klima- und Landschaftsrekonstruktion für das Letzte Glaziale Maximum (LGM)

Für die Klima- und Atmosphärenforschung sind paläoklimatische Analysen von außerordentlicher Bedeutung, da durch eine raumzeitlich differenzierte Rekonstruktionen von Klimaschwankungen unterschiedlichster Dauer und Magnitude nicht nur die Sensitivität des Klimasystems, sondern auch die Auswirkungen von Klimaänderungen diagnostiziert werden. Besonders beeindruckend stellen sich diese naturräumlichen Auswirkungen in der erdgeschichtlichen Epoche des Pleistozäns (beginnend vor ca. 2,6 Mio. Jahren) dar, dessen Kaltzeiten wiederholt mit einer durch Moränenkomplexe vielfach gut belegten drastischen Ausweitung der vergletscherten Flächen in weiten Teilen der Erde verbunden waren (Furrer 1991; Haeberli 1991; Goudi 2002). Wie bereits in der Einführung erwähnt, ist allerdings die pleistozäne Maximalvereisung Tibets sehr strittig. Während Kuhle (1998, 2007) in einer viel beachteten Hypothese eine nahezu vollständige Vereisung Tibets nach der Hebung des Gebirgskomplexes über die Schneegrenze annimmt, die dann wiederum, bedingt durch die stark erhöhte Albedo über den Eisflächen zum „Trigger" weltweiter Abkühlungen wird, gehen andere Autoren wie Lehmkuhl (1998), Lehmkuhl & Haselein (2000), Frenzel & Liu (2001) oder Owen et al. (1998) eher von einer auf einzelne Gebirgsgruppen begrenzten Vergletscherung aus. Neben Kontroversen bei der oft strittigen zeitlichen Einordnungen und Datierung von Proxy-Daten (vgl. Kuhle & Kuhle 2010) manifestieren sich in diesem Disput auch grundsätzlich unterschiedliche Interpretationen und Indikationen geomorphologischer und paläoökologischer Befunde. Auch die nachfolgend skizzierte Klima- und Landschaftsrekonstruktion basiert letztlich auf interpretierten Proxy-Daten und liefert daher selbstverständlich keine abschließende Klärung in dieser wichtigen Streitfrage, bietet aber insbesondere einen geeigneten methodischen Rahmen, um paläoklimatisch interpretierbare Geländebefunde aus sehr unterschiedlichen Regionen mit jeweils unterschiedlicher diagnostischer Qualität in Klimaszenarien zu übersetzen, um so zur weiteren Klärung beizutragen.

Die Rekonstruktion und Regionalisierung der späteiszeitlichen klimatischen Bedingungen erfolgte in einem statistischen Näherungsverfahren, das die Mehrheit geomorphologischer und paläoökologischer Klimaindikatoren für das Letzte Glaziale Maximum (LGM) – hier definiert als Zeitpunkt maximaler Eisausdehnung – in einem paläoklimatisch-landschaftsökologisch konsistenten Szenario zusammenfasst. Stark vereinfacht ausgedrückt nutzt der Ansatz das in Abschnitt 5 skizzierte empirische Modell der naturräumlichen Landschaftsgliederung, um virtuelle Paläolandschaften (bzw. virtuelle Proxy-Daten) durch eine schrittweise regionale Anpassung der steuernden Klimafaktoren an die geomorphologischen und paläoökologischen Befunde optimal anzunähern.

Das Ergebnis dieser iterativen Landschaftsmodellierung ist in Abb. 7 dargestellt. Danach dominierten zu den Kältehöhepunkten der letzten Kaltzeit in den Hochlagen der Gebirge und auf dem Tibetischen Plateau glaziale, nivale und periglaziale Prozesse, während in den niedrigeren Höhenstufen und insbesondere in den Beckenlandschaften der Mongolei und Tibets auch Fußflächenbildung (Pedimentation) verbreitet war. Die durch Schneegrenzrekonstruktionen belegte zentral-periphere Zunahme der letzteiszeitlichen Schneegrenzdepressionen im Bereich des Zentralen Hochlandes manifestiert sich in einer entsprechend stärkeren Vergletscherung der lateralen Gebirgssysteme des Tibetischen Plateaus. Neben der gegenüber den rezenten Verhältnissen stark abgesenkten Oberen Waldgrenze nehmen auch Vegetationszonen der hochariden bis trocken-subhumiden Klimate etwas geringere Flächenanteile ein.

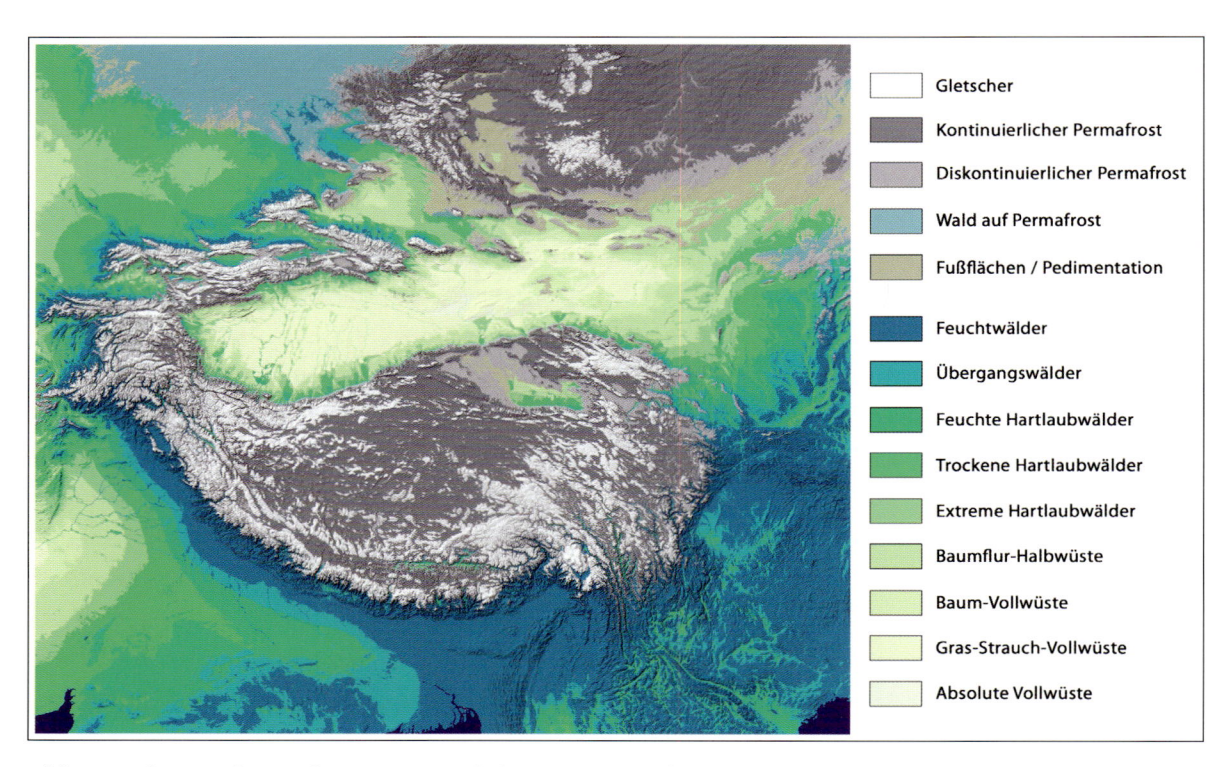

Abb. 7: Rekonstruktion der naturräumlichen Landschaftsgliederung Zentral- und Hochasiens für das Letzte Glaziale Maximum (LGM).

Nach den Ergebnissen der Klimarekonstruktion, die diesem best-fit Landschaftsszenario unterlegt sind, lagen die eiszeitlichen Temperaturen durchschnittlich um ca. 6 °C untern dem heutigen Gebietsmittel des Untersuchungsraums, bei allerdings starken saisonalen und regionalen Unterschieden. So wurden für die Wintermonate insgesamt geringere Temperaturdepressionen (d.h. geringere negative Differenzen gegenüber den rezenten Verhältnissen) kalkuliert mit sehr geringen Abweichungen von nur 2 °C in den hochkontinentalen Zentralasiatischen Beckenbereichen und bis zu 8 °C in den wintermonsunal beeinflussten östlichen und südöstlichen Regionen des Untersuchungsraums. Eine Umkehrung des Gradienten tritt in den Sommermonaten bei maximalen Abkühlungsbeträgen im Norden des Untersuchungsgebietes auf, wo für die intramontanen Becken und angrenzenden Gebirgsvorländer zum Zeitpunkt des LGM Depressionen von über 9 °C kalkuliert wurden. Die Rekonstruktion der hygrischen Bedingungen mit Niederschlagsdepressionen von 40 % bis zu 70 % im Einflussbereich der Süd- und Ostasiatischen Monsunregime verdeutlichen, dass die Monsunzirkulation zum Zeitpunkt des LGM stark abgeschwächt war. Niederschlagsdepressionen in den Meridionalen Stromfurchen sowie im Südosten des Tibet Plateaus von ca. 30 % stützen ebenfalls die Interpretation einer abgeschwächten und verkürzten Monsunperiode.

Unter Berücksichtigung der regional-spezifischen Niederschlagsgenese muss als Ursache angenommen werden, dass die spätpleistozäne Temperaturdepression und die resultierende Persistenz der Schneebedeckung in den Gebirgsräumen insbesondere in den Übergangsjahreszeiten mit einer erhöhten Frequenz und Stabilisierung winterlicher Zirkulationsmodi verbunden war. Charakteristisch für diese Zirkulationsmuster ist eine Aufspaltung (Divergenz) der westlichen Höhenströmung im 200 hPa Niveau (in der oberen Troposphäre in ca. in 12 km Höhe) über dem Tibetischen Plateau. Während der nördliche Ast über den nordwestlichen Gebirgsräumen als Leitbahn außertropischer Zyklonen mit Niederschlagsmaxima im Winter- und Frühjahr verbunden ist, führt der südlich des Himalaya-Bogens verlaufende stärker ausgeprägte südliche Ast zu einer relativ stabilen Schichtung der Troposphäre mit entsprechend trockenen wintermonsunalen Witterungsbedingungen in weiten Teilen des südlichen Untersuchungsraums. Die niederschlagsreichen sommermonsunalen Witterungsbedingungen sind dagegen an die Ausbildung des sogenannten Monsunhochs, einer warmen Antizyklone (in der mittleren bis oberen Troposphäre) über dem Südostsektor des zentralen Hochlandes gebunden, die wiederum mit einer entsprechend östlichen Höhenströmung südlich des Himalaya-Bogens assoziiert ist. Wird diese östliche Höhenströmung bedingt durch Kälteanomalien über dem Tibetischen Plateau durch eine westliche Höhenströmung verdrängt, äußert sich das insbesondere in der Vor- und Nachmonsunperiode in oft abrupten Unterbrechungen (*breaks*) im rezenten monsunalen Witterungsverlauf (Ramaswamy 1962). Bei den eiszeitlichen Temperaturverhältnissen muss dieser Mechanismus also zu einer deutlich verkürzten und abgeschwächten Sommermonsunperiode geführt haben. Da der Zustand der Höhenströmung über dem Tibetischen Plateau gleichzeitig die Position und Stabilität wichtiger Aktionszentren der planetarischen Zirkulation beeinflusst (insbesondere die indopazifischen Hochdruckgebiete), sind bereits durch die eiszeitlich aberranten saisonalen Zirkulationsmuster überregionale Auswirkungen auf das Klimasystem – wie von Kuhle (1998, 2007) postuliert – sehr wahrscheinlich, selbst wenn hier keine vollständige Vereisung Tibets angenommen wird. Für eine detaillierte Diskussion der hier stark verkürzten Atmosphären-Oberflächen-Interaktion und Zirkulationsproblematik, siehe Flohn (1968, 1987), Domrös & Peng (1988) und Böhner (1996, 2006). Zusammenfassende Angaben und Interpretationen zur Paläozirkulation sowie exemplarische Anwendungsmöglichkeiten des empirischen Modellierungsansatzes bei der Validierung von GCM basierten Paläosimulationen geben Böhner & Lehmkuhl (2005).

6. Projektion potenziell-zukünftiger naturräumlicher Konsequenzen des Klimawandels

Seit Beginn des IPCC-Prozesses Ende der 1980er Jahren haben sich Klimaszenarien zu einem unverzichtbaren Instrument der Klimafolgenforschung entwickelt. Wie bereits im Vorwort zu diesem Band betont, handelt es sich dabei allerdings nicht um langfristige Klimavorhersagen, sondern um Modell-gestützte Projektionen möglicher Klimaänderungen für unterschiedliche Szenarien der zukünftigen Freisetzung von Treibhausgasen. Die Grundlage dieser IPCC-SRES Emissionsszenarien (*IPCC Special Report on Emissions Scenarios*) bilden alternative, in sich konsistente Annahmen über die demographische und sozioökonomische Entwicklung die – polarisierend zwischen ökonomisch und ökologisch orientierten Handlungsmaximen sowie zwischen regional-spezifischer Entwicklung und Globalisierung – in vier Szenarienfamilien mit jeweils detaillierten Storyboards zusammengefasst sind (von Storch 2007). Eine Übersicht über Emissionsszenarien und GCM-Experimente sowie eine kritische Beurteilung des aktuellen Stands der Modellentwicklung ist dem 4. Sachstandsbericht des IPCC (2007) zu entnehmen.

Um die Amplitude möglicher klimatisch induzierter Veränderungen der naturräumlichen Ressourcenausstattung Zentral- und Hochasiens zu erfassen, wurden bei Böhner & Lehmkuhl (2005) die für den 3. Sachstandsbericht erarbeiteten Modellprojektionen des B1-Szenarios sowie des A2-Szenarios berücksichtigt (IPCC 2000). Die Datenbasis und Datenstruktur des *IPCC Data*

Distribution Centre, die Ergebnisse der durchgeführten Modellexperimente und die Verfahren der Aggregierung unterschiedlicher Modellerwartungen sind bei Carter et al. (2000) beschreiben. Die hier zitierten und in Abb. 8 exemplarisch für das A2-Szenario dargestellten Ergebnisse dieser Projektionen basieren damit nicht auf den aktuellen Modellerwartungen des IPCC (2007). Da allerdings die Muster und Magnituden der Klimaszenarien für den Untersuchungsraum auch im jüngsten Sachstandsbericht des IPCC sehr weitgehend bestätigt werden, behalten die unten getroffenen Aussagen und Schlussfolgerungen ihre Gültigkeit. Im Folgenden werden zunächst die wichtigsten Annahmen und Eckwerte der Szenarien skizziert.

Das B1-Szenario nimmt eine rasche Einführung sauberer ressourcen-effizienter Technologien und globale Lösungen für eine wirtschaftliche und soziale Nachhaltigkeit an, die zur Verringerung regionaler sozioökonomischer Unterschiede beitragen. Die Bevölkerungszunahme kulminiert Mitte des 21. Jahrhunderts und ist danach rückläufig, so dass bei einer moderaten Emissionsentwicklung in diesem klimapolitisch optimistischen Szenario eine global gemittelte Erwärmung von „nur" 1,8 °C (Wahrscheinliche Bandbreite: 1,1 bis 2,9 °C) bis zum Ende des 21. Jahrhunderts erwartet wird (IPCC 2007). In den hier berücksichtigten Modellprojektionen des IPCC (2000) liegt der Temperaturanstieg in Zentral- und Hochasien mit 1,0 bis 1,8 °C; die Magnituden der Niederschlagsveränderungen sind in diesem Szenario sehr gering.

Das A2-Szenario beschreibt dagegen eine heterogene Welt, die sich bedingt durch Autarkie und Bewahrung lokaler Identitäten regional sehr unterschiedlich entwickelt. Die große Bedeutung von Familienwerten und Traditionen sowie nur langsame technologische Veränderungen sind mit einem stetigen Bevölkerungswachstum verbunden, das sich in einem entsprechend starken Anstieg der atmosphärischen Treibhausgaskonzentration und einer assoziierten Erwärmung von 3,4 °C (Wahrscheinliche Bandbreite: 2,0 bis 5,4 °C) bis zum Ende des 21. Jahrhunderts niederschlägt (IPCC 2007). Für Zentral- und Hochasien wird in den älteren Modellprojektionen des IPCC (2000) in diesem Szenario eine deutliche Zunahme der Niederschläge von bis zu 20 % mit maximaler Magnitude im Bereich der monsunalen Regime erwartet. Der durchschnittliche Temperaturanstieg von 3,8 und 6,0 °C liegt ebenfalls deutlich über den entsprechenden Werten des B1-Szenarios.

Nach den so skizzierten Modellerwartungen ergeben sich in beiden Szenarien insbesondere für die Kryosphäre Hochasiens sehr weitreichende Konsequenzen. Vor dem Hintergrund der stark kritisierten fehlerhaften Aussage des IPCC Sachstandsberichts zum Gletscherrückzug im Himalaya bis 2035 (vgl. Spiegel Online 2010) soll allerdings betont werden, dass auf Basis der hier berücksichtigten Analogien natürlich keine Aussagen über Zeitdauer oder Zeitpunkt dieser Veränderungen getroffen werden können. Dies berücksichtigend ergibt sich – bei Annahme stationär veränderter Klimaverhältnisse – bereits im B1-Szenario ein Rückgang der vergletscherten Flächen von etwa 46 %. Im A2-Szenario liegt der Flächenverlust bei über 80 %, so dass nur noch die Kammlagen des Himalaya-Bogens, des Karakorum und Pamir sowie des West-Kuenlun vergletschert sind (vgl. Abb. 7). Rezent vergletscherte Gebirge wie der Qilian Shan und Tien Shan, deren Schmelzwässer sich im Sommer regulierend auf die Abflussdynamik auswirken und damit eine wichtige Rolle für die Versorgung der Bewässerungskulturen in den Vorländern spielen, sind im A2-Szenario nahezu unvergletschert. Da die erhöhten Niederschläge in diesem Szenario durch die erwärmungsbedingte Zunahme der Verdunstungsraten überkompensiert werden, muss für die Oasen- und Bewässerungswirtschaft, insbesondere in den Vorländern des Kunlun Shan und Qilian Shan mit einer wei-

Klimawandel und Landschaft

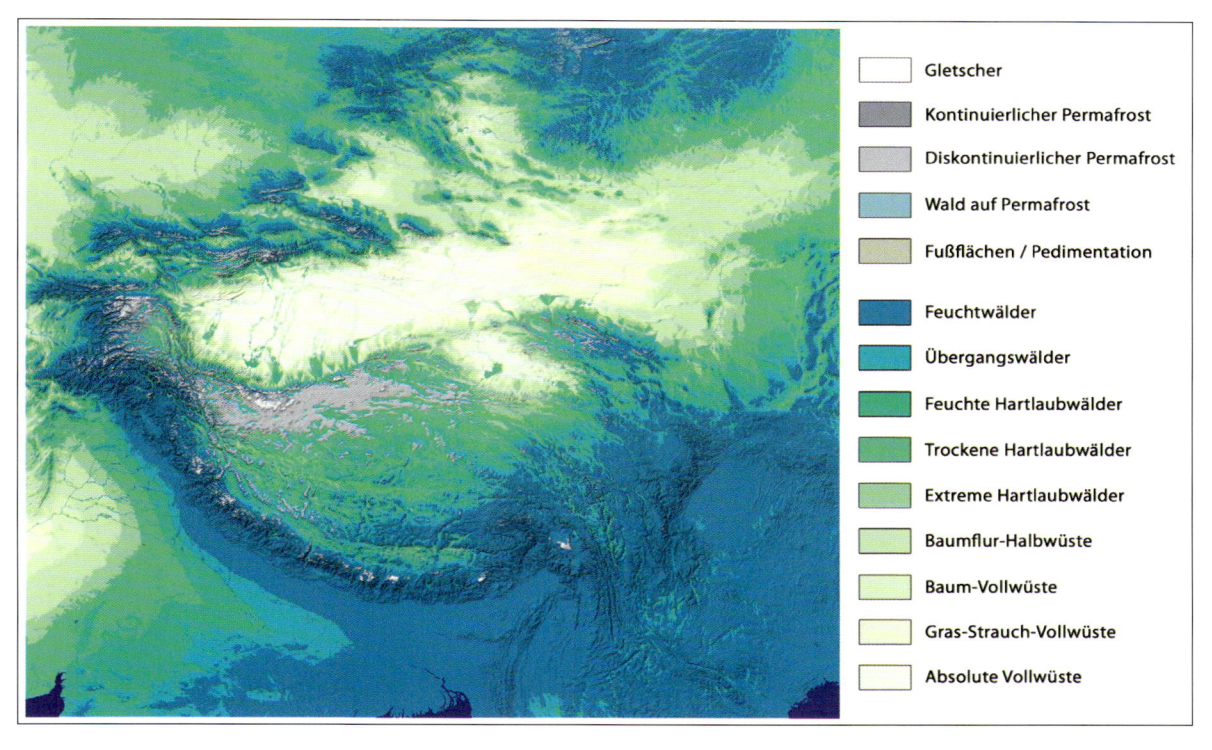

Legende:
- Gletscher
- Kontinuierlicher Permafrost
- Diskontinuierlicher Permafrost
- Wald auf Permafrost
- Fußflächen / Pedimentation
- Feuchtwälder
- Übergangswälder
- Feuchte Hartlaubwälder
- Trockene Hartlaubwälder
- Extreme Hartlaubwälder
- Baumflur-Halbwüste
- Baum-Vollwüste
- Gras-Strauch-Vollwüste
- Absolute Vollwüste

Abb. 8: Projektion der potenziell zukünftigen naturräumlichen Landschaftsgliederung Zentral- und Hochasiens für das A2-Szenario des IPCC (2000).

teren Verknappung der ohnehin schon knappen Wasserressourcen gerechnet werden (Böhner & Kickner 2002). Die zeitliche Dynamik und damit auch die Brisanz dieser Entwicklung machen die Projektionen von Li et al. (2009) deutlich: bei einer vergleichsweise moderaten Erhöhung der Sommertemperaturen von ca. 1 °C bis 2050 gehen bereits 26,7 % der vergletscherten Flächen Chinas verloren. Selbst wenn der Temperaturanstieg eine kurz- bis mittelfristige Erhöhung der Abflüsse in vergletscherten Einzugsgebieten bewirkt, werden sich langfristig die Abflussregime von Flüssen, wie dem zu 44,8 % aus Schmelzwässern gespeisten Indus dahingehend nachteilig verändern, dass je nach Niederschlagsgeschehen vermehrt Phasen mit Wassermangel aber auch erhöhte Spitzenabflüsse auftreten werden (Bhambri & Bolch 2009; Jinchu et al. 2009; Severskiy 2009; Tandong et al. 2009). Angesichts der jüngsten Überschwemmungskatastrophe in Pakistan sind die potenziellen Risiken dieser veränderten Abflussregime mehr als offensichtlich.

Starke Veränderungen ergeben sich in den Projektionen auch für die Permafrostverbreitung. Da das zentrale Hochland rezent mit sehr großen Flächenanteilen in einem Temperaturniveau von durchschnittlich 0 bis -5 °C liegt, ist selbst ein geringer Temperaturanstieg mit einem relativ hohen flächenhaften Rückgang von Permafrost verbunden. Entsprechend reduziert sich der Permafrostbereich bereits im optimistischen B1-Szenario um 30 % und im A2-Szenario um 81 %. Selbst wenn ein vollständiges Auftauen von Dauerfrostböden auf einer Fläche von ca. 2 Mio. km² im A2-Szenario erst bei persistent veränderten Klimaverhältnissen eintreten kann ist doch unstrittig, dass gemessen an der Reaktivität von Bodentemperaturen eine sukzessive Erwärmung bereits im 21. Jahrhundert zu einem substanziellen Verlust von Dauerfrostböden führen wird. Der Begriff „Verlust" bezieht sich dabei nicht nur auf die räumliche Dimension, sondern auch auf die Klimarelevanz von Dauerfrostböden. Da der im Permafrost als Biomasse gebundene Kohlenstoff nach Abtauen als CO_2 freigesetzt wird, verstärkt der Rückgang des Permafrostes den Treibhauseffekt. Ein weiterer positiver Rückkopplungseffekt resultiert aus der Vermoorung auftauender Permafrost-Standorte und der damit verbundenen Emission von Methan, einem Spurengas mit wesentlich höheren Treibhauspotenzialen als CO_2 (Shindell et al. 2009).

Beim Rückgang des Permafrostes sind allerdings auch negative Rückkopplungen für den Treibhauseffekt denkbar. So können sich auf ehemaligen Permafrost-Standorten langfristig Pflanzengemeinschaften mit einer höheren Biomasseproduktion ansiedeln, die dann durch Aufnahme von CO_2 aus der Atmosphäre und Abgabe an den Bodenspeicher eine CO_2-Senke darstellen (IPCC 2007). Die Ergebnisse des A2-Szenarios in Abb. 8 scheinen gerade diesen klimameliorierenden Effekt mit einer starken Ausweitung von Feuchtwäldern (+39 %), Übergangswäldern (+39 %) und Feuchten Hartlaubwäldern (+35 %) zu bestätigen und suggerieren damit insbesondere in den Hochgebirgsregionen sogar eine Verbesserung der montanen Nutzungspotenziale. Das „Dach der Welt" ein Eldorado für Förster? Sicher nicht: selbst wenn noch mal explizit eine stationäre Veränderung des Klimas als Randbedingung angenommen wird, so ist eine großflächige Vegetationssukzession gleichzeitig an eine entsprechende Bodenbildung gebunden, die auf den ausgedehnten vegetationsarmen Schotterfluren in der rezenten periglazialen Höhenstufe Tibets sehr große – außerhalb jedes klimapolitisch relevanten Rahmens liegende – Zeiträume in der Dimension von Jahrtausenden beanspruchen würde. Vergleichsweise schnelle, allerdings nachteilige Veränderungen der naturräumlichen Nutzungspotenziale sind dagegen im A2-Szenario für die Trockengebiete des Untersuchungsraums zu erwarten. Die Ausdehnung der Vollwüsten um 27 % resultiert aus der erwärmungsbedingte Reduktion des Transeau-Verhältnisses und spiegelt damit eine nachteilige Veränderungen von Wasserhaushaltskomponenten wider, die – kombiniert mit dem bereits benannten Gletscherrückzug – eine zunehmende Aridifizierung bedeuten würde. Wird weiter berücksichtigt, dass die großräumige Veränderung der Vegetationsmuster in Abb. 8 letztlich eine Magnitude klimatischer Veränderungen widerspiegelt, die die Anpassungsfähigkeit vieler Arten überfordern wird, so macht das A2-Szenario insgesamt einen Verlust von Biodiversität und eine substantielle Beeinträchtigung wichtiger ökologischer Funktionen, Serviceleistungen und Güter wahrscheinlich, die die naturräumlichen Nutzungspotenziale maßgeblich reduzieren werden. Im nachfolgenden Artikel von Schickhoff & Scholten (2010 in diesem Band) werden diese ökosystemaren Konsequenzen des Klimawandels detailliert erörtert.

7. Ausblick

Der Bevölkerungsanstieg, die rasante wirtschaftliche und infrastrukturelle Entwicklung sowie der aktuelle sozioökonomische Wandel in vielen Staaten Zentral-, Süd- und Ostasiens, der sich in einem steigenden Konsumgüterbedarf der Bevölkerung, v.a. aber in wachsenden Ansprüchen an die qualitative und quantitative Nahrungsmittelversorgung manifestiert, ist derzeit mit einem massiv wachsenden Nutzungsdruck auf natürlichen Ressourcenräume Zentralasiens, die Trockengebiete und Hochgebirge verbunden.

Besonders deutlich zeichnet sich dieser Nutzungsdruck auf die Anökumene in der VR China ab, die mit einer Einwohnerzahl von derzeit 1,35 Mrd. Menschen die Nahrungsmittelversorgung von fast 20 % der Weltbevölkerung auf nur 7 % der weltweit landwirtschaftlich nutzbaren Fläche sichern muss. Substantielle Verluste wertvoller Agrarflächen als Folgen anhaltender Überbauung, Urbanisierung, Bodenerosion, Desertifikation und des sich verschärfenden Wassermangels haben dazu beigetragen, das sich China nach Angaben von GRAIN (*Genetic Resources Action International*) für eine Gesamtsumme von mehr als 50 Mrd. Dollar Agrarflächen in Südamerika, Afrika und Asien gesichert hat (GRAIN 2008). Da in den traditionell agrarisch genutzten Gebieten Ostchinas die Grenzen der landwirtschaftlichen Produktionssteigerung erreicht oder – wie die Degradationsproblematik verdeutlicht – bereits überschritten sind, werden neben massiven Restaurationsanstrengungen auch ältere Konzepte administrativ forciert, die eine landwirtschaftliche Inwertsetzung der semiariden bis hocharid Beckenlandschaften und Tiefländer Nordwestchinas vorsehen (Bork et al. 2001; Bork & Li 2002; Rost et al. 2003; Cawood 2010).

Ähnliche Probleme ergeben sich für den nordindisch-pakistanischen Raum, da auch hier insbesondere aufgrund des starken Bevölkerungswachstums eine Ausweitung agrarischer Nutzflächen in den Trocken- und Gebirgsräumen den steigenden Nahrungsmittelbedarf sichern muss. Obwohl die Agrarfläche in Indien derzeit über 52 % der Staatsterritoriums ausmacht, führten bzw. führen Bodenerosion, Desertifikation sowie die Ausweitung industriell-urbaner Komplexe zu einer Schädigung und Verknappung der Ressource Boden als Basis landwirtschaftlicher Nutzung. Im Punjab, der traditionellen „Kornkammer" des Subkontinents, haben die bereits im Zuge der „Grünen Revolution" etablierten massiven Bewässerungsmaßnahmen letztlich zu Agrarlandverlusten durch Bodenversalzung und Bodenversumpfung beigetragen (Mensching 1990; Mensching & Seufert 2001; Oldeman 1998; Scherr 1999). Auch in den zentralasiatischen Trockengebieten zwischen dem Kaspischen Meer und dem Balhasch-See waren die durch unangepasste anthropo-zoogene Nutzung herbeigeführten Degradations- und Desertifikations-Prozesse mit einer z.T. irreversiblen Schädigung von Agrarland verbunden. Verschärft wurde die Problematik durch die wasserwirtschaftlichen Eingriffe in die Flusssysteme des Amu-Darja und Syr-Darja sowie den Bau des Karakumkanals mit den hinlänglich bekannten, zum Synonym für Menschen-gemachte ökologische Katastrophen gewordenen Konsequenzen für den Aralsee (Létolle & Mainguet 1996; Giese et al. 1998).

Eine nachhaltige Erschließung und Nutzung der Tiefländer und Beckenlandschaften Zentral- und Hochasiens ist ohne das natürliche Ressourcenpotenzial der angrenzenden Gebirgsräume undenkbar. Eine besonders konfliktträchtige, weil staatenübergreifend genutzte Ressource, stellen dabei die Wasserreserven der zentralasiatischen Hochgebirge dar. Der stark steigende Wasserbedarf der Haushalte, der Industrie, der Energiewirtschaft sowie der Landwirtschaft hat zu massiven wasserwirtschaftlichen Eingriffen in den Gebirgen und gebirgsnahen Räumen geführt, die neben weiteren ressourcenbezogenen Aktivitäten wie Holzentnahme, Siedlungsausweitungen sowie nicht angepassten Anbau- und Beweidungsverfahren aktuell zu einer Destabilisierung des natürlichen Wirkungsgefüges beitragen (Schickhoff 2004, 2009; Schickhoff & Scholten 2010 in diesem Band).

Auch ohne Klimawandel muss angesichts dieses wachsenden Nutzungsdrucks auf die fragilen Ökosysteme der Gebirgs- und Trockenräume eine weitere Verschärfung der ökologischen Probleme Zentral- und Hochasiens angenommen werden. Negative synergetische Effekte zwischen Klima- und Landnutzungswandel machen eine weit über die ökologische Dimension hinausgehende konfliktträchtige Problemakkumulation denkbar, der nur durch eine präventive Ausweisung geeigneter Strategien zur Ressourcennutzung begegnet werden kann. Eine wichtige Basis derartiger Adaptions-

und Mitigationsstrategien sind wiederum integrierte Klima- und Landnutzungsszenarien, die beide Determinanten auf einer regionalen Skala abbilden. In diesem Kontext sind die Kernkompetenzen der Geographischen Teildisziplinen gefordert. Das konsistente Runterskalieren globaler Entwicklungs- und Landnutzungsszenarien auf eine handlungsorientierte regionale Ebene (als Aufgabe der Humangeographie) und die methodisch-konzeptionelle Verknüpfung regionaler Klima- und Prozessmodelle (als Aufgabe der Physischen Geographie) können substantiell dazu beitragen, kritische Implikationen des Klima- und Landnutzungswandels für die potenziell zukünftige Verfügbarkeit naturräumlicher Ressourcen in planungsrelevanten raumzeitlichen Auflösungen abzubilden. Gleichzeitig bildet eine skalenübergreifende Methoden- und Modellintegration eine wichtige Basis, um Rückwirkungen für das Klimasystem zu erfassen. Gerade das Beispiel des Permafrostrückgangs und der damit verbundenen positive Rückkopplung für den Treibhauseffekt verdeutlicht, das realistische Klimaszenarien nur mit Modellansätzen zu erzielen sind, die derartige extreme terrestrische Wirkungen und Rückwirkungen in transienten Simulationen berücksichtigen.

Literatur

BHAMBRI, R. & T. BOLCH (2009): Glacier mapping: a review with special reference to the Indian Himalayas, Progress in Physical Geography, Vol. 33: 672–704

BÖHNER, J. (1996): Säkulare Klimaschwankungen und rezente Klimatrends Zentral- und Hochasiens, Göttingen, Goltze (Göttinger Geographische Abhandlungen 101)

BÖHNER, J. (2005): Advancements and new approaches in Climate Spatial Prediction and Environmental Modelling, in: Arbeitsberichte des Geographischen Instituts der HU zu Berlin 109: 49-90

BÖHNER, J. (2006): General climatic controls and topoclimatic variations in Central and High Asia, Boreas, Vol. 35: 279-295

BÖHNER, J. (2007): Modelle und Modellierungen, in: Gebhardt, H., Glaser, R., Radtke, U. & P. Reuber (Hg.): Geographie. Physische Geographie und Humangeographie, Heidelberg, Spektrum: 533-538

BÖHNER, J. & O. ANTONIC (2008): Land-surface parameters specific to topo-climatology, in: Hengl, T. & H.I. Reuter (eds.): Geomorphometry: concepts, software, applications, Amsterdam, Elsevier (Developments in Soil Science 33)

BÖHNER J. & S. KICKNER (2002): Konfliktstoff „Wasser" am Qilian Shan, Petermanns Geographische Mitteilungen, Vol. 143: 4-5

BÖHNER, J. & F. LEHMKUHL (2005): Climate and environmental change modelling in Central and High Asia, Boreas, Vol. 34: 220-231

BÖHNER, J. & H. SCHRÖDER (1999): Zur Klimamorphologie des Tian Shan, Petermanns Geographische Mitteilungen, Vol. 143: 17-32

BORK, H.R. & Y. LI (2002): 3200 years of surface change in the Loess Plateau of northern China, Petermanns Geographische Mitteilungen, Vol. 146: 80–85

BORK H.R., LI, Y., ZHAO, Y., ZHANG, J. & Y. SHIQUAN (2001): Land use changes and gully development in the upper Yangtze river basin, SW-China, Journal of Mountain Science, Vol. 19: 97-103

CARTER, T.R., HULME, M., CROSSLEY, J.F. et al. (2000): Climate change in the 21st century: interim characterizations based on the new IPCC emissions scenarios, Helsinki (Finnish Environment Institute Report 433)

CAWOOD, M. (2010): Restoring China's lost Loess Plateau, http://fw.farmonline.com.au/news/nationalrural/agribusiness-and-general/general/restoring-chinas-lost-loess-plateau/ 1854215.aspx [01.10.2010]

CONRAD, O. (2007): SAGA. Entwurf, Funktionsumfang und Anwendung eines Systems für Automatisierte Geowissenschaftliche Analysen, electronic doctoral dissertation, University of Göttingen

DOMRÖS, M. & G. PENG (1988): The climate of China, Berlin et al., Springer

FLOHN, H. (1968): Contributions to a meteorology of the Tibetan highlands (Atmospheric Science Paper 130)

FLOHN, H. (1987): Recent investigations on the climatogenetic role of the Quinghai-Xizang Plateau: now and during late Cenozoic, in: Hövermann, J. & W. Wenwing (eds.): Reports on the northeastern part of the Qinghai-Xizang (Tibet) Plateau, Beijing, Science Press: 387-416

FRENZEL, B. & S. LIU (2001): Über die jungpleistozäne Vergletscherung des Tibetischen Plateaus, in: Bussemer, S. (Hg.): Das Erbe der Eiszeit (Marcinek-Festschrift), Langenweißbach, Beier & Beran: 71-91

FURRER, G. (1991): 25000 Jahre Gletschergeschichte dargestellt an einigen Beispielen aus den Schweizer Alpen, Naturforschende Gesellschaft Zürich, Vol. 135: 1-52

GIESE, E., BAHRO, G. & D. BETKE (1998): Umweltzerstörungen in Trockengebieten Zentralasiens (West- und Ost-Turkestan). Ursachen, Auswirkungen, Maßnahmen, Stuttgart, Steiner

GOUDI, A. (2002): Physische Geographie. Eine Einführung, Heidelberg et al., Spektrum

GRAIN (2008): Landgrab resource page, http://www.grain.org/landgrab/ [30.09.2010]

GROSS, G., KERSCHNER, H. & G. PATZELT (1978): Methodische Untersuchungen über die Schneegrenze in alpinen Gletschergebieten, Zeitschrift für Gletscherkunde und Glazialgeologie, Vol. 12: 223-251

HAEBERLI, W. (1991): Zur Glaziologie der letzteiszeitlichen Alpenvergletscherung, Paläoklimaforschung, Vol. 1: 409-419

HANN, J. (1897): Handbuch der Klimatologie. 2. Aufl., Stuttgart, Engelhorn

HENNING, I. (1994): Hydroklima und Klimavegetation der Kontinente, Münster, Institut für Geographie (Münstersche Geographische Arbeiten 37)

HOLTMEIER, F.K. (2009): Mountain timberlines. Ecology, patchiness, and dynamics. 2nd ed., Dordrecht, Springer

IPCC (2000): Special report on emission scenarios, Cambridge, Cambridge University Press

IPCC (2007): Climate change 2007. The physical science basis. Contribution of Working Group I to the Fourth Assessment Report of the Intergovernmental Panel on Climate Change, Cambridge, Cambridge University Press

JINCHU, X., SHRESTHA, A. & M. ERIKSON (2009): Climate change and its impact on glaciers and water resource management in the Himalaya region, in: Braun, L.N., Hagg, W., Severskiy, I.V. & G. Young (eds.): Assessment of snow, glacier and water resources in Asia, Koblenz, IHP/HWRP (IHP/HWRP-Berichte 8): 44-54

KALNAY, E., KANAMITSU, M., KISTLER, R. et al. (1996): The NCEP/NCAR 40-Year Reanalysis Project, Bulletin of the American Meteorological Society, Vol. 77: 437-471

KESSLER, M., BÖHNER, J. & J. KLUGE (2007): Modelling tree height to assess climatic conditions at tree lines in the Bolivian Andes, Ecological Modelling, Vol. 207: 223-233

KLINGE, M., BÖHNER, J. & F. LEHMKUHL (2003): Climate patterns, snow- and timberline in the Altai mountains, Central Asia, Erdkunde, Vol. 57: 296-308

KÖRNER, C. (2007): Climatic treelines: conventions, global patterns, causes, Erdkunde, Vol. 61: 316-324

KUHLE, M. (1998): Reconstruction of the 2.4 million km^2 late Pleistocene ice sheet on the Tibetan Plateau and its impact on the global climate, Quaternary International, Vol. 45/46: 71-108

KUHLE, M. (2007): Critical approach to the methods of glacier reconstruction in High Asia (Qinghai- Xizang (Tibet) Plateau, West Sichuan Plateau, Himalaya, Karakorum, Pamir, Kuenlun, Tienshan) and discussion of the probability of a Qinghai-Xizang (Tibetan) inland ice, Journal of Mountain Science, Vol. 4: 91-123

KUHLE, M. & S. KUHLE (2010): Review on dating methods: numerical dating in the quaternary of High Asia, Journal of Mountain Science, Vol. 7: 105-122

LANGKAMP, T. & J. BÖHNER (2010): Klimamodellierung – Eine Einführung in die computergestützte Analyse des Klimawandels, in: Böhner, J. & B.M.W. Ratter (Hg.): Klimawandel und Klimawirkung, Hamburg, Institut für Geographie (Hamburger Symposium Geographie 2): 9-26

LEHMKUHL, F. (1998): Extent and spatial distribution of Pleistocene glaciations in Eastern Tibet, Quaternary International, Vol. 45/46: 123-134

LEHMKUHL, F., BÖHNER, J. & G. STAUCH (2003): Geomorphologische Prozessregionen in Zentralasien, Petermanns Geographische Mitteilungen, Vol. 147: 6-13

LEHMKUHL, F. & F. HASELEIN (2000): Quaternary palaeoenvironmental change on the Tibetan Plateau and adjacent areas (Western China and Mongolia), Quaternary International, Vol. 65/66: 121-145

LÉTOLLE, R. & M. MAINGUET (1996): Der Aralsee. Eine ökologische Katastrophe, Berlin et al., Springer

LI, X., KANG, E., CHE, T., JIN, R., ZONGWU, L. & Y. SHEN (2009): Distribution and changes of glacier, snow and permafrost in China, in: Braun, L.N., Hagg, W., Severskiy, I.V. & G. Young (eds.): Assessment of snow, glacier and water resources in Asia, Koblenz, IHP/HWRP (IHP/HWRP-Berichte 8): 112-122

LOUIS, H. (1955): Schneegrenze und Schneegrenzbestimmung, in: Geographisches Taschenbuch 1954/55: 414-418

MANDL, P. (2000): Geo-Simulation – ein neues Forschungs- und Arbeitsgebiet für Geographen, in: Palencsar, F. (Hg.): Festschrift für Martin Seger, Klagenfurt, Institut für Geographie und Regionalforschung (Klagenfurter Geographische Schriften 18): 137–144

MENSCHING, H.G. (1990): Desertifikation. Ein weltweites Problem der ökologischen Verwüstung in den Trockengebieten der Erde, Darmstadt, WBG

MENSCHING, H.G. & O. SEUFERT (2001): (Landschafts-)Degradation – Desertifikation: Erscheinungsformen, Entwicklung und Bekämpfung eines globalen Umweltsyndroms, Petermanns Geographische Mitteilungen, Vol. 145: 6-15

MIEHE, G., WINIGER, M., BÖHNER J. & Z. YILI (2001): The climatic diagram map of High Asia, Erdkunde, Vol. 55: 94-97

OLDEMAN, L.R. (1998): Soil degradation: a threat to food security? Report 98/01, Wageningen, International Soil Reference and Information Centre

RAMASWAMY, C. (1962): Breaks in the Indian summer monsoon as a phenomenon of interaction between the easterly and the subtropical westerly jet stream, Tellus, Vol. 14: 337-349

RATHJENS, C. (1982): Geographie des Hochgebirges. Band 1: Der Naturraum, Stuttgart, Teubner

ROST, K.T., BÖHNER, J. & K.-H. PÖRTGE (2003): Landscape degradation and desertification in the Mu Us Shamo, Inner Mongolia – an ecological and climatic problem since historical times, Erdkunde, Vol. 57: 110-125

SCHERR, S. (1999): Soil degradation – a threat to developing-country food security by 2020? (Food, Agriculture, and the Environment Discussion Paper 27)

SCHICKHOFF, U. (2004): Highland-Lowland Interactions und Gebirgswälder: Dynamik und Risiken von Ressourcen- und Stoffflüssen, in: Gamerith, W., Messerli, P., Meusburger, P. & H. Wanner (Hg.): Alpenwelt – Gebirgswelten. Inseln, Brücken, Grenzen. 54. Deutscher Geographentag Bern 2003, Tagungsbericht und wissenschaftliche Abhandlungen, Heidelberg et al., DGfG: 181-190

SCHICKHOFF, U. (2009): Human impact on high altitude forests in northern Pakistan: degradation processes and root causes, in: Singh, R.B. (ed.): Biogeography and biodiversity, Jaipur et al., Rawat: 76-90

SCHICKHOFF, U. & T. SCHOLTEN (2010): Klimawandel und Vegetationsdynamik – Die Entwicklung der Pflanzendecke in höheren Breiten und in den Hochgebirgen der Erde, in: Böhner, J. & B.M.W. Ratter (Hg.): Klimawandel und Klimawirkung, Hamburg, Institut für Geographie (Hamburger Symposium Geographie 2): 51-83

SEVERSKIY, I. (2009): Current and projected changes of glaciation in Central Asia and their probable impact on water ressources, in: Braun, L.N., Hagg, W., Severskiy, I.V. & G. Young (eds.): Assessment of snow, glacier and water resources in Asia, Koblenz, IHP/HWRP (IHP/HWRP-Berichte 8): 99-111

SHINDELL, D.T., FALUVEGI, G., KOCH, D.M., SCHMIDT, G.A., UNGER, N. & S.E. BAUER (2009): Improved attribution of climate forcing to emissions, Science, Vol. 326: 716-718

TANDONG, Y., YOUQING, W., SHIYING, L., JIANCHENG, P., YONGPING, S. & L. ANXIN (2009): Recent glacier retreat in the Chinese part of High Asia and its impact on water resources of Northwest China, in: Braun, L.N., Hagg, W., Severskiy, I.V. & G. Young (eds.): Assessment of snow, glacier and water resources in Asia, Koblenz, IHP/HWRP (IHP/HWRP-Berichte 8): 26-35

VON STORCH, H. (2007) Klimaszenarien, in: Gebhardt, H., Glaser, R., Radtke, U. & P. Reuber (Hg.): Geographie. Physische Geographie und Humangeographie, Heidelberg, Spektrum: 252-259

Jürgen Böhner, Thomas Langkamp
Institut für Geographie
Universität Hamburg
Bundesstraße 55, 20146 Hamburg
boehner@geowiss.uni-hamburg.de, thomas.langkamp@uni-hamburg.de
http://www.uni-hamburg.de/geographie/personal/

Klimawandel und Vegetationsdynamik –
Die Entwicklung der Pflanzendecke in höheren Breiten und in den Hochgebirgen der Erde

Udo Schickhoff, Thomas Scholten

erschienen in: Böhner, J. & B. M. W. Ratter (Hg.): Klimawandel und Klimawirkung. Hamburg 2010
(Hamburger Symposium Geographie, Band 2): 51-83

1. Einleitung

Das Klima der Erde ändert sich. Der derzeitige Klimawandel ist insbesondere durch einen Anstieg der globalen Mitteltemperaturen, Veränderungen der Niederschlagsmuster und durch die Zunahme extremer Witterungsereignisse gekennzeichnet. Die Erhöhung der Mitteltemperaturen vollzieht sich gegenwärtig mit einer Geschwindigkeit, für die es mindestens seit dem Höhepunkt der letzten Eiszeit vor 20.000 Jahren keine Parallele gibt (IPCC 2007). Wenn es auch in der Erdgeschichte immer wieder Klimaänderungen als Folge natürlicher Ursachen und Schwankungen gab, sind die gegenwärtigen Klimatrends und Veränderungsmuster eindeutig auf den Einfluss des Menschen zurückzuführen (Levermann & Schellnhuber 2007; Lean & Rind 2008). In den Hochgebirgen der Erde und in den höheren Breiten macht sich der Klimawandel besonders bemerkbar. Beispielsweise ist die Mitteltemperatur in der Arktis in den vergangenen Jahrzehnten fast doppelt so stark angestiegen wie in der übrigen Welt (ACIA 2005). Zu den Folgewirkungen zählen unter anderem der Rückgang von Ausdehnung und Mächtigkeit des arktischen Meereises, die zunehmende Erosion von Küsten, Veränderungen der Eisschilde und Eisschelfe, die Degradierung des Permafrostes oder Änderungen in Verbreitung und Anzahl von Tier- und Pflanzenarten. Diese Veränderungen führen wiederum zwangsläufig zu zahlreichen Konsequenzen für Wirtschaft und Gesellschaft in der gesamten Arktis.

Die Frage nach der Entwicklung der Pflanzendecke unter den Bedingungen des Klimawandels erlangt zunehmend größere Relevanz, hält man sich etwa die Bedeutung der Vegetation in den globalen biogeochemischen Stoffkreisläufen (v.a. Kohlenstoff, Wasser) oder deren Rolle als strukturelle und funktionale Komponente in Ökosystemen vor Augen. Dass Klimaänderungen in der Erdgeschichte in der Regel tiefgreifende Auswirkungen auf Ökosysteme gehabt haben, lehren uns Pollenanalysen und andere paläoökologische Untersuchungen. Die Wälder Nord- und Mitteleuropas wurden beispielsweise während der Eiszeiten mehrfach massiv zurückgedrängt und mussten sich in den Warmzeiten jeweils neu etablieren, was zu großen Artenverlusten führte. Die ökologische Anpassung an solche Klimaänderungen beanspruchte einen Zeitraum von Jahrtausenden. Allerdings lassen sich Erkenntnisse aus der Paläo-Vegetationsentwicklung aufgrund der unterschiedlichen ökologischen Rahmenbedingungen kaum auf die zukünftige Vegetationsdynamik übertragen. Es bestehen nach wie vor erhebliche Unsicherheiten bezüglich der konkreten Reaktion von Ökosystemen auf den Klimawandel. Die Kenntnisse über die Biosphäre mit ihren vielfältigen und hochkomplexen lebenden Systemen, die durch unterschiedlichste funktionelle Interaktionen und Prozesse gekennzeichnet sind, reichen bisher keinesfalls aus, um gesicherte Vorhersagen künftiger Entwicklungen in Ökosystemen machen zu können. Auch die neueren Simulationsmodelle zur globalen Vegetationsentwicklung (z.B. Sitch et al. 2008) liefern allenfalls großräumige Übersichten zur Verschiebung von Vegetationszonen und zur Biomasseentwicklung. Aufgrund ihrer geringen räumlichen Auflösung und des hohen Komplexitätsgrads der Biosphäre können sie jedoch keine konkreten ökosystemaren Auswirkungen des Klimawandels prognostizieren. Wissensdefizite betreffen nahezu alle Konsequenzen sowohl für Artenzusammensetzung und Artenvielfalt als auch für Strukturen und Funktionalität von Ökosystemen, insbesondere jedoch die Auswirkungen auf den Stoffhaushalt, die Konkurrenzverhältnisse von Pflanzenarten und viele weitere biotische Interaktionen, die Wanderungsmöglichkeiten von Populationen und Arten und die zu erwartenden Verluste an Biodiversität.

Trotz des defizitären Wissensstandes lassen sich aber bereits gewisse Tendenzen erkennen, was die erwärmungsbedingte Reaktion der Vegetation betrifft. Dies gilt insbesondere für die Arktis und die Hochgebirge, wo die Vegetation eine deutliche Reaktion zeigt, und wo die Forschung in den letzten Jahren mittels Methoden des Monitorings, der Modellierung und experimenteller Untersuchungen große Fortschritte erzielt hat. In diesem Beitrag wird der Stand der Forschung wiedergegeben, wobei der Fokus mit den höheren Breiten und den Hochgebirgen auf Lebensräumen liegt, deren Biozönosen besonders sensitiv auf die Klimaerwärmung reagieren. Dass eine Temperaturerhöhung um mehrere Grad, wie sie bis Ende des Jahrhunderts zu erwarten ist, einschneidende Folgen für die Biosphäre haben muss, liegt auf der Hand. Sie würde das Klima wahrscheinlich wärmer machen, als es seit Jahrmillionen gewesen ist (Rahmstorf & Schellnhuber 2006). Hinzu kommen weitere Dimensionen des globalen Wandels wie etwa Landnutzungsveränderungen und Ressourcenübernutzung sowie die Habitatfragmentierung und Verinselung von Lebensgemeinschaften oder die Schadstoffdepositionen in unseren Kulturlandschaften. Es stellt sich die Frage, inwieweit die Fähigkeit von Ökosystemen zur Anpassung erhalten bleibt, wenn eine noch nie dagewesene Kombination aus Klima-, anderen globalen Umweltveränderungen und Stressfaktoren auf sie einwirkt.

2. Rezenter Klimawandel und Vegetationsdynamik: Globaler Überblick

Aufgrund der Zunahme der Treibhausgas-Emissionen setzt sich die globale Erwärmung derzeit in allen Erdregionen fort. Zu Beginn des 20. Jahrhunderts wurden etwa 100 Mio. Tonnen Kohlendioxid pro Jahr freigesetzt, im Jahr 2004 waren es bereits rund 38 Milliarden Tonnen (IPCC 2007). Im Jahr 2008 wurden wiederum rund 40 % mehr CO_2 aus fossilen Quellen freigesetzt als im Jahr 1990 (Le Quéré et al. 2009). Die atmosphärische Konzentration von Kohlendioxid hat sich seit Beginn der Industrialisierung um etwa ein Drittel erhöht. Die gegenwärtige Konzentration beträgt ca. 385 ppm (vgl. Abb. 1), mehr als 105 ppm über dem vorindustriellen Level, und liegt damit höher als in den letzten 800.000 Jahren, möglicherweise sogar höher als in den letzten 3-20 Mio. Jahren (Lüthi et al. 2009; Tripati et al. 2009). Auch die Konzentrationen anderer wichtiger Treibhausgase haben seit der vorindustriellen Phase stark zugenommen: Der Methan-Gehalt der Atmosphäre hat sich von 715 auf 1774 ppb im Jahr 2005, der Gehalt von Lachgas von 270 auf 319 ppb erhöht (IPCC 2007).

Der Zusammenhang mit der Klimaerwärmung über die Verstärkung des Treibhauseffektes ist inzwischen unumstritten und durch

Klimawandel und Vegetationsdynamik

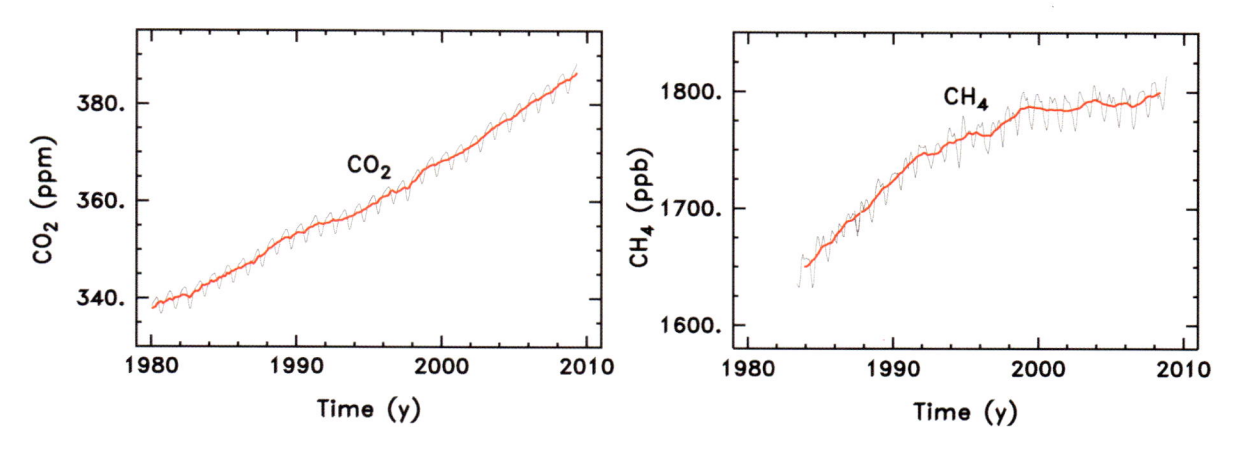

Abb. 1: Der Anstieg der Konzentrationen von Kohlendioxid (CO_2) und Methan (CH_4) in der Atmosphäre seit 1980 (nach Allison et al. 2009).

verschiedene Messungen belegt (z.B. Philipona et al. 2004; Hansen et al. 2005). Die Erhöhung der Treibhausgas-Konzentration führt zu einer Schließung der Atmosphärenfenster, so dass die Durchlässigkeit für die langwellige Erdausstrahlung abnimmt. Gegenüber dem Zeitraum vor der Industrialisierung (vor 1850) beträgt der Temperaturanstieg bereits ca. 0,8 °C (Allison et al. 2009), d.h. die mittleren Temperaturen haben sich von 14,5 °C auf heute ca.15,3 °C erhöht (Abb. 2). Dieser Anstieg verlief weder zeitlich noch regional gleichmäßig. Weit überdurchschnittlich ist die Erwärmung in den polaren Breiten, geringer als im globalen Mittel dagegen in den Tropen. Zu einer deutlichen Erwärmung ist es besonders in den Zeiträumen 1910 bis 1945 und wieder seit 1976 gekommen. Dabei waren die letzten beiden Jahrzehnte wahrscheinlich die wärmsten der letzten mindestens 2000 Jahre. In Deutschland ist die Erwärmung aufgrund stärker angestiegener Wintertemperaturen sogar noch etwas ausgeprägter als im globalen Mittel. Während der vergangenen 25 Jahre hat sich der Temperaturanstieg im Mittel auf 0,19 °C pro Jahrzehnt beschleunigt, obwohl die Sonnenstrahlung abgenommen hat (Allison et al. 2009). Jedes einzelne Jahr zwischen 2001 und 2008 gehörte zu den wärmsten Jahren seit Beginn der Temperaturmessungen 1850. Das Jahr 2008, ein La-Niña-Jahr, war etwas kühler als 2007. Gleichzeitig war die Sonnenaktivität auf dem niedrigsten Level seit Beginn der Satellitenära, also ein weiterer vorübergehender Abkühlungseinfluss. Ohne anthropogene Erwärmung hätten diese Einflüsse das Jahr 2008 zu einem der kühlsten seit Beginn der Aufzeichnungen machen müssen. Tatsächlich war 2008 aber das neuntwärmste Jahr seit 1850. Die letzten zehn Jahre waren insgesamt wärmer als die zehn Jahre davor und der längerfristige Erwärmungstrend ist signifikant.

Die Auswirkungen des Klimawandels sind extrem vielschichtig und betreffen alle Sphären des Erdsystems. Was das Klimasystem selbst betrifft, werden in allen Erdregionen eine Zunahme von warmen und heißen Tagen und Nächten, eine Ausdehnung von Hitzewellen und häufigere Starkniederschlagsereignisse, also eine höhere Frequenz extremer Wetter- und Witterungslagen erwartet (IPCC 2007). Der Sommer 2010 lieferte mit den extremen Monsunniederschlägen und der anschließenden Flutkatastrophe in Pakistan oder mit der Hitzewelle in Mitteleuropa im Juli und dem anschließenden nassesten August seit 1881 jüngste Beispiele. Die Niederschlagsmenge wird in trockenen Klimazonen (insb. Subtropen) vermutlich abnehmen (in feuchten Klimazonen nimmt sie zu) und die winterliche Schneemenge in Europa bis Ende des Jahrhunderts um 80-90 % zurückgehen. Sehr wahrscheinlich werden sich Regionen ausweiten, die von Dürren, stärkeren

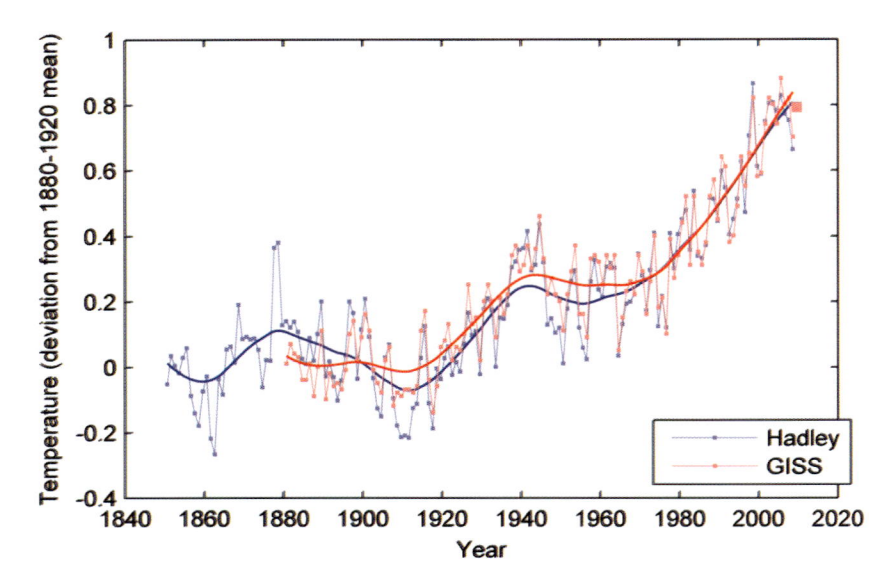

Abb. 2: Der Anstieg der globalen Mitteltemperatur 1850-2009 relativ zum Referenzzeitraum 1880-1920 (nach Allison et al. 2009).

tropischen Wirbelstürmen oder extrem hohem Seegang betroffen sein werden. Der Meeresspiegel ist seit 1870 um ca. 20 cm angestiegen. Nach den im Jahr 1993 begonnenen Satellitenmessungen hat sich der Anstieg auf im Mittel 3,4 mm pro Jahr beschleunigt (Allison et al. 2009). Bei unverminderten Treibhausgas-Emissionen könnte der Meeresspiegel bis zum Jahr 2100 um mehr als einen Meter steigen. In den meisten Regionen des Weltmeeres haben die Oberflächentemperaturen des Wassers um 1-2,5 °C in den letzten 50 Jahren zugenommen bei gleichzeitiger Versauerung durch die erhöhte CO_2-Aufnahme (Domingues et al. 2008; Allison et al. 2009).

Besonders deutliche Auswirkungen zeigen sich in der Kryosphäre. Sowohl der grönländische als auch der antarktische Eisschild verlieren immer rascher an Masse und liefern einen bedeutenden Beitrag zum Meeresspiegelanstieg. Die abschmelzende Oberfläche des grönländischen Inlandeises hat sich in den letzten 30 Jahren um über 30 % vergrößert, im Jahr 2007 wurden 50 % der Fläche von Abschmelzvorgängen erfasst (Steffen et al. 2008). In der Antarktis hat sich der Massenverlust des Inlandeises ebenfalls beschleunigt und von 104 Gigatonnen pro Jahr im Zeitraum 2002-2006 auf 246 Gigatonnen pro Jahr im Zeitraum 2006-2009 zugenommen (Velicogna 2009). Das arktische Meereis schwindet derzeit im Sommer deutlich schneller, als nach den Projektionen von Klimamodellen zu erwarten war. Die Eisausdehnung in den Sommern 2007 bis 2009 war jeweils rund 40 % kleiner als im Durchschnitt der Jahre 1979-2000 (Allison et al. 2009). Auch die Mächtigkeit des Meereises geht sowohl im Sommer als auch im Winter deutlich zurück. Schon in den nächsten 20-30 Jahren ist damit zu rechnen, dass das Nordpolarmeer im Sommer eisfrei sein wird. Die Gebirgsgletscher, Schlüsselindikatoren für den Klimawandel in Gebirgsräumen, haben weltweit dramatisch an Fläche und Masse verloren (s. Abschnitt 4).

Wie wird sich der Klimawandel auf Ökosysteme im 21. Jahrhundert auswirken? Wie eingangs betont, ist eine konkrete Vorhersage aufgrund der Vielfalt und der funktionellen Komplexität lebender Systeme nicht möglich. Paläoökologische Befunde zeigen jedoch eindeutig, dass sich Areale von Arten und Vegetationstypen in Reaktion auf vergangene Klimaänderungen großräumig verschoben haben. Solche Verschiebungen sind auch im 21. Jahrhundert mit Sicherheit zu erwarten (Abb. 3). Bisherige empirische Forschungsergebnisse belegen

Klimawandel und Vegetationsdynamik

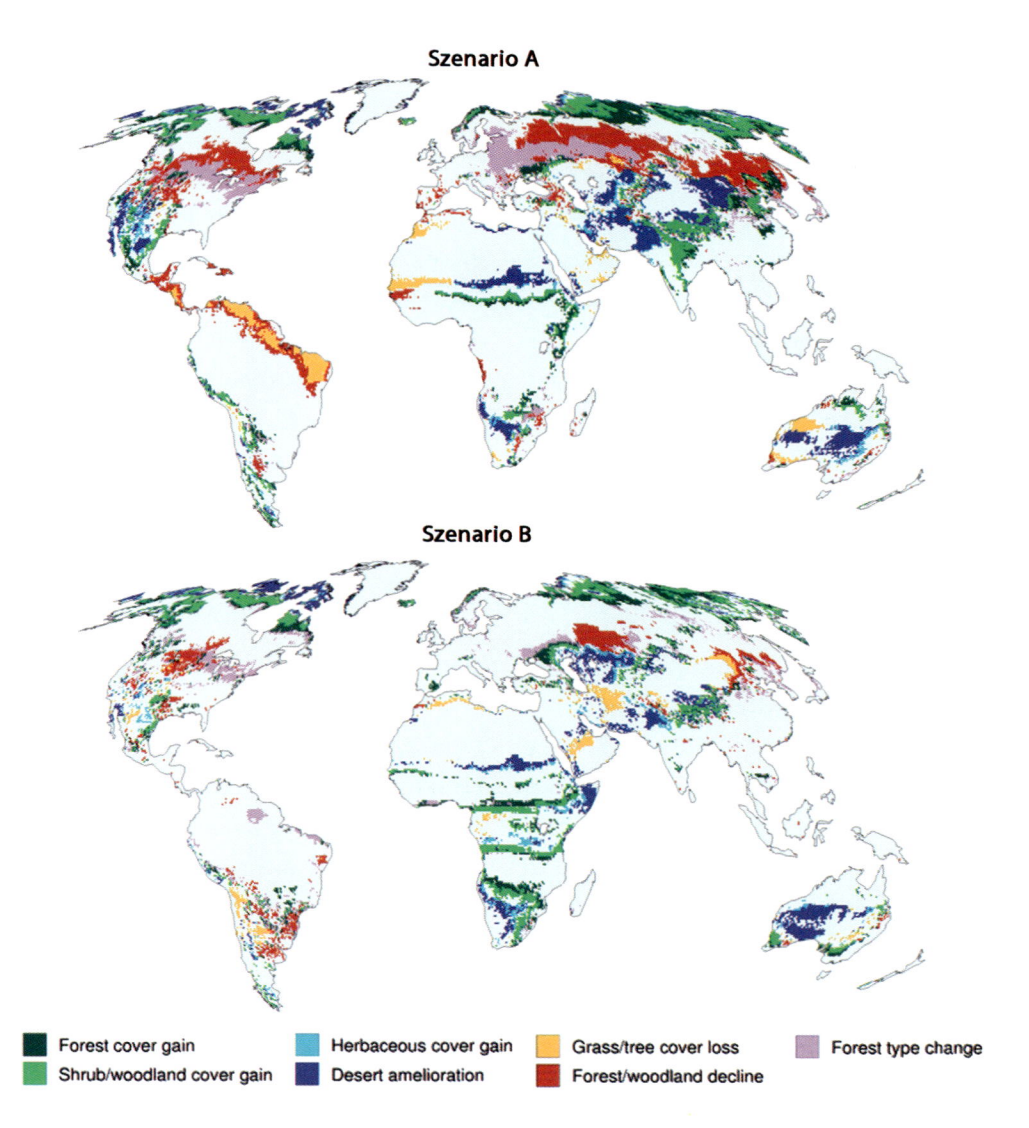

Szenario A

Szenario B

- Forest cover gain
- Shrub/woodland cover gain
- Herbaceous cover gain
- Desert amelioration
- Grass/tree cover loss
- Forest/woodland decline
- Forest type change

Abb. 3: Prognostizierte Veränderungen in der Vegetation der Erde durch den Klimawandel im Jahr 2100. Die Projektionen abschätzbarer Veränderungen in terrestrischen Ökosystemen für den Vergleichszeitraum 2000-2100 basieren auf Prognosen für zwei Emmisionsszenarien (A und B), berechnet mit zwei verschiedenen Klimamodellen. In der Prognose berücksichtigt und dargestellt werden lediglich abschätzbare Veränderungen, wenn jeweils mindestens 20 % der Fläche einer simulierten Rasterzelle von Veränderungen betroffen sind (nach Fischlin et al. 2007).

ebenfalls, dass sich die Verbreitungsgebiete von Arten in den letzten Jahrzehnten polwärts und in den Gebirgen in die Höhe ausgeweitet haben. Inzwischen wurden deutlich wahrnehmbare und substanzielle Veränderungsprozesse in der Vegetation, in Biozönosen und Ökosystemen als Reaktion auf den Klimawandel in zahlreichen Arbeiten nachgewiese (vgl. z.B. Überblicke in Walther et al. 2002; Root et al. 2003; Walther 2003a; Lovejoy & Hannah 2005; Parmesan 2006; Fischlin et al. 2007; Leadley et al. 2010). Sehr auffällig sind beispielsweise die deutlichen Veränderungen in der Phänologie (z.B. Blühbeginn, Beginn der Blattentfaltung oder Laubverfärbung bei Gehölzen) und in der Länge der Vegetationsperiode, die sich in Mitteleuropa seit den 1950er Jahren um ca. 14 Tage ausgedehnt hat (Menzel et al. 2006).

Da die Geschwindigkeit des Klimawandels die Anpassungsfähigkeit vieler Arten überfordern wird, ist mit einem dramatischen Verlust an Biodiversität zu rechnen. Zudem reagiert jede Art individuell unterschiedlich auf klimatische Veränderungen. Spezifische Ausbreitungsgeschwindigkeiten von sich neu etablierenden oder invasiven Arten sowie artspezifische Reaktionen z.B. auf verlängerte Wuchsperioden, die in unterschiedlichen Biomassezuwächsen zum Ausdruck kommen kann, oder auf eine veränderte Spätfrostgefährdung werden einen Wandel der Konkurrenzverhältnisse und somit der Artabundanzen und -dominanzen zur Folge haben. Biomverschiebungen werden daher nicht ohne grundlegende Änderungen von Artenzusammensetzung und Dominanzstrukturen der Lebensgemeinschaften erfolgen. Neuartige Biozönosen werden entstehen, deren Struktur und Funktion indes auch von anderen anthropogenen Einflüssen (Habitatkonversion und -fragmentierung, Ressourcenübernutzung, stoffliche Belastungen, Artenverschleppungen) stark bestimmt sein wird. Veränderte Dominanzverhältnisse, Konkurrenzbedingungen und Populationsdichten wirken sich zwangsläufig auf die funktionelle Vielfalt von Ökosystemen und damit auf die ökologische Funktionalität aus, die für die Bereitstellung ökologischer Serviceleistungen oder auch für die Resilienz gegenüber Störungen durch klimatische Veränderungen oder Extremereignisse entscheidend ist. Die Aufrechterhaltung solcher Serviceleistungen wie sauberes Grundwasser, Bestäubung von Obstbäumen oder Hangstabilität ist für das Leben und Wirtschaften des Menschen essenziell. Eine Beeinträchtigung der ökologischen Funktionalität und Stabilität von Ökosystemen durch den Verlust an Biodiversität hätte tiefgreifende Konsequenzen für Wirtschaft und Gesellschaft (Beierkuhnlein & Foken 2008).

Zu erwartende regionale Veränderungen betreffen in hohem Maße arktische und alpine Ökosysteme, da die entsprechende Flora und Fauna nur in begrenztem Maße nach Norden bzw. in größere Höhen ausweichen kann (z.B. Grabherr et al. 1995; Halloy & Mark 2003). Bei einem weiteren Temperaturanstieg und den dadurch induzierten Standortveränderungen werden weltweit Ökosysteme und deren Populationen verändert werden. Der boreale Nadelwald wird sich nordwärts in die Tundra ausbreiten. In Südamerika droht eine schrittweise Verdrängung des tropischen Regenwaldes durch Savannenvegetation. Auch die tropischen Hochlandwälder im australischen Queensland sowie die Eukalyptuswälder Australiens werden bei einem Anstieg von 1-2 °C stark beeinträchtigt. Im Mittelmeerraum ist mit einer stark erhöhten Feuerfrequenz in Wäldern und Macchien sowie mit häufigeren Insektenkalamitäten zu rechnen. In den endemitenreichen Trockenlandschaften Südafrikas, insbesondere in der Sukkulenten-Karoo, sowie auch im Cerrado Brasiliens sind weitreichende Artenverluste zu erwarten. Die vertikale Ausdehnung der Höhen- und Nebelwälder in den Tropen Südamerikas, Afrikas und Indonesiens wird um Hunderte von Höhenmetern schrumpfen. Zahlreiche weitere Beispiele sind in verschiedenen Übersichten (z.B. Fischlin et al. 2007; Leadley et al. 2010) zusammengestellt. Sie führen sehr deutlich vor Augen, dass im Laufe dieses Jahrhunderts die Anpassungsfähigkeit vieler Ökosysteme bei der in der Erdgeschichte beispiellosen Kombination aus Klimawandel, damit assoziierten Störungen (z.B. Überschwemmungen, Dürren, Feuer- und Insektenkalamitäten, Ozeanversauerung) und anderen globalen Umweltveränderungen (Landnutzungswandel, Ressourcenübernutzung, Luft- und Wasserverschmutzung etc.) überschritten wird, falls die Treibhausgas-Emissionen und andere Beeinträchtigungen nicht deutlich vermindert werden.

Klimawandel und Vegetationsdynamik

3. Klimawandel und Vegetationsdynamik in höheren Breiten

Die Reaktion der Vegetation auf den Klimawandel ist am deutlichsten dort zu beobachten, wo die stärkste Erwärmung stattfindet, nämlich in den höheren Breiten der Nordhemisphäre. Von dort liegen nicht nur die meisten empirischen Befunde zu Veränderungen von Lebensgemeinschaften und Ökosystemen vor (z.B. Hinzman et al. 2005; Schickhoff 2008), sondern auch entsprechende Beobachtungen von indigenen Völkern über die Veränderungen ihres Lebensraumes (Krupnik & Jolly 2002). Das Klima der Arktis hat sich seit Ende der Kleinen Eiszeit substanziell erwärmt, nur unterbrochen von regionalen Abkühlungstrends zwischen 1940 und etwa 1965, aber selbst in diesem Zeitraum verzeichneten weite Gebiete (z.B. das südliche Kanada und das südliche Eurasien) einen signifikanten Temperaturanstieg (McBean et al. 2005). In den letzten 100 Jahren haben sich die Mitteltemperaturen der Arktis in etwa doppelt so stark erhöht wie im globalen Mittel und Regionen der Arktis und Antarktis weisen die höchsten Erwärmungsraten der letzten Jahrzehnte auf (im Mittel 2-3 °C seit den 1950er Jahren; IPCC 2007; Anisimov et al. 2007; Turner et al. 2007). Besonders ausgeprägt ist der Temperaturanstieg mit bis zu 4 °C in den Wintermonaten. Seit 1980 übersteigt die Erwärmung 1 °C pro Dekade. Besonders stark steigen die Temperaturen im inneren NW-Nordamerika und im kontinentalen nördlichen Asien. In Alaska haben die Temperaturen in den letzten 50 Jahren um 3-5 °C zugenommen, wobei der North Slope (nördlich der Brooks Range) die stärkste Erwärmung aufwies (Alaska Climate Impact Assessment Commission 2008). Der Anstieg der Sommertemperaturen hat sich von 0,15 bis 0,17 °C pro Dekade (1961-1990) auf 0,3 bis 0,4 °C pro Dekade (1961-2004) erhöht (Abb. 4) (Serreze et al. 2000; Chapin et al. 2005a). Die Erwärmung über den Landflächen stimmt in der Tendenz mit der Erwärmung der marinen Arktis überein (Serreze et al. 2000; Polyakov et al. 2003). Eine Klimaerwärmung wie in den letzten Jahrzehnten hat es in der Arktis seit mindestens dem frühen Holozän nicht gegeben (Mann & Jones 2003). Und sie wird sich im 21. Jahrhundert fortsetzen: Nach mittleren Prognosen des IPCC (2007) wird die Erwärmung der terrestrischen Arktis im Zeitraum 1980-1999 bis 2080-2099 4,4 °C betragen (je nach Szenario 2,8 °C bis 7,8 °C). Auch wenn sich die Treibhausgas-Emissionen drastisch verringern sollten, wird sich die Erwärmung in der Arktis aufgrund der Trägheit des Erdsystems über mehrere Jahrhunderte fortsetzen (vgl. Leadley et al. 2010).

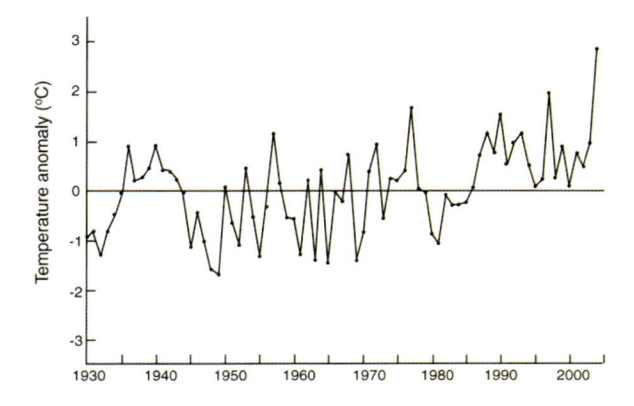

Abb. 4: Abweichung der Mitteltemperaturen in Alaska vom langjährigen Mittel im Zeitraum 1930-2004 (nach Chapin et al. 2005a).

Zu den Folgen der Erwärmung in der Arktis zählen u.a. eine dramatische Verringerung der Meereisausdehnung und seiner Mächtigkeit, ein deutlicher Rückgang der schneebedeckten Landgebiete und eine um etwa einen Monat früher einsetzende Schneeschmelze in der Tundra (Station Barrow, Alaska). Diese Veränderungen sind in hohem Maße klimarelevant, denn wegen der Albedo-Temperatur-Rückkopplung verstärkt sich die Erwärmung, wenn die dunkleren, stärker Sonnenstrahlung absorbierenden Land- und Ozeanoberflächen von Schnee und Meereis befreit sind. Die Erwärmung wird sich zusätzlich weiter verstärken durch mit Permafrostdegradierung verbundene Freisetzung von Kohlendioxid und Methan aus den organischen Tundraböden (vgl. Schuur et al. 2008). Die polaren Regionen fungieren gewissermaßen als bedeutendes Kühlsystem und spielen somit eine Schlüsselrolle für das globale Klima. Degradierender Permafrost und zurückgehende Oberflächenalbedo werden regional und global verstärkende Rückkopplungseffekte auf das Klima haben und zu tiefgreifenden Veränderungen der Ökosysteme führen. Dies bedeutet wiederum, dass Wirtschaft und Gesellschaft der indigenen Völker vor gravierenden Veränderungen stehen, die Anpassungsfähigkeit der indigenen Gemeinschaften, z.B. die Kultur der Inuit, überfordern könnte (ACIA 2005).

Durch den Klimawandel induzierte Veränderungen im Wärme- und Wasserhaushalt, in der Nährstoffverfügbarkeit, Permafrostdegradierung und veränderte Konkurrenzsituationen bedeuten Stress für die seit Tausenden von Jahren adaptierte Tundra-Vegetation. Wie reagieren die Pflanzen in der Arktis auf den Klimawandel, wie verändert sich die Vegetation? Zunächst muss darauf hingewiesen werden, dass die verschiedenen Anpassungen wie z.B. langsames Wachstum und niedrige Wuchsformen, die die Pflanzen unter extremen Umweltbedingungen evolutiv entwickelt haben, ihre Reaktion auf die Klimaerwärmung einschränken und ebenso auch ihre Konkurrenzfähigkeit gegenüber von Süden einwandernden Arten. Daher ist es viel wahrscheinlicher, dass Arten ihre Verbreitungsgebiete ändern, da sie sich am Standort selbst kaum an sich rasch verändernde Bedingungen anpassen könnten (vgl. Callaghan et al. 2005). Dabei werden Arten aus dem Süden im Zuge der Verschiebung ihrer Verbreitungsgebiete nach Norden sehr wahrscheinlich einige arktische Spezies verdrängen, weil diese wegen des Nordpolarmeeres nicht unbegrenzt nach Norden ausweichen können (ACIA 2005). Ob und wie sich das Areal einer Art verändern wird, hängt von ihrer individuellen Sensitivität gegenüber Klimaänderungen, der Konkurrenzsituation, der Lebensstrategie, den Standortbedingungen und generell von der Möglichkeit ab, ihre ökologische Nische zu realisieren. Es wird angenommen, dass die Gesamtartenzahl langfristig aufgrund des verstärkten Zustroms von Arten aus dem Süden zunehmen wird, zumindest bei Tieren (Lawler et al. 2009). Bei Pflanzen haben Zuwanderer aus dem Süden bereits in Küstennähe und entlang des Straßen- und Schienennetzes Fuß gefasst (Chapin et al. 2005b). Paläoökologische Untersuchungen belegen, dass Artareale eine gute Übereinstimmung mit bestimmten bioklimatischen Schwellenwerten zeigen und dass arktische Arten sehr empfindlich auf vergangene Klimaänderungen reagiert haben. Entsprechend wurde prognostiziert, dass in der Arktis der Klimawandel die entscheidende Steuergröße für die Entwicklung der Biodiversität im 21. Jahrhundert sein wird, während in den mittleren und niederen Breiten der Landnutzung die Rolle als entscheidender Einflussfaktor zukommt (Sala & Chapin 2000).

Veränderungen in der relativen Häufigkeit arktischer Pflanzenarten werden seit einigen Jahren zunehmend dokumentiert. Beispielsweise wurde in der Tundra Nordalaskas durch Vergleiche von historischen und rezenten Landschaftsfotografien eine beträchtliche Zunahme der Häufigkeit und Ausdehnung von höherwüchsigen Sträuchern festgestellt. Die Interpretation von 202 Vergleichspaaren alter (aufgenommen zwischen 1945 und 1953) und neuer Schrägluftbilder ergab, dass strauchförmige Erlen (*Alnus crispa*), Weiden (*Salix alaxensis, S. pulchra, S. glauca*) und Birken (*Betula nana, B. glandulosa*) in Höhe und Abundanz deutlich zugenommen und Areale besiedelt haben, die zuvor frei von höheren Sträuchern waren (Tape et al. 2006). 87 % der analysierten Bildpaare zeigten eine deutlich erkennbare Zunahme dieser Gehölze in Form einer Ausweitung von Strauchgruppen, Bestandsverdichtung und Höhenwachstum individueller Exemplare. Die Ergebnisse bestätigten die Resultate früherer Wiederholungsfotografien (Sturm et al. 2001a) sowie die Beobachtungen der indigenen Bevölkerung (Krupnik & Jolly 2002). Darüber hinaus wurden ähnliche Tendenzen einer Strauchexpansion geländebasiert und fernerkundungsgestützt auch in Kanada, Skandinavien und Teilen Russlands festgestellt (Tape et al. 2006).

Die im Gelände festgestellte Zunahme der höherwüchsigen Strauchvegetation steht in guter Übereinstimmung mit früher getroffenen hypothetischen Annahmen (Sturm et al. 2001b), mit Fernerkundungsstudien (Hope et al. 2003; Stow et al. 2004), mit Resultaten der experimentellen Forschung (Chapin et al. 1995, 1997; Bret-Harte et al. 2001; Hollister 2003; van Wijk et al. 2004; Walker et al. 2006) und der Vegetationsmodellierung (Epstein et al. 2000, 2004). In einem langjährigen Experiment in der Tussock-Tundra Nordalaskas haben Chapin et al. (1995) die Faktoren Licht, Temperatur und Nährstoffverfügbarkeit variiert und dadurch induzierte Veränderungen der Pflanzengesellschaften und Ökosystemprozesse analysiert (Abb. 5). Nach neun Jahren waren sommergrüne Sträucher (v.a. *Betula nana*) bei erhöhter Nährstoffverfügbarkeit sowie bei der Kombination aus Nährstoffzugabe und Temperaturzunahme zur Vorherrschaft gelangt, verbunden mit dem Verlust von 30-50 % der anderen Arten. Die Nährstoffzugabe erhöhte Produktivität und Biomasse der sommergrünen Sträucher, während sich das Wachstum immergrüner Sträucher und Kryptogamen verlangsamte. Bei höheren Temperaturen nahm die Produktion der Sträucher zu, jene der Kryptogamen dagegen ab. Die Ergebnisse ließen bereits die Schlussfolgerung zu, dass die durch wärmeres Klima indirekt erhöhte Nährstoffverfügbarkeit die Ausbreitung der sommergrünen Sträucher begünstigt – eine Verschiebung in der Vegetationsstruktur, die heute tatsächlich beobachtet wird. Der starke Rückgang anderer funktioneller

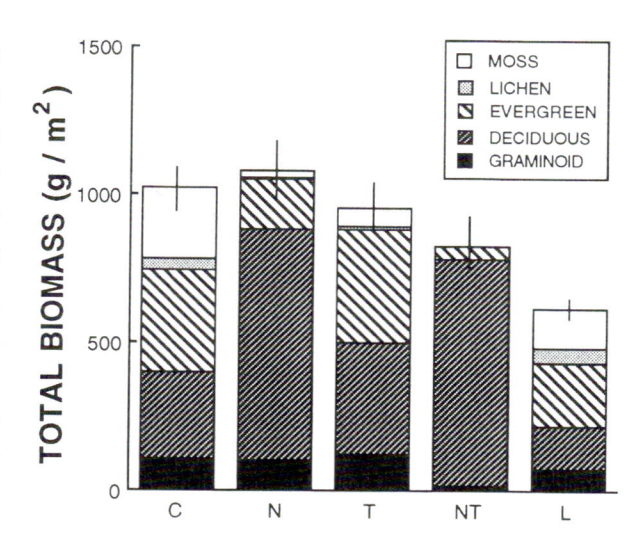

Abb. 5: Gesamt-Biomasse (außer Wurzeln) funktioneller Pflanzengruppen in der Tussock-Tundra Nordalaskas nach neun Jahren experimentell veränderter Standortbedingungen: Kontrolle (C), Nährstoffzugabe (N), Temperaturerhöhung um 3 °C (T), Kombination aus Nährstoffzugabe und Temperaturerhöhung (NT) und Reduktion des Tageslichts um die Hälfte (L) (nach Chapin et al. 1997).

Pflanzentypen deutet auf die hohe Sensitivität der Tundra-Ökosysteme gegenüber klimatischen Veränderungen hin.

Die zunehmende Dominanz sommergrüner Sträucher bei höheren Temperaturen wurde auch durch eine Metaanalyse standardisierter Erwärmungsexperimente bestätigt, die an elf verschiedenen Tundra-Standorten in Eurasien und Nordamerika seit den 1990er Jahren durchgeführt werden (Walker et al. 2006). Demnach nehmen Höhe und Deckungsgrade von sommergrünen Sträuchern und Grasartigen bei Erwärmung zu, die Deckung von Moosen und Flechten geht zurück, und Artenzahl, -diversität und Evenness (Grad der Gleichverteilung) gehen ebenfalls zurück. Die Metaanalyse deutet insgesamt auf eine zurückgehende Biodiversität auf verschiedensten Tundra-Standorten hin, zumindest über kurzfristige Zeiträume (vgl. auch Wahren et al. 2005). Eine zukünftige Zunahme der Biomasse von Sträuchern auf Kosten derjenigen anderer funktioneller Pflanzentypen entspricht auch den Ergebnissen neuerer Vegetationsmodellierung (Epstein et al. 2000, 2004). Erwärmungsbedingt verstärkte Stickstoffmineralisation und verlängerte Vegetationsperioden resultierten nach 200 Simulationsjahren in neuartigen Pflanzengesellschaften mit sommergrünen Sträuchern als dominierende funktionellen Pflanzentyp. Insbesondere der Rückgang der heute erheblich zur Diversität arktischer Flora beitragenden Kryptogamen (s. auch Cornelissen et al. 2001; van Wijk et al. 2004) wird erhebliche Rückwirkungen auf die Ökosystem-Funktionalität haben, denn Moose und Flechten kontrollieren grundlegende Ökosystemprozesse. Eine nasse Moostundra absorbiert die Sonnenstrahlung und isoliert in erheblichem Maße den darunter liegenden Mineralbodenhorizont und den Permafrost. Sie beeinflusst so die Mächtigkeit der sommerlichen Auftauschicht. Flechten spielen eine besondere Rolle für die Ernährung von Rentieren und Karibus in den langen Wintermonaten.

Eine weitere Folgewirkung der rezenten Klimaerwärmung ist das verbreitete Vorrücken von Bäumen in die Tundra und die nordwärtige Verlagerung der polaren Waldgrenze. In NW-Alaska ist die Waldgrenze in den letzten 50 Jahren um 10 km oder mehr vorgerückt, wodurch 2 % der Tundra-Fläche in Wald umgewandelt wurde (Lloyd et al. 2003). Dort haben sich zudem die Bestände der Schimmelfichte (*Picea glauca*) an der Waldgrenze verdichtet (Suarez et al. 1999), Arealausweitungen werden auch aus anderen Teilen Alaskas berichtet (Cooper 1986; Lloyd & Fastie 2003). Die Wachstumsmuster von Fichten-Individuen an der Waldgrenze sind jedoch komplex und selten eine lineare Reaktion auf höhere Temperaturen. An bestimmten Waldgrenzstandorten kann die Erwärmung auch Trockenstress und verringerte Produktivität hervorrufen (vgl. Barber et al. 2000; Lloyd & Fastie 2002). Esper & Schweingruber (2004) wiesen die Etablierung von Lärchen, Fichten und Kiefern in der Tundra Westsibiriens in mehreren Einwanderungsschüben in den letzten Jahrzehnten und gleichzeitig eine Zunahme des Radialzuwachses der Bäume nach (vgl. auch Shiyatov et al. 2005). Ein verstärktes Höhenwachstum von Bäumen, eine Verdichtung der Baumbestände im Waldgrenzökoton oder ein Vorrücken der Baumgrenze wird ebenfalls von verschiedenen Lokalitäten in Skandinavien und Kanada berichtet (Kullman 2001; Gamache & Payette 2004, 2005). Aufgrund der Vielzahl an Einflussfaktoren, die auf die Bäume in dem breiten polaren Waldgrenzökoton einwirken und die Reaktion auf die Erwärmung maskieren können, sind die Veränderungsprozesse lokal und regional stark differenziert (vgl. Lloyd & Fastie 2002; Dalen & Hofgaard 2005; Holtmeier et al. 2003; Holtmeier & Broll 2005).

Auf breiter Fläche wird der boreale Nadelwald jedoch in die Tundra vorrücken (Abb. 6), während die Strauchtundra in nördlich anschließende Bereiche expandiert, die heute von Seggentundra, Frostschutzzonen oder Kältewüsten eingenommen werden. Die neueren Vegetationsmodelle stimmen darin überein, dass die borealen Wälder bis Ende des Jahrhunderts weite Bereiche der Tundra besiedeln werden (vgl. Sitch et al. 2003, 2008; Kaplan et al. 2003; Kaplan & New 2006; Schaphoff et al. 2006). In Sibirien war dies zur Zeit des mittelholozänen Wärmeoptimums schon einmal der Fall (MacDonald et al. 2000). Die Ausbreitung der borealen Wälder in die Tundra wird je nach lokaler Faktorenkonstellation schneller oder verlangsamt ablaufen. Entscheidende Standortfaktoren sind Störungen durch Feuer, Insektenkalamitäten und Überflutungen sowie die hydrologische Situation insgesamt (Entwicklung von Thermokarstseen etc.). Allerdings wird die Tundrenzone sich mangels Landmasse nicht in gleichem Maße nordwärts verlagern können, was in Verbindung mit dem ansteigenden Meeresspiegel in der geringsten flächenmäßigen Ausdehnung der Tundra in den

Klimawandel und Vegetationsdynamik

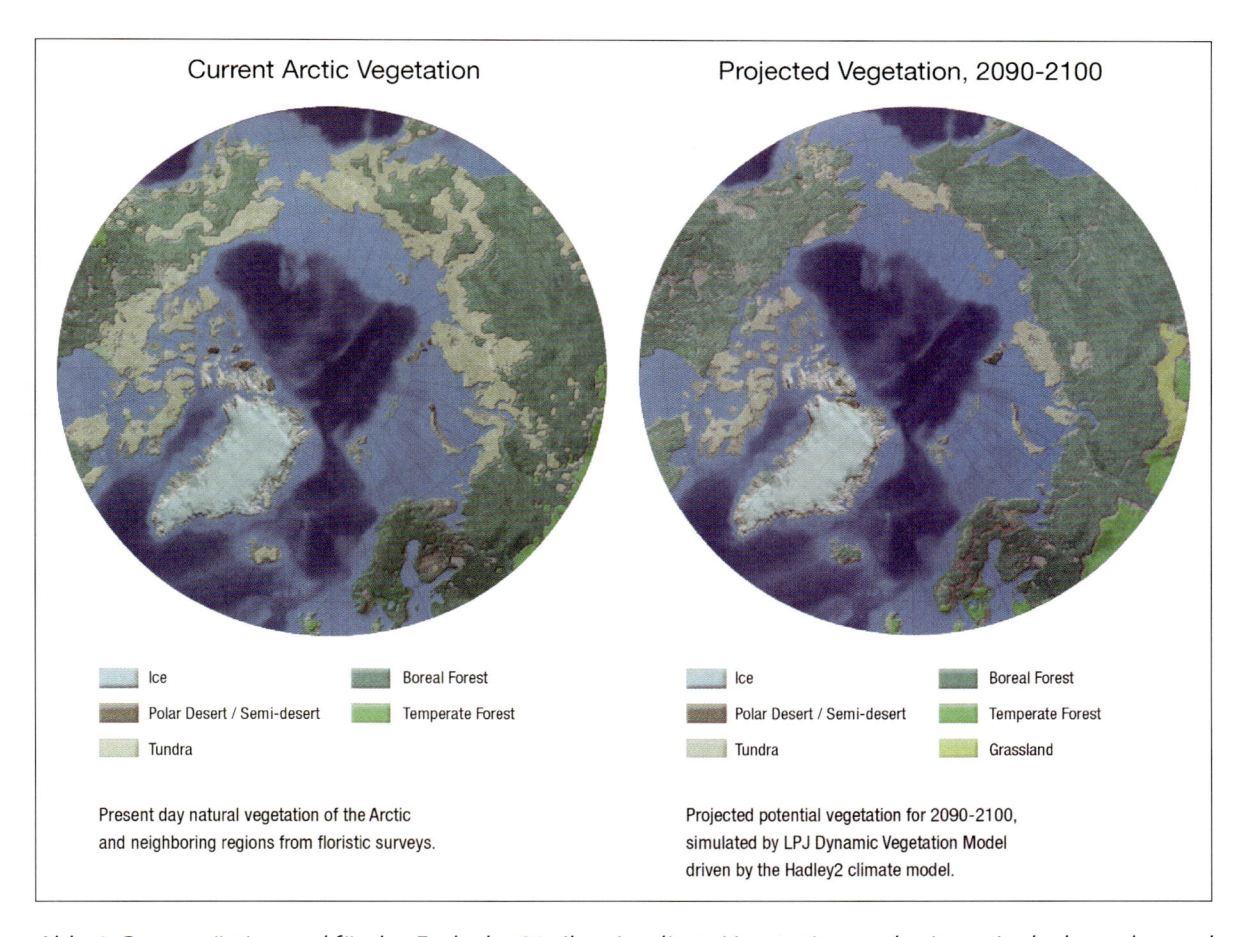

Current Arctic Vegetation	Projected Vegetation, 2090-2100
Ice — Boreal Forest — Polar Desert / Semi-desert — Temperate Forest — Tundra	Ice — Boreal Forest — Polar Desert / Semi-desert — Temperate Forest — Tundra — Grassland
Present day natural vegetation of the Arctic and neighboring regions from floristic surveys.	Projected potential vegetation for 2090-2100, simulated by LPJ Dynamic Vegetation Model driven by the Hadley2 climate model.

Abb. 6: Gegenwärtige und für das Ende des 21. Jh.s simulierte Vegetationsverbreitung in der borealen und arktischen Zone (LPJ Dynamic Vegetation Model) (nach ACIA 2005).

letzten mindestens 21.000 Jahren resultieren wird – mit tiefgreifenden Konsequenzen für die auf offene Flächen angewiesene reiche Tierwelt der Tundra. Die Fläche der nordwärts angrenzenden polaren Wüsten wird ebenfalls verringert werden (ACIA 2005).

Die Ausbreitung der Strauchtundra und polwärts vorrückende Waldgrenzen spiegeln günstigere Wachstumsbedingungen durch die mit längeren Vegetationszeiten verbundene Klimaerwärmung wider. Die höheren Temperaturen fördern Wachstum, Entwicklung und Reproduktion der meisten arktischen Pflanzenarten, insbesondere solcher mit hoher phänotypischer Plastizität, wobei limitierende Faktoren wie Nährstoffverfügbarkeit oder Bodenfeuchte die Reaktion der Pflanzen stark beeinflussen können (Callaghan et al. 2005). Analysen des nordhemisphärischen NDVI (*normalized difference vegetation index*), in der Fernerkundung als Maß für die photosynthetische Aktivität genutzt und eng mit Dichte und Vitalität der Vegetationsdecke korreliert, bestätigen die verlängerten Vegetationsperioden, gesteigerte Primärproduktivität und zunehmende oberirdische Biomasse in den letzten Dekaden (Myneni et al. 1997). Für verschiedene Teilgebiete der Arktis liegen ebenfalls NDVI-basierte Analysen vor, die ähnliche Resultate bezüglich der Länge der Vegetationszeit, der Vegetationsdichte und der Biomasse zeigen (vgl. Shabanov et al. 2002; Hope et al. 2003; Jia et al. 2003; Stow et al. 2003). Auf der Grundlage von Vegetationsmodellen wird gleichfalls eine höhere Primärproduktivität vorhergesagt (Bigelow et al. 2003).

Auf der Ebene der Pflanzengemeinschaften sind durch die Verschiebungen von Vegetationszonen und den Wandel von Standortbedingungen substanzielle Veränderungen des Anteils funktioneller Pflanzentypen, der Phytodiversität und der Artenzusammensetzung zu erwarten. Abschätzungen der Vegetationsdynamik erfordern Kenntnisse über die entscheidenden Standortfaktoren für die Differenzierung der Pflanzendecke und der Veränderung der Faktoren bei höheren Temperaturen. Für die Tundra in Nordalaska haben verschiedene Ordinationsanalysen (z.B. Walker et al. 1994; Schickhoff et al. 2002) gezeigt, dass die Bodenfeuchte die Schlüsselgröße für die kleinräumige Ausdifferenzierung der Vegetation darstellt. Da die Artenzusammensetzung der Vegetationstypen in hohem Maße von der Bodenfeuchte abhängt, muss geklärt werden, wie sich die Erwärmung auf den Bodenwasserhaushalt auswirkt, um Rückschlüsse auf die Vegetationsdynamik ziehen zu können. Empirische Befunde belegen einen Rückgang der Bodenwasserverfügbarkeit in der Tundra Nordalaskas in den vergangenen Jahrzehnten (vgl. Hinzman et al. 2005). Dieser Rückgang wird unausweichlich Änderungen in der Artenzusammensetzung der Vegetation nach sich ziehen und in neuartigen Vergesellschaftungen resultieren. Veränderungen der Bodenfeuchte werden auch für den Wandel dominanter Pflanzengesellschaften im Spätglazial und Holozän in erster Linie verantwortlich gemacht (Mann et al. 2002).

Der Bodenwasserhaushalt ist eng mit der Entwicklung des Permafrostes als wichtiger ökologischer Steuergröße der Tundra verknüpft. Die Interaktion Atmosphäre-Permafrost im Tundra-Ökosystem ist von den Wechselwirkungen mit den und innerhalb der zwischengeschalteten Komponenten Vegetationsdecke, Schneebedeckung sowie organische Auflage und Mineralboden der Auftauschicht abhängig, durch die Klimaeffekte verstärkt oder abgeschwächt werden können. Die Moosschicht ist wegen ihrer starken Isolationswirkung dabei von besonderer Bedeutung. Die ablaufenden Prozesse sind derart komplex, dass sie nur durch detaillierte ökologische Modellierungen mit einiger Sicherheit abschätzbar sind. Für das Einzugsgebiet Imnavait Creek (Nordalaska) wurden mit Hilfe von Wärme- und Wasserhaushaltsmodellen folgende Ergebnisse erzielt (Kane 1997): Unveränderte Vegetationsdecke und unverändertes Niederschlagsgeschehen vorausgesetzt, würden bei einer Klimaerwärmung die Bodentemperaturen und damit die sommerliche Auftautiefe zunehmen (z.B. bei +4 °C eine Verdopplung) und die Permafrosttafel entsprechend absinken. Die Wasserspeicherkapazität des Bodens und die Menge des Hangwassers erhöhten sich, die Evapotranspiration würde zunehmen und der Oberflächenabfluss entsprechend zurückgehen. Die Schneeschmelze würde früher einsetzen und die Dauer der Schneebedeckung abnehmen (bei +4 °C um 4 Wochen), was entsprechende Änderungen in Albedo und Strahlungsbilanz sowie in der Länge der Vegetationsperiode nach sich ziehen würde. Diese Prozesse bedeuteten für die Bodenfeuchte der oberen durchwurzelten Horizonte letztlich einen früheren Rückgang nach der Schneeschmelze sowie insgesamt eine Verminderung, vor allem wegen der erhöhten Verdunstung, aber auch wegen stärkerer Absickerung. Die Bodenfeuchte wäre indes den Sommer über wie bisher eng an das Niederschlagsgeschehen gebunden. Diese Ergebnisse stimmen mit inzwischen vorliegenden empirischen Befunden zur Entwicklung des Bodenwasserhaushalts überein (Hinzman et al. 2005).

Die sich vollziehenden Veränderungen in der Artenzusammensetzung der Vegetation sind gleichbedeutend mit einem Wandel in Ökosystemstruktur und -funktion. Die Zunahme von Bäumen und Sträuchern bedeutet z.B., dass über das veränderte Kronendach die Lichtverfügbarkeit für Arten im Unterwuchs reduziert

Klimawandel und Vegetationsdynamik

sowie die Streuqualität und die Geschwindigkeit des Stoffkreislaufs vermindert werden. Aufgrund der artspezifischen Unterschiede in den Auf- und Abbauprozessen von Elementen in den Geweben, in den in der Biomasse akkumulierten Stoffen und in der Abbaubarkeit organischer Rückstände beeinflussen Artenverschiebungen zwangsläufig den Nährstoffkreislauf und die Nährstoffverfügbarkeit. Arten haben darüber hinaus Einfluss auf den Stoffkreislauf und damit auf Ökosystemprozessraten über spezifische Veränderungen des Bodentemperaturregimes, der Energiebilanz des Standorts oder über Effekte auf Schneeakkumulationen und Schneeschmelze sowie aufgrund spezifischer physiologischer Mechanismen, die sich auf den Gaswechsel zwischen Boden und Atmosphäre auswirken (z.B. Joabsson & Christensen 2001). Die Artendiversität ist ebenfalls ein Faktor, der die Biogeochemie und die Prozessraten arktischer Ökosysteme verändert. In den meisten diesbezüglichen Untersuchungen wurde eine schwach positive Korrelation zwischen Produktivität und Artenvielfalt der Gefäßpflanzen festgestellt, die auf die bei höherer Artenvielfalt stärker komplementäre und erhöhte Aufnahme der verschiedenen Nährstoffe zurückgeführt wird (z.B. Gough et al. 2000; McKane et al. 2002).

4. Klimawandel und Vegetationsdynamik in den Hochgebirgen der Erde

Neben den Ökosystemen der polaren Breiten sind auch jene der Hochgebirge der Erde sensible Indikatoren für Änderungen des Klimas (Huber et al. 2005; Schickhoff 2010). Wie in der Arktis/Antarktis haben sich die Temperaturen im 20. Jahrhundert in den Gebirgsräumen weit stärker erhöht als im globalen Mittel. Die Klimastationen in Hochgebirgen verzeichneten weltweit einen Anstieg um 1-2 °C, der vor allem auf die Zunahme der mittleren Minimumtemperaturen zurückgeführt werden muss (Beniston et al. 1997; Diaz & Bradley 1997). In den Schweizer Alpen stiegen die Temperaturen seit Beginn der 1980er Jahre um ca. 1,5 °C (0,57 °C pro Dekade; Rebetez & Reinhard 2008), also ebenfalls weit höher als im globalen Mittel (Abb. 7), wobei die interannuelle Variabilität in den Alpen ebenfalls höher ist als auf globaler Ebene (Beniston 2005). In Übereinstimmung mit globalen Trends stehen die deutliche Zunahme der Minimumtemperaturen bis zu 2 °C und ein viel schwächerer Anstieg der Maximumtemperaturen (Beniston et al. 1994). Der ausgeprägte Erwärmungstrend der letzten Jahrzehnte lässt sich für alle Gebirgsregionen Mitteleuropas nachweisen (Weber et al. 1997). Die überdurchschnittliche Erwärmung in den Hochgebirgen wird sich mit sehr hoher Wahrscheinlichkeit in den nächsten Jahrzehnten fortsetzen (vgl. Giorgi et al. 1997; Nogués-Bravo et al. 2007). Für die zweite Hälfte des 21. Jahrhunderts prognostizieren die Klimamodelle für den Alpenraum wärmere und feuchtere Bedingungen im Winter und viel wärmere und trockenere Verhältnisse im Sommer (IPCC 2007).

Die Hochgebirge anderer Kontinente weisen ähnliche Erwärmungsraten auf. In den Rocky Mountains sind die Minimumtemperaturen (besonders im Winter) ebenfalls deutlich angestiegen (Bonfils et al. 2008), während in den tropischen und subtropischen Anden der Temperaturanstieg über das 20. Jahrhundert etwas schwächer war, sich aber in den letzten Jahrzehnten auf ca. 0,3 °C pro Dekade beschleunigt hat (Vuille & Bradley 2000). Mit 0,6 bis 1,2 °C pro Dekade im Zeitraum 1971-1994 sind die Temperaturen im Himalaya (Nepal) besonders stark gestiegen (Shrestha et al. 1999), verbunden mit einer signifikanten Zunahme extremer Niederschlagsereignisse zwischen 1991 und 2000 (Shrestha & Shrestha 2004). Über dem angrenzenden Tibet-Plateau wurde eine Anstiegsrate von 0,16 °C pro Dekade (1955-1996) im Jah-

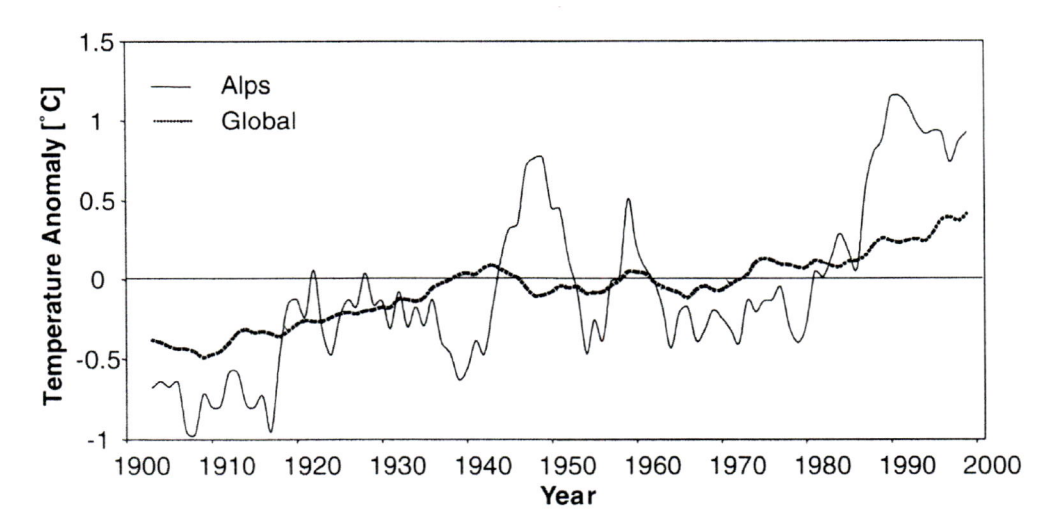

Abb. 7: Temperaturabweichung in den Schweizer Alpen im Vergleich zur globalen Temperaturabweichung für den Zeitraum 1901-2000 (Referenzzeitraum 1961-1990) (nach Beniston 2005).

resmittel bzw. von 0,32 °C pro Dekade für das Wintermittel festgestellt (Liu & Chen 2000). Dort wie auch in Nepal steigen die Temperaturen mit zunehmender Meereshöhe stärker an. Der Tien Shan hat sich zwischen 1950 und 2000 sogar um 0,2 °C pro Dekade erwärmt (Bolch 2007), in der Mongolei haben die Mitteltemperaturen im Winter um 3,6 °C (1940-2001) zugenommen, besonders ausgeprägt im Altai-, Khangai- und Khentii-Gebirge (Batima et al. 2005).

Zu den unmittelbaren Folgen des Klimawandels in Hochgebirgen zählen das Schmelzen der Gletscher, schwindender Permafrost, zunehmende Hanginstabilität und Steinschlaggefahr, verminderte Andauer der Schneebedeckung sowie längere Vegetationsperioden und Vegetationsveränderungen. Der Gletscherrückgang beschleunigt sich und nimmt in vielen Gebirgsräumen dramatische Züge an (Abb. 8). In den europäischen Alpen beläuft sich der Verlust seit 1850 auf etwa 40 % der Fläche und über die Hälfte des Volumens (Haeberli 2005; Zemp et al. 2007). Allein das Extremjahr 2003 mit dem besonders heißen Sommer hat geschätzte 8 % des verbliebenen Eises eliminiert (Haeberli & Maisch 2007). Bis zum Jahr 2035 dürften etwa die Hälfte und bis 2050 drei Viertel der heutigen Alpengletscher verschwunden sein (Maisch & Haeberli 2003). Die Himalaya-Gletscher ziehen sich derzeit mit Raten zwischen 10 und 60 m pro Jahr zurück, die mittlere Rückzugsrate liegt bei etwa 30 m pro Jahr (Karma et al. 2003; Ren et al. 2006; Bajracharya et al. 2007). Ein besonders krasses Beispiel ist der Imja-Gletscher im Khumbu Himal, Nepal, der zwischen 2001 und 2006 um 74 m pro Jahr zurückgewichen ist und dabei einen Gletschersee geschaffen hat, der auszubrechen droht (Bajracharya et al. 2006).

Wie reagiert die Gebirgsvegetation auf die Erwärmung? In ähnlicher Weise wie auch bei den arktischen Arten schränken die Anpassungen an die harschen Standortbedingungen, insbesondere das langsame Wachstum und die Langlebigkeit, die Reaktion der Arten auf den Klimawandel ein. Wenn das Anpassungsvermögen einer Pflanzenart nicht ausreicht, um am gegebenen Standort weiter zu existieren, wird sie lokal/regional aussterben oder gezwungen sein, ihr Areal zu verändern. Solche Arealveränderungen und subsequente Artenverschiebungen finden in Abhängigkeit von individuellen Eigenschaften, Anpassungsstrategien und veränderten Konkurrenzsituationen statt. Dass die alpinen Arten sensibel auf Klimaveränderungen reagieren, wurde in paläoökologischen Studien nachgewiesen (z.B. Tinner & Kaltenrieder 2005).

Klimawandel und Vegetationsdynamik

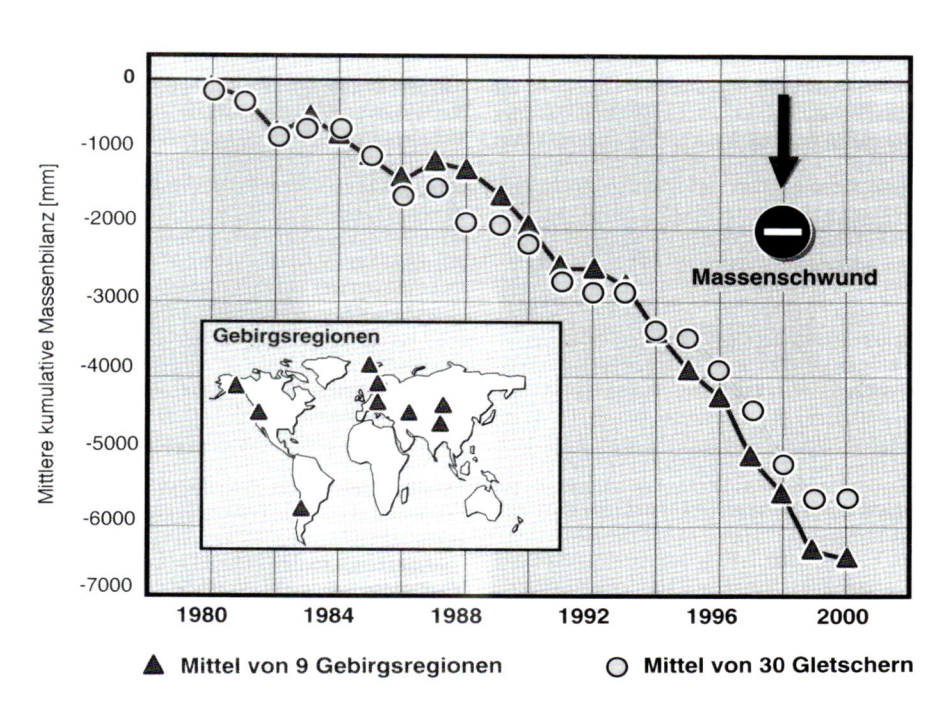

Abb. 8: Mittlere kumulative Massenbilanzen 1980-2000 von 33 Gletschern und 10 Gebirgsregionen der Erde (nach Maisch & Haeberli 2003).

Aufgrund der steilen Temperatur- und Niederschlagsgradienten in Gebirgen und des raschen Wandels der Standortbedingungen mit zunehmender Höhe werden die meist schmalen vertikalen Artareale schon durch relativ kleine klimatische Änderungen stark beeinflusst. Sowohl erzwungene Arealverschiebungen als auch das Überdauern und Anpassen am Standort mit neuen Konkurrenzsituationen durch einwandernde Arten führt potenziell zu Biodiversitätsverlusten. In höhere Lagen einwandernde Arten üben einen Konkurrenzdruck auf dort bereits etablierte Arten aus, die möglicherweise mangels verfügbarer Habitate, nicht realisierbarer Nischenbedürfnisse oder aufgrund nicht vorhandener Wanderungskorridore nicht höhenwärts ausweichen können (Grabherr et al. 1995). Eine äquivalente Geländeoberfläche mit vergleichbaren Habitatbedingungen wird höhenwärts nicht zur Verfügung stehen. Alpine Pflanzenarten haben daher ein hohes erwärmungsbedingtes Aussterberisiko. Dieses ist geringer für solche Arten, die aufgrund hoher genetischer Diversität, phänotypischer Plastizität, der Häufigkeit des Vorkommens oder besonderer Ausbreitungsmöglichkeiten ein höheres Potenzial für adaptive Reaktionen besitzen (Holt 1990; Theurillat & Guisan 2001). Ein besonders hohes Aussterberisiko besteht dagegen für viele endemische Arten, deren Populationen leicht fragmentiert werden (Pauli et al. 2003a; Thuiller et al. 2005). Die Biodiversität der Gebirge ist zusätzlich durch häufigere klimatische Extremereignisse sowie durch andere Faktoren wie Landnutzungsänderungen, zunehmende Störungen, z.B. durch Feuer oder Nährstoffeinträge, und Eutrophierung bedroht.

Langfristig werden sich durch die Klimaerwärmung die Grenzen von Vegetationsgürteln in ihrer Höhenlage verschieben, wie den Klimaänderungen entsprechende Schwankungen der oberen Waldgrenze im Holozän zeigen (vgl. Tinner & Theurillat 2003). Das Artenspektrum und die Dominanzstruktur der beteiligten Pflanzengesellschaften werden sich allerdings beträchtlich verändern, auch aufgrund veränderter Störungsregime (Jentsch & Beierkuhnlein 2003). Ein treffendes Beispiel lieferte die Analyse des vertikalen Arealwandels aller Gefäßpflanzenarten der subantarktischen Marion-Insel über die letzten 40 Jahre in Reaktion auf eine Erwärmung um 1,2 °C (le Roux & McGeoch 2008). Vor allem aufgrund artspezifischer Nischenerfordernisse variierten die Höhenwanderungsraten der einzelnen Arten beträchtlich und es bildeten sich neuartig zusammengesetzte Pflanzengesellschaften. Da insbesondere altweltliche Hochgebirge seit Jahrtausenden von der Landnutzung des Menschen überprägt sind, ist es jedoch oft schwierig, Effekte des Klimawandels auf die Artenverbreitung von anderen Einflüssen zu trennen (Schickhoff 2010).

Inzwischen zeichnet sich für Tier- und Pflanzenarten aus unterschiedlichsten taxonomischen Gruppen und über verschiedenste geographische Lokalitäten eine übereinstimmende Tendenz der Arealausweitung in höhere Lagen ab (Rosenzweig et al. 2007). Nach Beobachtungen in den Alpen und in den Skanden ist diese Tendenz besonders bei den Gefäßpflanzen der obersten Höhenstufen, d.h. im alpin-nivalen Ökoton und in der nivalen Stufe, ausgeprägt. Für die Alpen liegen detaillierte Vegetationsaufnahmen von Gipfeln aus dem 19. Jahrhundert vor, die zum Vergleich herangezogen werden können. Wiederholungsaufnahmen von 26 Gipfelstandorten in den 1990er Jahren zeigten eine zunehmende Artenzahl auf den meisten Gipfeln sowie ansteigende Populationsgrößen lang etablierter nivaler Pflanzenarten (Grabherr et al. 1994, 2001; Pauli et al. 2001). Das Höherwandern erfordert jedoch geeignete Migrationskorridore (Pauli et al. 2003b). Wo diese nicht gegeben sind, haben sich lediglich die Populationen subnivaler/nivaler Arten ausgeweitet (Grabherr 2003). Wiederholungsaufnahmen auf Gipfeln im Engadin (Schweizer Alpen) erbrachten ähnliche Resultate (Abb. 9). Neun von zehn Gipfeln, die nach der Erstaufnahme 1903-09 in den 1980er Jahren und 2003 wieder aufgesucht wurden, zeigten eine starke Artenzunahme (Walther et al. 2005). Lediglich auf einem Gipfel (Piz Trovat), dessen unkonsolidierte Schutthänge nicht zur Migration und Etablierung von Arten geeignet sind, blieb die Artenzahl mehr oder weniger konstant. Eine weitere Re-Analyse von 12 Gipfeln im alpin-nivalen Ökoton der Schweizer Alpen ergab eine Zunahme der Artenzahl (Gefäßpflanzen) von 11 % pro Dekade über die letzten 120 Jahre sowie eine Höhenwanderungsrate von mehreren Metern pro Dekade (Holzinger et al. 2008). In den italienischen Alpen stellten Parolo & Rossi (2008) gar eine mittlere Wanderungsrate von 23,9 Höhenmetern pro Dekade über die letzten 50 Jahre fest. Ähnliche Höhenwanderungen von zumeist anemochoren Pionierpflanzen sind von weiteren Gipfeln in den Alpen (Camenisch 2002; Bahn & Körner 2003; Burga et al. 2007) und den Skanden (Klanderud & Birks 2003; Kullman 2006) dokumentiert. Sie werden in der Regel als Reaktion auf den Klimawandel interpretiert.

Das zur Analyse der alpinen Vegetationsdynamik ins Leben gerufene GLORIA (*Global Observation Research Initiative in Alpine Environments*)-Monitoringprogramm liefert inzwischen sehr differenzierte Ergebnisse und zeigte erstmals einen erwärmungsbedingten Rückgang von Arten im alpin-nivalen Ökoton auf (Pauli et al. 2007). Zehn Jahre nach der Etablierung von ca. 1100 Dauerflächen im Jahr 1994 hatte die mittlere Artenzahl um 11,8 % zugenommen, es traten jedoch signifikante Einbußen bei allen subnivalen bis nivalen Arten auf, während bei alpinen Pionierpflanzen eine ausgeprägte Zunahme festzustellen war. Die Ergebnisse deuten auf eine Arealeinengung der subnivalen/nivalen Arten an der unteren Verbreitungsgrenze bei gleichzeitiger Arealausweitung der alpinen Arten an ihrer oberen Grenze. D.h. der Erhöhung des lokalen Artenreichtums durch aus tieferen Lagen einwandernde Arten in der oberen alpinen und subnivalen Stufe steht ein Rückgang von kälte-adaptierten Arten höherer Lagen gegenüber, die aus ihrem Areal verdrängt werden und langfristig eliminiert werden könnten. Sol-

Klimawandel und Vegetationsdynamik

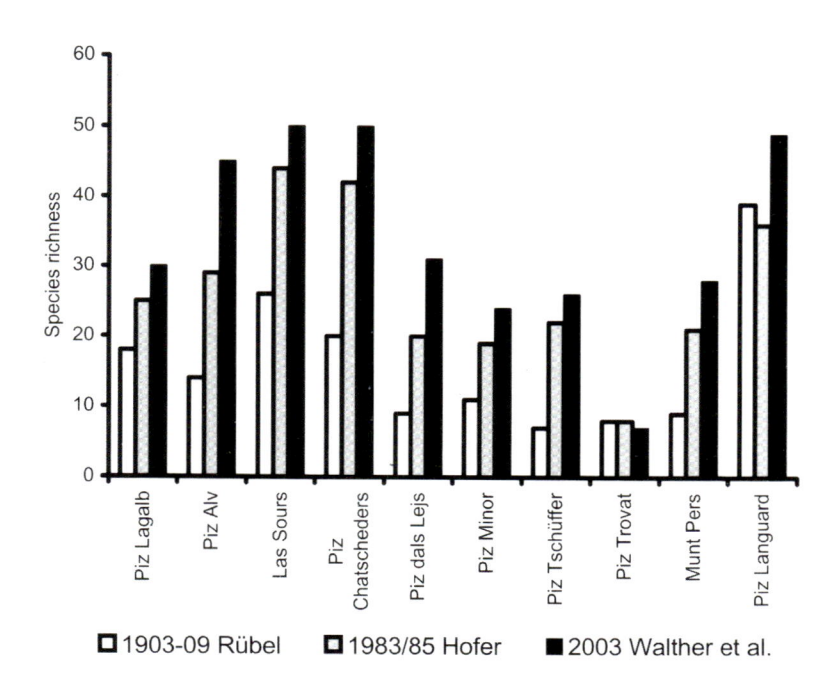

Abb. 9: Zunahme des Artenreichtums auf Alpengipfeln in den letzten 100 Jahren (nach Walther et al. 2005).

che kälteangepasste Arten sind darüber hinaus auch an der Südgrenze ihres Verbreitungsgebietes gefährdet (vgl. Lesica & McCune 2004 für die Rocky Mountains).

Die bisher beobachteten Artenverschiebungen in den Rasen und Zwergstrauchheiden der unteren und mittleren alpinen Stufe sind im Vergleich zu den höheren Lagen weniger ausgeprägt. Die dominanten Arten terminaler Sukzessionsstadien dieser Höhenstufe, oftmals langlebige, klonale perennierende Pflanzen, zeigen eine geringe erwärmungsbedingte Dynamik. Einzelne Klone der Krummsegge (*Carex curvula*) in den Alpen sind mehrere tausend Jahre alt und haben am selben Standort offensichtlich unbeeinflusst von holozänen Temperaturschwankungen überdauert (Steinger et al. 1996). Die Vegetation der weltweit ältesten Dauerflächen in alpinen Rasen, die 1914 im Schweizer Nationalpark angelegt wurden, zeigt bislang nur geringe Veränderungen (Grabherr 2003). Eine ähnliche Tendenz stellten Virtanen et al. (2003) für alpine Heiden in den Skanden über die letzten 70 Jahre fest. Aus den Schweizer Alpen sind andererseits auch Artenverschiebungen hin zu stärker thermophilen Arten in den alpinen Matten dokumentiert (Keller et al. 2000). Größere klimabedingte Veränderungen der Artenzusammensetzung alpiner Rasen wurden aus mediterranen Hochgebirgen berichtet (Sanz-Elorza et al. 2003). Es ist zu erwarten, dass sich neuartige klimatische Terminalgesellschaften in der alpinen Stufe herausbilden (Theurillat et al. 1998). Invasionsprozesse und subsequente Artenverschiebungen betreffen insbesondere azonale Habitate wie Schneetälchen, deren Arten aufgrund zurückgehender Schneedecke in ihrer Konkurrenzkraft geschwächt werden (z.B. Bahn & Körner 2003; Pickering & Armstrong 2003; Virtanen et al. 2003; Kullman 2007). Veränderungen der Schneeverteilungsmuster kommt für die zukünftige räumliche Anordnung des alpinen Vegetationsmosaiks eine besondere Bedeutung zu (Grabherr et al. 1995). Das frühere Ausapern von Standorten hat Auswirkungen auf die Phänologie der Pflanzen und kann zu vermehrten Schäden durch Frost und Frosttrocknis führen (Bannister et al. 2005; Inouye 2008). Auch eisfrei werdende Gletschervorfelder sind Standorte erhöhter Vegetationsdynamik in der alpinen Stufe. Die Sukzessionsverläufe und resultierende Vegetationsmuster sind vermehrt Gegenstand vegetations- und standortökologischer Untersuchungen (z.B. Burga 1999; Jones & del Moral 2005; Cannone et al. 2008; Erschbamer et al. 2008).

Das subalpin-alpine Ökoton bewaldeter Hochgebirge, das Waldgrenzökoton, steht besonders im Fokus von Studien zu den Auswirkungen des Klimawandels im Hochgebirge, da ein Vorrücken der Waldgrenze zu grundlegenden physiognomischen, strukturellen und funktionalen Veränderungen von Gebirgslandschaften und -ökosystemen führen würde. Da die alpine Waldgrenze in erster Linie eine Wärmemangelgrenze ist (Körner 2003; Holtmeier 2009), gilt sie als sensitiver Indikator für Klimaänderungen (z.B. Kullman 1998). Die Waldgrenze wird sich zwar langfristig in höhere Lagen verschieben, aufgrund einer Vielzahl weiterer Einflussfaktoren und ihrer Wechselwirkungen aber nicht in geschlossener Front parallel zu einer Isotherme (Holtmeier & Broll 2005, 2007). Eine synchrone Anpassung von Standortbedingungen und Höhenlage der Waldgrenze an klimatische Änderungen ist nicht zu erwarten, schon allein wegen der Nachwirkungen der Landschafts- und Standortgeschichte. Die lokale Konstellation der Standortfaktoren modifiziert die Effekte der Klimaerwärmung, die indes in den letzten Jahrzehnten verstärkt Veränderungen in Waldgrenzökotonen hervorgerufen hat.

Neuere empirische Untersuchungen zur Dynamik der Waldgrenze kommen nahezu übereinstimmend zu dem Ergebnis, dass sich das Baumwachstum verstärkt und dass sich die Bestände im Waldgrenzökoton verdichten (z.B. Klasner & Fagre 2002; Holtmeier et al. 2003; Camarero & Gutiérrez 2004; Daniels & Veblen 2004; Dalen & Hofgaard 2005; Wang et al. 2006; Kullman 2007; Roush et al. 2007; Wieser et al. 2009). Darüber hinaus wird aus vielen Gebirgsräumen von Baumsämlingen z.T. weit oberhalb der aktuellen Waldgrenze berichtet (Dubey et al. 2003; Kullman 2003, 2004; Hofgaard et al. 2009). Eigene Beobachtungen in verschiedenen Hochgebirgen (Alpen, Himalaya, Changbai Mts.) bestätigen dies (Abb. 10). Ob der Jungwuchs die kritische Phase des Herauswachsens aus der winterlichen Schneedecke übersteht und sich dauerhaft oberhalb der Waldgrenze etablieren kann, bleibt indes abzuwarten. Ein Vorrücken der Waldgrenze wird ebenfalls in vielen Studien dokumentiert, während andere Waldgrenzen keine Veränderungen ihrer Höhenlage zeigen. Eine Meta-Analyse zur Reaktion der Waldgrenze auf die Klimaerwärmung, in der ein globaler Datensatz von 166 Standorten (Zeitraum 1900-2008) ausgewertet wurde, ergab, dass an 52 % der Standorte die Waldgrenze vorgerückt ist, während nur 1 % eine Rezession zeigte (Harsch et al. 2009). Bei Waldgrenzen mit stärkerer winterlicher Erwärmung war die Wahrscheinlichkeit des Vorrückens höher. An vielen Waldgrenzstandorten altbesiedelter Hochgebirge wirken jedoch Effekte des Klimawandels und solche von Landnutzungsänderungen zusammen (z.B. Löffler et al. 2004; Schickhoff 2005; Bolli et al. 2006; Zimmermann et al. 2006; Sitko & Troll 2008; Vittoz et al. 2008). Nach Gehrig-Fasel et al. (2007) ist die Auflassung landwirtschaftlicher Nutzflächen die Hauptursache für Waldgrenzverschiebungen in den Schweizer Alpen, nur ein geringerer Anteil wird auf den Klimawandel zurückgeführt.

In einigen Untersuchungen wird von einem beträchtlichen Anstieg der Waldgrenze berichtet, der zumeist als Reaktion auf die Klimaerwärmung interpretiert wird, aber auch durch Landnutzungsveränderungen beeinflusst sein kann. Ein Anstieg der Waldgrenze von bis zu 70-100 Höhenmetern ist aus verschiedenen Hochgebirgen der Nordhemisphäre dokumentiert und mit dem Klimawandel erklärt worden (Meshinev et al. 2000; Kullman 2001; Penuelas & Boada

Klimawandel und Vegetationsdynamik

Abb. 10: Jungwuchs von Betula ermanii etwa 100 m oberhalb der aktuellen Waldgrenze in den Changbai Mts., NE-China (Foto: U. Schickhoff, 30.08.2004).

2003; Moiseev & Shiyatov 2003; Shiyatov et al. 2007; Danby & Hik 2007; Devi et al. 2008). Baker & Moseley (2007) schreiben ein Vorrücken in der gleichen Größenordnung in den Hengduan Mountains, Yunnan, dem Zusammenwirken von Klimaerwärmung und dem Nachlassen von langandauernden Störungen (Beweidung, Feuer) zu. Die Spanne der Ergebnisse zur Waldgrenzdynamik reicht von erheblichem Vorrücken bis zu einem Verharren in der gegenwärtigen Position. Das ist auch nicht anders zu erwarten, bedenkt man, dass aufgrund der spezifischen Standortgeschichte die obere Waldgrenze nicht unbedingt in Übereinstimmung mit dem gegenwärtigen Klima stehen muss und zieht man die Komplexität der Faktoren und Wechselwirkungen in Betracht, die die Sensitivität der Waldgrenze gegenüber Klimaänderungen beeinflussen und zu einer erheblichen Zeitverzögerung oder sogar zu einer Maskierung von Klimaeffekten führen können (vgl. Holtmeier & Broll 2005; Holtmeier 2009). Die nicht selten beobachtete Persistenz der Waldgrenze darf jedoch nicht darüber hinwegtäuschen, dass sich der Erwärmungstrend generell günstig auf Wachstum, Entwicklung und Reproduktion der Baumindividuen im Waldgrenzökoton auswirkt. Die Reaktion hängt darüber hinaus vom Typ der Waldgrenze ab: Orographische Waldgrenzen sind nicht sensitiv gegenüber den Effekten höherer Temperaturen, während anthropogen herabgedrückte Waldgrenzen die deutlichste Reaktion zeigen, wenn die landwirtschaftliche Nutzung beendet wird. Sensitivität und Reaktion klimatischer Waldgrenzen variieren je nach lokalen und regionalen topographischen Bedingungen und entsprechender Interaktion abiotischer und biotischer Faktorenkomplexe. Klimatische Waldgrenzen weisen daher differenzierte Ausmaße und Intensitäten von Veränderungsprozessen auf (Holtmeier & Broll 2005).

Die Vegetationsdynamik der Waldstufen humider Hochgebirge (kolline, montane, subalpine Höhenstufe) stand bislang eher im Fokus von Modellierungsstudien, die beträchtliche Arealveränderungen von Baumarten und Artenverschiebungen in Waldgesellschaften prognostizieren (z.B. Lischke et al. 1998; Bugmann et al.

2005). Inzwischen liegen auch empirische Ergebnisse vor, die bedeutende Arealverschiebungen bestätigen. Eine umfassende Analyse der klimabedingten Veränderung der Höhenverbreitung von 171 Pflanzenarten temperater und mediterraner westeuropäischer Gebirge über einen Höhengradient von 0 bis 2600 m NN im 20. Jahrhundert erbrachte das Resultat einer signifikanten Höhenverschiebung des Optimalvorkommens der Waldarten, das im Mittel 29 m pro Dekade betrug (Lenoir et al. 2008). Damit wurde nachgewiesen, dass sich nicht nur untere oder obere Verbreitungsgrenzen ändern, sondern dass auch der Kernbereich des vertikalen Artareals von Veränderungen erfasst wird. Im Hinblick auf ein adäquates Naturschutzmanagement deutet dies auf ein zunehmendes Problem von Schutzgebieten hin, in Migration begriffene schützenswerte Arten auf Dauer innerhalb der Gebietsgrenzen beherbergen zu können (vgl. Kienast et al. 1998). Von einzelnen temperatur-sensitiven Arten der Waldstufe sind bemerkenswerte Arealveränderungen bekannt. Beispielsweise liegt die obere Verbreitungsgrenze der Mistel (*Viscum album ssp. austriacum*) in Kiefernwäldern der Alpen heute 200 m höher als noch vor hundert Jahren (Dobbertin et al. 2005). Für die Südalpen muss auf die Einwanderung immergrüner Gehölze, z.T. exotischer Arten wie der chinesischen Zwergpalme (*Trachycarpus fortunei*), in die thermocolline Stufe hingewiesen werden, die als Laurophyllisierung der Südschweiz Eingang in die Literatur gefunden hat (vgl. Walther 2000, 2003b; Walther et al. 2001). Auch die Veränderung von Niederschlagsregimes ruft Artenverschiebungen und veränderte Artabundanzen in Gebirgswäldern hervor. Allen & Breshears (1998) ermittelten in New Mexico einen dürrebedingten Rückgang von Ponderosa-Kiefernwäldern (*Pinus ponderosa*), die von pinyon-juniper-Offenwald (*Pinus edulis, Juniperus monosperma*) ersetzt wurden. Auf vermehrten Dürrestress werden auch signifikante Wachstumseinbußen von Buchen in mediterranen Gebirgen (Jump et al. 2006) sowie die erhöhte Anfälligkeit von Bäumen gegenüber Schädlingen (Bigler et al. 2006) zurückgeführt.

Weitere eindrucksvolle Belege für die Reaktion der Pflanzendecke auf die gegenwärtige Erwärmung stellen die Auswertungen von Phänologiedaten dar (Abb. 11). Untersuchungen zur Änderung phänologischer Eintrittstermine in verschiedenen Höhenstufen der Schweizer Alpen ergaben einen um bis zu 20 Tage früheren Eintritt von Phänophasen (Laubentfaltung, Blühtermin) (Defila & Clot 2005). Die Trends in der alpinen Stufe wiesen dabei die höchste Signifikanz auf, was darauf hindeutet, dass die saisonale Vegetationsentwicklung in größeren Höhen stärker durch die Klimaerwärmung beeinflusst wird. Der photosynthetisch aktive Zeitraum dehnt sich in höheren Lagen relativ länger aus, weshalb dort wachsende Arten vergleichsweise stärker von einer längeren Vegetationsperiode profitieren. In der alpinen Stufe wird der Nutzen, den Arten aus einem wärmeren Frühjahr und früherer Schneeschmelze ziehen können, jedoch durch den starken Photoperiodismus, dem viele Arten unterliegen, eingeschränkt (Keller & Körner 2003). Auch durch die phänologischen Entwicklungen werden Pflanzengemeinschaften in ihrer Struktur verändert. Artspezifische Reaktionen auf verlängerte Wuchsperioden verändern Produktivität und Biomasse. Auch kann z.B. die Anpassung an eine veränderte Spätfrostgefährdung einen Wandel der Konkurrenzverhältnisse und somit der Artabundanzen und -dominanzen zur Folge haben. Die Änderung phänologischer Ereignisse ist nicht auf die Pflanzenwelt beschränkt, auch aus der Tierwelt liegen entsprechende Befunde vor. In den letzten Jahrzehnten traten Ereignisse wie die Eiablage von Vögeln, die Rückkehr von Zugvögeln, das Erscheinen von Schmetterlingen oder das Laichen von Amphibien immer früher ein (vgl. Parmesan 2006; Rosenzweig et al. 2007).

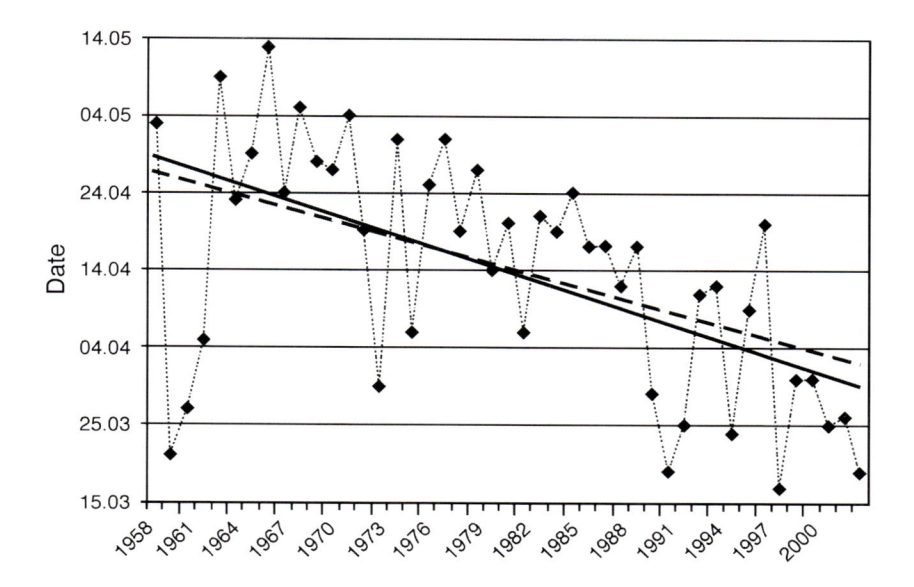

Abb. 11: Nadelaustrieb bei der Lärche (Larix decidua) in Sargans, Schweiz, 1958-2002. Für die Zeiträume 1958-1998 (gestrichelte Linie) und 1958-2002 (durchgezogene Linie) ergibt sich eine Verfrühung um 28 bzw. 33 Tage. Der Trend hat sich durch das milde Klima 1999-2002 verstärkt (nach Defila & Clot 2005).

5. Ausblick

Die durch die Aktivitäten des Menschen angestoßene Entwicklung das Erdsystem verändernder Prozesse wird sich auf unbestimmte Zeit weiter fortsetzen. Bis zum Ende dieses Jahrhunderts wird in den optimistischen Szenarien mit einer globalen Erwärmung zwischen 1,1 und 2,9 °C und in den pessimistischen Szenarien mit einem Wert zwischen 2,4 und 6,4 °C gerechnet (IPCC 2007). Es ist davon auszugehen, dass im Jahr 2100 Temperaturverhältnisse auf der Erde herrschen, die noch nie zuvor ein Mensch erlebt hat. Selbst wenn die Treibhausgas-Emissionen ab jetzt stabil blieben, würde schon innerhalb der nächsten 20 Jahre soviel CO_2 ausgestoßen, dass dadurch die globale Erwärmung mit einer Wahrscheinlichkeit von 25 % den als noch beherrschbar geltenden Wert von 2 °C überschreiten würde (Allison et al. 2009). CO_2-Konzentration, Temperatur und Meeresspiegel werden auch nach einer Reduktion der Emissionen über lange Zeit weiter ansteigen. Eine ungebremst fortschreitende Erwärmung könnte noch in diesem Jahrhundert abrupte oder irreversible Veränderungen empfindlicher Elemente des Klimasystems (z.B. der kontinentale Eisschilde, des Amazonas-Regenwalds oder des westafrikanischen Monsuns) hervorrufen. Zur Stabilisierung des Klimas bleibt keine andere Möglichkeit, als im Laufe dieses Jahrhunderts die Dekarbonisierung der Gesellschaft herbeizuführen, also den Ausstoß von Treibhausgasen auf fast Null zu reduzieren. Nicht nur der Klimawandel, auch Veränderungen der Landnutzung, Eingriffe in die biogeochemischen Stoffkreisläufe, Artenverschleppungen und Biodiversitätsverluste haben großenteils negative Konsequenzen für die Biosphäre. Die Kombination dieser Beeinträchtigungen gefährdet die natürlichen Lebensgrundlagen und die wirtschaftliche und soziale Situation des Menschen. Um die nachteiligen Auswirkungen der globalen Klima- und Umweltveränderungen, die in dieser Dimension noch nie aufgetreten sind, abzumildern, bedarf es international abgestimmter und konsequent umgesetzter Vermeidungs- und Anpassungsstrategien.

Literatur

ACIA (Arctic Climate Impact Assessment) (2005): Der Arktis-Klima-Report. Die Auswirkungen der Erwärmung, Hamburg, Convent

ALASKA CLIMATE IMPACT ASSESSMENT COMMISSION (2008): Final Commission report, Juneau, Alaska

ALLEN, C.D. & D.D. BRESHEARS (1998): Drought-induced shift of a forest-woodland ecotone: rapid landscape response to climate variation, Proceedings of the National Academy of Sciences USA, Vol. 95: 14839-14842

ALLISON, I., BINDOFF, N.L., BINDSCHADLER, R.A. et al. (2009): The Copenhagen diagnosis, 2009: updating the world on the latest climate science, Sydney, UNSW

ANISIMOV, O.A., VAUGHAN, D.G., CALLAGHAN, T.V. et al. (2007): Polar regions (Arctic and Antarctic), in: Climate change 2007: impacts, adaptation and vulnerability. Contribution of Working Group II to the Fourth Assessment Report of the Intergovernmental Panel on Climate Change, Cambridge et al., Cambridge University Press: 653-685

BAHN, M. & C. KÖRNER (2003): Recent increases in summit flora caused by warming in the Alps, in: Nagy, L., Grabherr, G., Körner, C. & D.B.A. Thompson (eds.): Alpine biodiversity in Europe, Berlin et al., Springer (Ecological Studies 167): 437-441

BAJRACHARYA, S.R., MOOL, P.K. & B.R. SHRESTHA (2006): The impact of global warming on the glaciers of the Himalaya, in: Nepal Engineering College, National Society for Earthquake Technology Nepal & Ehime University, Japan: Proceedings of the international symposium on geodisasters, infrastructure management and protection of world heritage sites, 25-26 Nov 2006, Kathmandu: 231-242

BAJRACHARYA, S.R., MOOL, P.K. & B.R. SHRESTHA (2007): Impact of climate change on Himalayan glaciers and glacial lakes, Kathmandu, ICIMOD

BAKER, B.B. & R.K. MOSELEY (2007): Advancing treeline and retreating glaciers: implications for conservation in Yunnan, P.R. China, Arctic, Antarctic, and Alpine Research, Vol. 39: 200-209

BANNISTER, P., MAEGLI, T., DICKINSON, K.J.M. et al. (2005): Will loss of snow cover during climatic warming expose New Zealand alpine plants to increased frost damage? Oecologia, Vol. 144: 245-256

BARBER, V., JUDAY, G.P. & B. FINNEY (2000): Reduced growth of Alaskan white spruce in the twentieth century from temperature-induced drought stress, Nature, Vol. 405: 668-673

BATIMA, P., NATSAGDORJ, L., GOMBLUUDEV, P. & B. ERDENETSETSEG (2005): Observed climate change in Mongolia, AIACC Working Paper No. 12, http://www.aiaccproject.org

BEIERKUHNLEIN, C. & T. FOKEN (2008): Klimawandel in Bayern. Auswirkungen und Anpassungsmöglichkeiten, Bayreuth, Univ. (Bayreuther Forum Ökologie 113)

BENISTON, M. (2005): Mountain climates and climatic change: an overview of processes focusing on the European Alps, Pure and Applied Geophysics, Vol. 162: 1587-1606

BENISTON, M., DIAZ, H.F. & R.S. BRADLEY (1997): Climatic change at high elevation sites: an overview, Climatic Change, Vol. 36: 233-251

BENISTON, M., REBETEZ, M., GIORGI, F. & M.R. MARINUCCI (1994): An analysis of regional climate change in Switzerland, Theoretical and Applied Climatology, Vol. 49: 135-159

BIGELOW, N.H., BRUBAKER, L.B., EDWARDS, M.E. et al. (2003): Climate change and arctic ecosystems: 1. Vegetation changes north of 55 degrees N between the last glacial maximum, mid-Holocene, and present, Journal of Geophysical Research 108: D19, 8170, doi:10.1029/2002JD002558

BIGLER, C., BRÄKER, O.U., BUGMANN, H., DOBBERTIN, M. & A. RIGLING (2006): Drought as an inciting mortality factor in Scots pine stands of the Valais, Switzerland, Ecosystems, Vol. 9: 330-343

BOLCH, T. (2007): Climate change and glacier retreat in northern Tien Shan (Kazakhstan/Kyrgyzstan) using remote sensing data, Global and Planetary Change, Vol. 56: 1-12

BOLLI, J.C., RIGLING, A. & H. BUGMANN (2006): The influence of changes in climate and land-use on regeneration dynamics of Norway Spruce at the treeline in the Swiss Alps, Silva Fennica, Vol. 41: 55-70

BONFILS, C., SANTER, B.D., PIERCE, D.W. et al. (2008): Detection and attribution of temperature changes in the mountainous western United States, Journal of Climate, Vol. 21: 6404-6424

BRET-HARTE, M.S., SHAVER, G.R., ZOERNER, J.P. et al. (2001): Developmental plasticity allows Betula nana to dominate tundra subjected to an altered environment, Ecology 82: 18-32

BUGMANN, H., ZIERL, B. & S. SCHUMACHER (2005): Projecting the impacts of climate change on mountain forests and landscapes, in: Huber, U.M., Bugmann, H.K.M. & M.A. Reasoner (eds.): Global change and mountain regions. An overview of current knowledge, Dordrecht, Springer: 477-487

BURGA, C.A. (1999): Vegetation development on the glacier forefield Morteratsch (Switzerland), Applied Vegetation Science, Vol. 2: 17-24

BURGA, C.A., FREI, E., REINALTER, R. & G.R. WALTHER (2007): Neue Daten zum Monitoring alpiner Pflanzen im Engadin, Berichte der Reinhold-Tüxen-Gesellschaft, Vol. 19: 37-43

CALLAGHAN, T.V., BJÖRN, L.O., CHAPIN III, F.S. et al. (2005): Arctic tundra and polar desert ecosystems, in: Arctic Climate Impact Assessment (ACIA), Cambridge: 243-352

CAMARERO J.J. & E. GUTIÉRREZ (2004): Pace and pattern of recent treeline dynamics: response of ecotones to climatic variability in the Spanish Pyrenees, Climatic Change, Vol. 63: 181-200

CAMENISCH, M. (2002): Veränderungen der Gipfelflora im Bereich des Schweizerischen Nationalparks: ein Vergleich über die letzten 80 Jahre, Jahresbericht der Naturforschenden Gesellschaft Graubünden, Vol. 111: 27-37

CANNONE, N., DIOLAIUTI, G., GUGLIELMIN, M. & C. SMIRAGLIA (2008): Accelerating climate change impacts on alpine glacier forefield ecosystems in the European Alps, Ecological Applications, Vol. 18: 637-648

CHAPIN III, F.S., SHAVER, G.R., A.E. GIBLIN, NADELHOFFER, K.G. & J.A. LAUNDRE (1995): Response of arctic tundra to experimental and observed changes in climate, Ecology, Vol. 76: 694-711

CHAPIN III, F.S., HOBBIE, S.E. & G.R. SHAVER (1997): Impacts of global change on composition of arctic communities: implications for ecosystem functioning, in: Oechel, W.C., Callaghan, T., Gilmanov, T. et al. (eds.): Global change and Arctic terrestrial ecosystems, New York, Springer: 221-228

CHAPIN III, F.S., STURM, M., SERREZE, M.C. et al. (2005a): Role of land-surface changes in arctic summer warming, Science, Vol. 310: 657-660

CHAPIN III, F.S., BERMAN, M., CALLAGHAN, T.V. et al. (2005b): Polar systems, in: Hassan, R., Scholes, R. & N. Ash (eds.): Ecosystems and human well-being: current state and trends, Washington et al., Island: 717-743

COOPER, D.J. (1986): White spruce above and beyond treeline in the Arrigetch peaks region, Brooks Range, Alaska, Arctic, Vol. 39: 247-252

CORNELISSEN, J.H.C., CALLAGHAN, T.V., ALATALO, J.M. et al. (2001): Global change and arctic ecosystems: is lichen decline a function of increases in vascular plant biomass? Journal of Ecology, Vol. 89: 984-994

DALEN, L. & A. HOFGAARD (2005): Differential

regional treeline dynamics in the Scandes Mountains, Arctic, Antarctic, and Alpine Research, Vol. 37: 284-296

DANBY, R.K. & D.S. HIK (2007): Variability, contingency and rapid change in recent subarctic alpine treeline dynamics, Journal of Ecology, Vol. 95: 352-363

DANIELS, L.D. & T.T. VEBLEN (2004): Spatiotemporal influences of climate on altitudinal treeline in northern Patagonia, Ecology, Vol. 85: 1284-1296

DEFILA, C. & B. CLOT (2005): Phytophenological trends in the Swiss Alps, 1951-2002, Meteorologische Zeitschrift, Vol. 14: 191-196

DEVI, N., HAGEDORN, F., MOISEEV, P., et al. (2008): Expanding forests and changing growth forms of Siberian larch at the Polar Urals treeline during the 20th century, Global Change Biology, Vol. 14: 1581-1591

DIAZ, H.F. & R.S. BRADLEY (1997): Temperature variations during the last century at high elevation sites, Climatic Change, Vol. 36: 253-279

DOBBERTIN, M., HILKER, N., REBETEZ, M., ZIMMERMANN, N.E., WOHLGEMUTH, T. & A. RIGLING (2005): The upward shift in altitude of pine mistletoe (Viscum album ssp. austriacum) in Switzerland – the result of climate warming? International Journal of Biometeorology, Vol. 50: 40-47

DOMINGUES, C.M., CHURCH, J.A., WHITE, N.J. et al. (2008): Improved estimates of upper-ocean warming and multi-decadal sea-level rise, Nature, Vol. 453: 1090-1093

DUBEY, B., YADAV, R.R., SINGH, J. & R. CHATURVEDI (2003): Upward shift of Himalayan pine in western Himalaya, India, Current Science, Vol. 85: 1135-1136

EPSTEIN, H.E., CALEF, M.D. WALKER, CHAPIN III, F.S. & A.M. STARFIELD (2004): Detecting changes in arctic tundra plant communities in response to warming over decadal time scales, Global Change Biology, Vol. 10: 1325-1334

EPSTEIN, H.E., WALKER, M.D., CHAPIN III, F.S. & A.M. STARFIELD (2000): A transient, nutrient-based model of arctic plant community response to climate warming, Ecological Applications, Vol. 10: 824-841

ERSCHBAMER, B., NIEDERFRINIGER SCHLAG, R. & E. WINKLER (2008): Colonization processes on a central Alpine glacier foreland, Journal of Vegetation Science, Vol. 19: 855-862

ESPER, J. & F.H. SCHWEINGRUBER (2004): Large-scale treeline changes recorded in Siberia, Geophysical Research Letters, Vol.31: L06202

FISCHLIN, A., MIDGLEY, G.F., PRICE, J. et al. (2007): Ecosystems, their properties, goods and services, in: IPCC: Climate change 2007: impacts, adaptation and vulnerability. Contribution of Working Group II to the Fourth Assessment Report of the Intergovernmental Panel on Climate Change, Cambridge et al., Cambridge University Press: 211-272

GAMACHE, I. & S. PAYETTE (2004): Height growth response of tree line black spruce to recent climate warming across the forest-tundra of eastern Canada, Journal of Ecology, Vol. 92: 835-845

GAMACHE, I. & S. PAYETTE (2005): Latitudinal response of subarctic tree lines to recent climate change in eastern Canada, Journal of Biogeography, Vol. 32: 849-862

GEHRIG-FASEL, J., GUISAN, A. & N.E. ZIMMERMANN (2007): Tree line shifts in the Swiss Alps: climate change or land abandonment? Journal of Vegetation Science, Vol. 18: 571-582

GIORGI, F., HURRELL, J.W., MARINUCCI, M.R. & M. BENISTON (1997): Elevation signal in surface climate change: a model study, Journal of Climate, Vol. 10: 288-296

GOUGH, L., SHAVER, G.R. & CARROLL, J., ROYER, D.L. & J.A. LAUNDRE (2000): Vascular plant species richness in Alaskan arctic tundra: the importance of soil pH, Journal of Ecology, Vol. 88: 54-66

GRABHERR, G. (2003): Alpine vegetation dynamics and climate change – a synthesis of long-term studies and observations, in: Nagy, L., Grabherr, G., Körner, C. & D.B.A. Thompson (eds.): Alpine biodiversity in Europe, Berlin et al., Springer (Ecological Studies 167): 399-409

GRABHERR, G., GOTTFRIED, M., GRUBER, A. & H. PAULI (1995): Patterns and current changes in alpine plant diversity, in: Chapin, F.S. III & C. Körner (eds.): Arctic and alpine biodiversity: patterns, causes and ecosystem consequences, Berlin et al., Springer: 167-181

GRABHERR, G., GOTTFRIED, M. & H. PAULI (1994): Climate effects on mountain plants, Nature, Vol. 369: 448

GRABHERR, G., GOTTFRIED, M. & H. PAULI (2001): Long-term monitoring of mountain peaks in the Alps, in: Burga, C.A. & A. Kratochwil (eds.): Biomonitoring: general and applied aspects on regional and global scales, Dordrecht, Springer: 153-177

HAEBERLI, W. (2005): Mountain glaciers in global climate-related observing systems, in: Huber, U.M., Bugmann, H.K.M. & M.A. Reasoner (eds.): Global change and mountain regions. An overview of current knowledge, Dordrecht, Springer: 169-175

HAEBERLI, W. & M. BENISTON (1998): Climate change and its impacts on glaciers and permafrost in the Alps, Ambio, Vol. 27: 258-265

HAEBERLI, W. & M. MAISCH (2007): Klimawandel im Hochgebirge, in: Endlicher, W. & F.W. Gerstengarbe (Hg.): Der Klimawandel. Einblicke, Rückblicke und Ausblicke, Potsdam, Potsdam-Institut für Klimafolgenforschung: 98-107

HALLOY, S.R.P. & A.F. MARK (2003): Climate-change effects on alpine plant biodiversity: a New Zealand perspective on quantifying the threat. Arctic, Antarctic, and Alpine Research, Vol. 35: 248-254

HANSEN, J., NAZARENKO, L., RUEDY, R. et al. (2005): Earth's energy imbalance: confirmation and implications, Science, Vol. 308: 1431-1435

HARSCH, M.A., HULME, P.E., MCGLONE, M.S. & R.P. DUNCAN (2009): Are treelines advancing? A global meta-analysis of treeline response to climate warming, Ecology Letters, Vol. 12: 1040-1049

HINZMAN, L.D., BETTEZ, N.D., BOLTON, W.R. (2005): Evidence and implications of recent climate change in northern Alaska and other Arctic regions, Climatic Change, Vol. 72: 251-298

HOFGAARD, A., DALEN, L. & H. HYTTEBORN (2009): Tree recruitment above the treeline and potential for climate-driven treeline change, Journal of Vegetation Science, Vol. 20: 1133-1144

HOLLISTER, R.D. (2003): Response of tundra vegetation to temperature: implications for forecasting vegetation change, Ph.D. thesis, Michigan State University, East Lansing, Michigan, USA

HOLT, R.D. (1990): The microevolutionary consequences of climate changes, Trends in Ecology and Evolution, Vol. 5: 311-315

HOLTMEIER, F.K. (2009): Mountain Timberlines. Ecology, Patchiness, and Dynamics, 2nd ed., Berlin, Springer

HOLTMEIER, F.K. & G. BROLL (2005): Sensitivity and response of northern hemisphere altitudinal and polar treelines to environmental change at landscape and local scales, Global Ecology and Biogeography, Vol. 14: 395-410

HOLTMEIER, F.K. & G. BROLL (2007): Treeline advance – driving processes and adverse factors, Landscape Online, Vol. 1: 1-21

HOLTMEIER, F.K., BROLL, G., MÜTERTHIES, A. & K. ANSCHLAG (2003): Regeneration of trees in the treeline ecotone: northern Finnish Lapland, Fennia, Vol. 181: 103-128

HOLZINGER, B., HÜLBER, K., CAMENISCH, M. & G. GRABHERR (2008): Changes in plant species richness over the last century in the eastern Swiss Alps: elevational gradient, bedrock effects and migration rates, Plant Ecology, Vol. 195: 179-196

HOPE, A., W. BOYNTON, D. STOW & D. DOUGLAS (2003): Interannual growth dynamics of vegetation in the Kuparuk river watershed based on the normalized difference vegetation index, International Journal of Remote Sensing, Vol. 24: 3413-3425

HUBER, U.M., BUGMANN, H.K.M. & M.A. REASONER (eds.) (2005): Global change and mountain regions. An overview of current knowledge, Dordrecht, Springer

INOUYE, D.W. (2008): Effects of climate change on phenology, frost damage, and floral abundance of montane wildflowers, Ecology, Vol. 89: 353-362

IPCC (Intergovernmental Panel on Climate Change) (2007): Climate change 2007: the physical science basis. Contribution of Working Group I to the Fourth Assessment Report of the Intergovernmental Panel on Climate Change. Cambridge et al., Cambridge University Press

JENTSCH, A. & C. BEIERKUHNLEIN (2003): Global climate change and local disturbance regimes as interacting drivers for shifting altitudinal vegetation patterns, Erdkunde, Vol. 57: 216-231

JIA, G.J., H.E. EPSTEIN & D.A. WALKER (2003): Greening of arctic Alaska, 1981-2001. Geophysical Research Letters, Vol. 30: 2067, doi:10.1029/2003GL018268

JOABSSON, A. & T.R. CHRISTENSEN (2001): Methane emissions from wetlands and their relationship with vascular plants: an arctic example, Global Change Biology, Vol. 7: 919-932

JONES, C.C. & R. DEL MORAL (2005): Patterns of primary succession on the foreland of Coleman Glacier, Washington, USA, Plant Ecology, Vol. 180: 105-116

JUMP, A.S., HUNT, J.M. & J. PENUELAS (2006): Rapid climate change-related growth decline at the southern range edge of Fagus sylvatica, Global Change Biology, Vol. 12: 2163-2174

KANE, D.L. (1997): The impact of hydrologic perturbations on arctic ecosystems induced by climate change, in: Oechel, W.C., Callaghan, T., Gilmanov, T. et al. (eds.): Global change and Arctic terrestrial ecosystems, New York, Springer (Ecological Studies 124): 63-81

KAPLAN, J.O., BIGELOW, N.H., PRENTICE, I.C. et al. (2003): Climate change and arctic ecosystems. 2. Modeling, paleodata-model comparisons, and future projections, Journal of Geophysical Research, Vol. 108: 8171, doi:10.1029/2002JD002559

KAPLAN, J.O. & M. NEW (2006): Arctic climate change with a 2 degrees C global warming: timing, climate patterns and vegetation change, Climatic Change, Vol. 79: 213-241

KARMA, T., AGETA, Y., NAITO, N., IWATA, S. & H. YABUKI (2003): Glacier distribution in the Himalayas and glacier shrinkage from 1963 to 1993 in the Bhutan Himalayas, Bulletin of Glaciological Research, Vol. 20: 29-40

KELLER, F., KIENAST, F. & M. BENISTON (2000): Evidence of response of vegetation to environmental change on high-elevation sites in the Swiss Alps, Regional Environmental Change, Vol. 1: 70-77

KELLER, F. & C. KÖRNER (2003): The role of photoperiodism in alpine plant development, Arctic, Antarctic, and Alpine Research, Vol. 35: 361-368

KIENAST, F., WILDI, O. & B. BRZEZIECKI (1998): Potential impacts of climate change on species richness in mountain forests – an ecological risk assessment, Biological Conservation, Vol. 83: 291-305

KLANDERUD, K. & H.J.B. BIRKS (2003): Recent increases in species richness and shifts in altitudinal distributions of Norwegian mountain plants, The Holocene, Vol. 13: 1-6

KLASNER, F.L. & D.B. FAGRE (2002): A half century of change in alpine treeline patterns at

Glacier National Park, Montana, U.S.A., Arctic, Antarctic, and Alpine Research, Vol. 34: 49-56

KÖRNER, C. (2003): Alpine plant life. Functional plant ecology of high mountain ecosystems, 2nd ed., Berlin et al., Springer

KRUPNIK, I. & D. JOLLY (2002): The earth is faster now: indigenous observations of Arctic environmental change, Fairbanks, Alaska, Arctic Research Consortium of the United States

KULLMAN, L. (1998): Tree-limits and montane forests in the Swedish Scandes: sensitive biomonitors of climate change and variability, Ambio, Vol. 27: 312-321

KULLMAN, L. (2001): 20th century climate warming and tree-limit rise in the southern Scandes of Sweden, Ambio, Vol. 30: 72-80

KULLMAN, L. (2003): Changes in alpine plant cover – effects of climate warming, Svensk Botanisk Tidskrift, Vol. 97: 210-221

KULLMAN, L. (2004): The changing face of the alpine world, Global Change Newsletter, Vol. 57: 12-14

KULLMAN, L. (2006): Increase in plant species richness on alpine summits in the Swedish Scandes – impacts of recent climate change, in: Price, M.F. (ed.): Global change in mountain regions, Duncow, UK: 168-169

KULLMAN, L. (2007): Modern climate change and shifting ecological states of the subalpine/alpine landscape in the Swedish Scandes, Geo-Oeko, Vol. 28: 187-221

LAWLER, J.J., SHAFER, S.L., WHITE, D. et al. (2009): Projected climate-induced faunal change in the western hemisphere, Ecology, Vol. 90: 588-597

LEADLEY, P., PEREIRA, H.M., ALKEMADE, R. et al. (2010): Biodiversity scenarios: Projections of 21st century change in biodiversity and associated ecosystem services, Montreal, Secretariat of the Convention on Biological Diversity

LEAN, J.L. & D.H. RIND (2008): How natural and anthropogenic influences alter global and regional surface temperatures: 1889 to 2006, Geophysical Research Letters, Vol. 35, LI8701

LENOIR, J., GÉGOUT, J.C., MARQUET, P.A., DE RUFFRAY, P. & H. BRISSE (2008): A significant upward shift in plant species optimum elevation during the 20th century, Science, Vol. 320: 1768-1771

LE QUÉRÉ, C., RAUPACH, M.R., CANADELL, J.G. et al. (2009): Trends in the sources and sinks of carbon dioxide, Nature Geoscience, Vol. 2: 831-836

LE ROUX, P.C. & M.A. MCGEOCH (2008): Rapid range expansion and community reorganization in response to warming, Global Change Biology, Vol. 14: 2950-2962

LESICA, P. & B. MCCUNE (2004): Decline of arctic-alpine plants at the southern margin of their range following a decade of climatic warming, Journal of Vegetation Science, Vol. 15: 679-690

LEVERMANN, A. & H.J. SCHELLNHUBER (2007): Gibt es noch Zweifel am anthropogenen Klimawandel? in: Müller, M., Fuentes, U. & H. Kohl (Hg.): Der UN-Weltklimareport. Bericht über eine aufhaltsame Katastrophe, Köln, Kiepenheuer & Witsch: 181-185

LISCHKE, H., GUISAN, A., FISCHLIN, A., WILLIAMS, J. & H. BUGMANN (1998): Vegetation responses to climate change in the Alps: modeling studies, in: Cebon, P., Dahinden, U., Davies, H., Imboden, D.M. & C.C. Jaeger (eds.): Views from the Alps. Regional perspectives on climate change, Cambridge et al., MIT: 309-350

LIU, X. & B. CHEN (2000): Climatic warming in the Tibetan Plateau during recent decades, International Journal of Climatology, Vol. 20: 1729-1742

LLOYD, A.H. & C.L. FASTIE (2002): Spatial and temporal variability in the growth and climate response of treeline trees in Alaska, Climate Change, Vol. 52: 481-509

LLOYD, A.H. & C.L. FASTIE (2003): Recent changes in treeline forest distribution and structure in interior Alaska, Ecoscience, Vol. 10: 176-185

LLOYD, A.H., RUPP, T.S., FASTIE, C.L. & A.M. STARFIELD (2003): Patterns and dynamics of treeline advance on the Seward Peninsula, Alaska. Journal of Geophysical Research 107 (8161), doi:8110.1029/2001JD000852.

LÖFFLER, J., LUNDBERG, A., RÖSSLER, O. et al. (2004): The central Norwegian alpine treeline under a changing climate and changing land use, Norwegian Journal of Geography, Vol. 58: 183-193

LOVEJOY, T.E. & L. HANNAH (eds.) (2005): Climate change and biodiversity, New Haven et al., Yale University Press

LÜTHI, D., LE FLOCH, M., BEREITER, B. et al. (2009): High-resolution carbon dioxide concentration record 650,000-800,000 years before present, Nature, Vol. 453: 379-382

MACDONALD, G.M., VELICHKO, A.A., KREMENETSJI, C.V. et al. (2000): Holocene treeline history and climate change across northern Eurasia, Quaternary Research, Vol. 53: 302-311

MAISCH, M. & W. HAEBERLI (2003): Die rezente Erwärmung der Atmosphäre – Folgen für die Schweizer Gletscher, Geographische Rundschau, Vol. 55: 4-12

MANN, D.H., PETEET, D.M., REANIER, R.E. & M.L. KUNZ (2002): Responses of an arctic landscape to late glacial and early Holocene climate changes: the importance of moisture, Quaternary Science Reviews, Vol. 21: 997-1021

MANN, M.E. & P.D. JONES (2003): Global surface temperatures over the past two millennia, Geophysical Research Letters, Vol. 30: 1820-1824

MCBEAN, G., ALEKSEEV, G., CHEN, D. et al. (2005): Arctic climate: past and present, in: Arctic Climate Impact Assessment (ACIA), Cambridge: 21-60

MCKANE, R.B., JOHNSON, L.C., SHAVER, G.R. et al. (2002): Resource-based niches provide a basis for plant species diversity and dominance in arctic tundra, Nature, Vol. 415: 68-71

MENZEL, A., SPARKS, T.H., ESTRELLA, N. et al. (2006): European phenological response to climate change matches the warming pattern, Global Change Biology, Vol. 12: 1969-1976

MESHINEV, T., APOSTOLOVA, I. & E. KOLEVA (2000): Influence of warming on timberline rising: a case study on Pinus peuce Griseb. in Bulgaria, Phytocoenologia, Vol. 30: 431-438

MOISEEV, P.A. & S.G. SHIYATOV (2003): Vegetation dynamics at the treeline ecotone in the Ural Highlands, Russia, in: Nagy, L., Grabherr, G., Körner, C. & D.B.A. Thompson (eds.): Alpine biodiversity in Europe, Berlin et al., Springer (Ecological Studies 167): 423-435

MOISEEV, P.A., VAN DER MEER, M., RIGLING, A. & I.G. SHEVCHENKO (2004): Effect of climatic changes on the formation of Siberian spruce generations in subglotsy tree stands of the southern Urals, Russian Journal of Ecology, Vol. 35: 135-143

MYNENI, R.B., KEELING, C.D., TUCKER, C.J., ASRAR, G. & R.R. NEMANI (1997): Increased plant growth in the northern high latitudes from 1981 to 1991, Nature, Vol. 386: 698-702

NOGUÉS-BRAVO, D., ARAUJO, M.B., ERREA, M.P. & J.P. MARTINEZ-RICA (2007): Exposure of global mountain systems to climate warming during the 21st century, Global Environmental Change, Vol. 17: 420-428

PARMESAN, C. (2006): Ecological and evolutionary responses to recent climate change, Annual Review of Ecology, Evolution, and Systematics, Vol. 37: 637-669

PAROLO, G. & G. ROSSI (2008): Upward migration of vascular plants following a climate warming trend in the Alps, Basic and Applied Ecology, Vol. 9: 100-107

PAULI, H., GOTTFRIED, M. & G. GRABHERR (2001): High summits of the Alps in a changing climate. The oldest observation series on high mountain plant diversity in Europe, in: Walther, G.R., Burga, C.A. & P.J. Edwards (eds.): "Fingerprints" of climate change – adapted behaviour and shifting species ranges, New York, Kluwer: 139-149

PAULI, H., GOTTFRIED, M., DIRNBÖCK, T., DULLINGER, S. & G. GRABHERR (2003a): Assessing the long-term dynamics of endemic plants at summit habitats, in: Nagy, L., Grabherr, G., Körner, C. & D.B.A. Thompson (eds.): Alpine biodiversity in Europe, Berlin et al., Springer (Ecological Studies 167): 195-207

PAULI, H., GOTTFRIED, M. & G. GRABHERR (2003b): The Piz Linard (3411 m), the Grisons, Switzerland – Europe's oldest mountain vegetation study site, in: Nagy, L., Grabherr, G., Körner, C. & D.B.A. Thompson (eds.): Alpine biodiversity in Europe, Berlin et al., Springer (Ecological Studies 167): 443-448

PAULI, H., GOTTFRIED, M., REITER, K., KLETTNER, C. & G. GRABHERR (2007): Signals of range expansions and contractions of vascular plants in the high Alps: observations (1994-2004) at the GLORIA master site Schrankogel, Tyrol, Austria, Global Change Biology, Vol. 13: 147-156

PENUELAS, J. & M. BOADA (2003): A global change-induced biome shift in the Montseny Mountains (NE-Spain), Global Change Biology, Vol. 9: 131-140

PHILIPONA, R., DÜRR, B., MARTY, C., OHMURA, A. & M. WILD (2004): Radiative forcing – measured at Earth's surface – corroborates the increasing greenhouse effect, Geophysical Research Letters, Vol. 31: L03202

PICKERING, C.M. & T. ARMSTRONG (2003): The potential impact of climate change on plant communities in the Kosciuszko alpine zone, The Victorian Naturalist, Vol. 120: 15-24

POLYAKOV, I.V., BEKRYAEV, R.V., ALEKSEEV, G.V. et al. (2003): Variability and trends of air temperature and pressure in the maritime Arctic, 1875-2000, Journal of Climate, Vol. 16: 2067-2077

RAHMSTORF, S. & H.J. SCHELLNHUBER (2006): Der Klimawandel, München, Beck

REBETEZ, M. & M. REINHARD (2008): Monthly air temperature trends in Switzerland 1901-2000 and 1975-2004, Theoretical and Applied Climatology, Vol. 91: 27-34

REN, J., JING, Z., PU, J. & X. QIN (2006): Glacier variations and climate change in the central Himalaya over the past few decades, Annals of Glaciology, Vol. 43: 218-222

ROOT, T.L., PRICE, J.T., HALL, K.R., SCHNEIDER, S.H., ROSENZWEIG, C. & J.A. POUNDS (2003): Fingerprints of global warming on wild animals and plants, Nature, Vol. 421: 57-60

ROSENZWEIG, C., CASASSA, G., KAROLY, D.J. et al. (2007): Assessment of observed changes and responses in natural and managed systems. In: Climate change 2007: impacts, adaptation and vulnerability. Contribution of Working Group II to the Fourth Assessment Report of the Intergovernmental Panel on Climate Change, Cambridge, Cambridge University Press: 79-131

ROUSH, W., MUNROE, J.S. & D.B. FAGRE (2007): Development of a spatial analysis method using ground-based repeat photography to detect changes in the alpine treeline ecotone, Glacier National Park, Montana, U.S.A., Arctic, Antarctic, and Alpine Research, Vol. 39: 297-308

SALA, O.E. & F.S. CHAPIN III (2000): Scenarios of global biodiversity, Global Change Newsletter, Vol. 43: 7-11

SANZ-ELORZA, M., DANA, E.D., GONZALEZ, A. & E. SOBRINO (2003): Changes in the high-mountain vegetation of the central Iberian Peninsula as a probable sign of global warming, Annals of Botany, Vol. 92: 273-280

SCHAPHOFF, S., LUCHT, W., GERTEN, D. et al. (2006): Terrestrial biosphere carbon storage under alternative climate projections, Climatic Change, Vol. 74: 97-122

SCHICKHOFF, U. (2005): The upper timberline

in the Himalayas, Hindu Kush and Karakorum: a review of geographical and ecological aspects in: Broll, G. & B. Keplin (eds.): Mountain ecosystems. Studies in treeline ecology, Berlin et al., Springer: 275-354

SCHICKHOFF, U. (2008): Response of arctic terrestrial ecosystems to recent climate change: biophysical and habitat changes in northern Alaska, Abhandlungen des Westfälischen Museums für Naturkunde, Vol. 70: 343-361

SCHICKHOFF, U. (2010): Dynamics of mountain ecosystems, in: Millington, A., Blumler, M. & U. Schickhoff (eds.): Handbook of biogeography, London, Sage (in press)

SCHICKHOFF, U., WALKER, M.D. & D.A. WALKER (2002): Riparian willow communities on the Arctic Slope of Alaska and their environmental relationships: a classification and ordination analysis, Phytocoenologia, Vol. 32: 145-204

SCHUUR, E.A.G., BOCKHEIM, J., CANADELL, J.G. et al. (2008): Vulnerability of permafrost carbon to climate change: implications for the global carbon cycle, BioScience, Vol. 58: 701-714

SERREZE, M.C., WALSH, J.E., CHAPIN III, F.S. et al. (2000): Observational evidence of recent change in the northern high latitude environment, Climatic Change, Vol. 46: 159-207

SHABANOV, N., L. ZHOU, Y. KNYAZIKHIN, R. MYNENI & C. TUCKER (2002): Analysis of interannual changes in northern vegetation activity observed in AVHRR data during 1981 to 1994. IEEE Transactions on Geoscience and Remote Sensing, Vol. 40: 115-130

SHIYATOV, S.G., TERENT'EV, M.M. & V.V. FOMIN (2005): Spatiotemporal dynamics of forest-tundra communities in the polar Urals, Russian Journal of Ecology, Vol. 36: 69-75

SHIYATOV, S.G., TERENT'EV, M.M., FOMIN, V.V. & N. ZIMMERMANN (2007): Altitudinal and horizontal shifts of the upper boundaries of open and closed forests in the Polar Urals in the 20th century, Russian Journal of Ecology, Vol. 38: 223-227

SHRESTHA, A.B., WAKE, C.P., MAYEWSKI, P.A. & J.E. DIBB (1999): Maximum temperature trends in the Himalaya and its vicinity: an analysis based on temperature records from Nepal for the period 1971-94, Journal of Climate, Vol. 12: 2775-2786

SHRESTHA, M.L. & A.B. SHRESTHA (2004): Recent trends and potential climate change impacts on glacier retreat/glacier lakes in Nepal and potential adaptation measures. Paper presented at the OECD Global Forum on Sustainable Development: Development and Climate Change, ENV/EPOC/GF/SD/RD(2004)6/FINAL. OECD, Paris

SITCH, S., HUNTINGFORD, C., GEDNEY, N. et al. (2008): Evaluation of the terrestrial carbon cycle, future plant geography and climate-carbon cycle feedbacks using five Dynamic Global Vegetation Models (DGVMs), Global Change Biology, Vol. 14: 2015-2039

SITCH, S., SMITH, B., PRENTICE, I.C. et al. (2003): Evaluation of ecosystem dynamics, plant geography and terrestrial carbon cycling in the LPJ dynamic global vegetation model, Global Change Biology, Vol. 9: 161-185

SITKO, I. & M. TROLL (2008): Timberline changes in relation to summer farming in the western Chornohora (Ukrainian Carpathians), Mountain Research and Development, Vol. 28: 263-271

STEFFEN, K., CLARK, P.U., COGLEY, J.G. et al. (2008): Rapid changes in glaciers and ice sheets and their impacts on sea level, in: Abrupt climate change: a report by the U.S. Climate Change Science Program and the Subcommittee on Global Change Research: 60-142

STEINGER, T., KÖRNER, C. & B. SCHMID (1996): Long-term persistence in a changing climate: DNA analysis suggests very old ages of clones of alpine Carex curvula, Oecologia, Vol. 105: 94-99

STOW, D., DAESCHNER, S., HOPE, A. et al. (2003): Variability of seasonally integrated normalized difference vegetation index across the North Slope of Alaska in the 1990s, International Journal of Remote Sensing, Vol. 24: 1111-1117

STOW, D.A., HOPE, A., MCGUIRE, D. et al. (2004): Remote sensing of vegetation and land-cover change in arctic tundra ecosystems, Remote Sensing of Environment, Vol. 89: 281-308

STURM, M., RACINE, C. & K. TAPE (2001a): Increasing shrub abundance in the Arctic, Nature, Vol. 411: 546-547

STURM, M., MCFADDEN, J.P., LISTON, G.E., CHAPIN III, F.S., RACINE, C.H. & J. HOLMGREN (2001b): Snow-shrub interactions in arctic tundra: a hypothesis with climatic implications, Journal of Climate, Vol. 14: 336-344

SUAREZ, F., BINKLEY, D. & M.W. KAYE (1999): Expansion of forest stands into tundra in the Noatak National Preserve, northwest Alaska, Ecoscience, Vol. 6: 465-470

TAPE, K., STURM, M. & C. RACINE (2006): The evidence for shrub expansion in northern Alaska and the Pan-Arctic, Global Change Biology, Vol. 12: 686-702

THEURILLAT, J.P., FELBER, F., GEISSLER, P. et al. (1998): Sensitivity of plant and soil ecosystems of the Alps to climate change, in: Cebon, P., Dahinden, U., Davies, H., Imboden, D.M. & C.C. Jaeger (eds.): Views from the Alps. Regional perspectives on climate change, Cambridge et al., MIT: 225-308

THEURILLAT, J.P. & A. GUISAN (2001): Potential impact of climate change on vegetation in the European Alps: a review, Climatic Change, Vol. 50: 77-109

THUILLER, W., LAVOREL, S., ARAUJO, M.B., SYKES, M.T. & I.C. PRENTICE (2005): Climate change threats to plant diversity in Europe, Proceedings of the National Academy of Sciences USA, Vol. 102: 8245-8250

TINNER, W. & P. KALTENRIEDER (2005): Rapid responses of high-mountain vegetation to early Holocene environmental changes in the Swiss Alps, Journal of Ecology, Vol. 93: 936-947

TINNER, W. & J.P. THEURILLAT (2003): Uppermost limit, extent and fluctuations of the timberline and treeline ecocline in the Swiss Central Alps during the past 11,500 years, Arctic, Antarctic, and Alpine Research, Vol. 35: 158-169

TRIPATI, A.K., ROBERTS, C.D. & R.A. EAGLE (2009): Coupling of CO_2 and ice sheet stability over major climate transitions of the last 20 million years, Science, Vol. 326: 1394-1397

TURNER, J., OVERLAND, J.E. & J.E. WALSH (2007): An Arctic and Antarctic perspective on recent climate change, International Journal of Climatology, Vol. 27: 277-293

VAN WIJK, M.T., CLEMMENSEN, K.E., SHAVER, G.R. et al. (2004): Long-term ecosystem level experiments at Toolik Lake, Alaska, and at Abisko, northern Sweden: generalizations and differences in ecosystem and plant type response to global change, Global Change Biology, Vol. 10: 105-123

VELICOGNA, I. (2009): Increasing rates of ice mass loss from the Greenland and Antarctic ice sheets revealed by GRACE, Geophysical Research Letters, Vol. 36, LI9503

VIRTANEN, R., ESKELINEN, A. & E. GAARE (2003): Long-term changes in alpine plant communities in Norway and Finland, in: Nagy, L., Grabherr, G., Körner, C. & D.B.A. Thompson (eds.): Alpine biodiversity in Europe. Berlin et al., Springer (Ecological Studies 167): 411-422

VITTOZ, P., RULENCE, B., LARGEY, T. & F. FRELÉCHOUX (2008): Effects of climate and land-use change on the establishment and growth of Cembran Pine (Pinus cembra L.) over the altitudinal treeline ecotone in the central Swiss Alps. Arctic, Antarctic, and Alpine Research, Vol. 40: 225-232

VUILLE, M. & R.S. BRADLEY (2000): Mean annual temperature trends and their vertical structure in the tropical Andes, Geophysical Research Letters, Vol. 27: 3885-3888

WAHREN, C.H.A., WALKER, M.D. & M.S. BRETHARTE (2005): Vegetation responses in Alaskan arctic tundra after eight years of a summer warming and winter snow manipulation experiment, Global Change Biology, Vol. 11: 537-552

WALKER, M.D., WAHREN, C.H., HOLLISTER, R.D. et al. (2006): Plant community response to experimental warming across the tundra biome, Proceedings of the National Academy of Sciences USA, Vol. 103: 1342-1346

WALKER, M.D., WALKER, D.A. & N.A. AUERBACH (1994): Plant communities of a tussock tundra landscape in the Brooks Range Foothills, Alaska, Journal of Vegetation Science, Vol. 5: 843-866

WALTHER, G.R. (2000): Climatic forcing on the dispersal of exotic species, Phytocoenologia, Vol. 30: 409-430

WALTHER, G.R. (2003a): Plants in a warmer world, Perspectives in Plant Ecology, Evolution and Systematics, Vol. 6: 169-185

WALTHER, G.R. (2003b): Wird die Palme in der Schweiz heimisch? Botanica Helvetica, Vol. 113: 159-180

WALTHER, G.R., BEISSNER, S. & R. POTT (2005): Climate change and high mountain vegetation shifts, in: Broll, G. & B. Keplin (eds.): Mountain ecosystems. Studies in treeline ecology, Berlin et al.: 77-96

WALTHER, G.R., CARRARO, G. & F. KLÖTZLI (2001): Evergreen broad-leaved species as indicators for climate change, in: Walther, G.R., Burga, C.A. & P.J. Edwards (eds.): "Fingerprints" of climate change – adapted behaviour and shifting species ranges, New York, Kluwer: 151-162

WALTHER, G.R., POST, E., CONVEY, P. et al. (2002): Ecological responses to recent climate change, Nature, Vol. 416: 389-395

WANG, T., ZHANG, Q.B. & K.P. MA (2006): Treeline dynamics in relation to climatic variability in the central Tianshan Mountains, northwestern China, Global Ecology and Biogeography, Vol. 15: 406-415

WEBER, R.O., TALKNER, P., AUER, I. et al. (1997): 20th century changes of temperature in the mountain regions of central Europe, Climatic Change, Vol. 36: 327-344

WIESER, G., MATYSSEK, R., LUZIAN, R. et al.(2009): Effects of atmospheric and climate change at the timberline of the central European Alps, Annals of Forest Science, Vol. 66: 402p1-402p12

ZEMP, M., PAUL, F., HOELZLE, M. & W. HAEBERLI (2007): Glacier fluctuations in the European Alps 1850-2000: an overview and spatio-temporal analysis of available data, in: Orlove, B., Wiegandt, E. & B.H. Luckman (eds.): The darkening peaks: glacial retreat in scientific and social context, Berkeley et al., University of California Press: 152-167

ZIMMERMANN, N.E., BOLLIGER, J., GEHRIG-FASEL, J., GUISAN, A., KIENAST, F., LISCHKE, H., RICKEBUSCH, S. & T. WOHLGEMUTH (2006): Wo wachsen die Bäume in hundert Jahren? in: Wohlgemuth, T. (Red.): Wald und Klimawandel. Forum für Wissen 2006. Birmensdorf, WSL: 63-71

Klimawandel und Vegetationsdynamik

Udo Schickhoff
Universität Hamburg
Institut für Geographie - AG Biogeographie und Landschaftsökologie
Bundesstraße 55, 20146 Hamburg
schickhoff@geowiss.uni-hamburg.de
http://www.uni-hamburg.de/geographie/professoren/schickhoff

Thomas Scholten
Universität Tübingen
Institut für Geographie - Lehrstuhl für Physische Geographie und Bodenkunde
Rümelinstraße 19-23, 72074 Tübingen
thomas.scholten@uni-tuebingen.de
www.geographie.uni-tuebingen.de

Klimawandel und Boden –
Die Rolle des Klimawandels für Bodennutzung und Bodenschutz

Thomas Scholten, Udo Schickhoff

erschienen in: Böhner, J. & B. M. W. Ratter (Hg.): Klimawandel und Klimawirkung. Hamburg 2010
(Hamburger Symposium Geographie, Band 2): 85-96

1. Einführung

Ziel dieses Aufsatzes ist es, eine Übersicht der Wirkungen von Böden auf das Klima und des Klimas auf die Böden zu geben. Ausgangspunkt der Analyse ist der aktuelle Klimawandel. Kaum noch jemand bezweifelt heute, dass eine Veränderung des Klimas durch anthropogene Faktoren stattfindet und sich in Zukunft noch verstärken wird. Bereits vor 40 Jahren begannen Atmosphärenwissenschaftler, sich intensiv mit dem Einfluss des Menschen auf das Klima zu beschäftigen (u.a. Flohn 1977; Kellogg 1978; Bach 1980). Eine stetig gewachsene Zahl von Wissenschaftlern mahnt seitdem das seinerzeit sogenannte CO_2-Problem an und verdeutlicht, dass sich der Einfluss des Menschen auf seine Umwelt nun nicht mehr nur auf lokale oder regionale Bereiche erstreckt, wie es z.B. bei intensiver Landnutzung häufig der Fall ist, sondern ein globales Ausmaß erreicht.

Die Auswirkungen dieses sogenannten Treibhauseffektes sind ein globaler Temperaturanstieg als Folge des steigenden CO_2-Gehalts der Atmosphäre. Die Konsequenzen der jahrzehntelangen anthropogen induzierten Erhöhung des CO_2-Gehalts der Atmosphäre und auch einer großen Zahl der sogenannten Treibhausgase Distickstoffoxid (N_2O), Fluorchlorkohlenwasserstoffe (FCKW, Chlorfluormethane), Methan (CH_4) sowie Aerosole sind erst seit Beginn dieses Jahrtausends in den Klimadaten von natürlichen Klimaschwankungen unterscheidbar und mithin nachweisbar (IPCC 2007), wie bereits Ende der 70er Jahre des vergangenen Jahrhunderts angenommen wurde (Bach 1980). Nur lückenhaft geklärt waren seinerzeit die einzelnen Komponenten des Kohlenstoffkreislaufes, insbesondere Änderungen des CO_2-Gehalts der Atmosphäre, die durch die terrestrische Biosphäre bedingt werden. Hierzu zählen, wie wir heute wissen, neben der stehenden Biomasse insbesondere der Boden als größtmögliche Quellen (Schulze & Freibauer 2005). Die entsprechenden Flüsse zwischen diesen Kompartimenten und der Atmosphäre und mithin deren Quellen und Senkenfunktionen konnten zu Beginn der Klimadiskussion nicht quantifiziert werden (Hampicke & Bach 1980). Widersprüchlich beurteilt wurde auch der klimatische Einfluss von Aerosolen, insbesondere die Frage, ob diese die Erde erwärmen oder abkühlen. Weitere wichtige Fragen beschäftigen sich mit dem Verhalten der Biosphäre bei Temperaturänderung, mit der Beschreibung des Paläoklimas im Holozän, unserer jüngster geologischen Vergangenheit, mit der Weiterentwicklung und Verbesserung von Klimamodellen, mit der Relation zwischen Klima und Ertrag landwirtschaftlicher Nutzung und schließlich mit der Erstellung von Energieszenarien, die den Energiebedarf der Menschheit realistisch wiederzugeben vermögen.

Heute ist der Klimawandel kein rein wissenschaftliches Problem mehr, sondern er tangiert alle Bereiche des menschlichen Lebens und zeigt erste handfeste Auswirkungen. Hier sind insbesondere Wetterextreme zu nennen wie Dürren, extreme Niederschlagsereignisse und Hochwässer, die inzwischen nachweislich häufiger und intensiver auftreten als sie das in den vergangenen 100 Jahren getan haben. Die Jahre 1998, 2001, 2002, 2003, 2004 und 2005 waren bis 2007 die sechs wärmsten seit dem Beginn der Aufzeichnung im Jahre 1861 (Rahmstorf & Schellnhuber 2007).

Der stetige Anstieg des CO_2-Gehalts der Atmosphäre ist eine messbare Tatsache geworden und auch der erhebliche anthropogene Anteil an der CO_2-Menge steht außer Frage (IPCC 2007). Die Faktoren der globalen Erwärmung stimmen weitgehend mit den zuvor genannten, bereits seit Jahrzehnten formulierten Annahmen überein, wobei CO_2, CH_4, N2O, FCKWs und troposphärisches Ozon im Wesentlichen zur Erwärmung beitragen (Abb. 1). Demgegenüber können Konzentrationsänderungen der troposphärischen und vulkanischen Aerosole, Änderungen in der Wolkenbedeckung und Landnutzungsänderungen auch eine Abkühlung der Atmosphäre bewirken.

Heute gehen wir davon aus, dass CO_2, CH_4 und N_2O von ihrer Klimawirkung her die wichtigsten Treibhausgase sind. Die Zunahme der Spurengaskonzentration seit Beginn der Industrialisierung beträgt für Kohlendioxid 30 %, für Methan 120 % und für Distickstoffoxid 10 %. Dabei nehmen wir an, dass CO_2 ca. 60 % des anthropogenen Treibhauseffekts ausmacht. Um das Jahr 1800 betrug die CO_2-Konzentration der Atmosphäre etwa 280 ppm (*parts per million*). Heute liegen die Werte bei 385 ppm und sind damit so hoch wie seit 650.000 Jahren nicht mehr. Die Menge fossiler Brennstoffe, die wir heute pro Jahr nutzen, entsprechen derjenigen Menge, die natürlich in etwa einer Million Jahre gebildet wurden. Ein weiterer wichtiger Aspekt des Klimawandels ist dessen Langfristigkeit. Mit Verweildauern der Treibhausgase in der Atmosphäre von 100 Jahren und mehr wirkt sich eine Reduktion der Emission von Treibhausgasen in die Atmosphäre erst mit erheblicher Verzögerung auf die Treibhausgaskonzentrationen in der Atmosphäre aus.

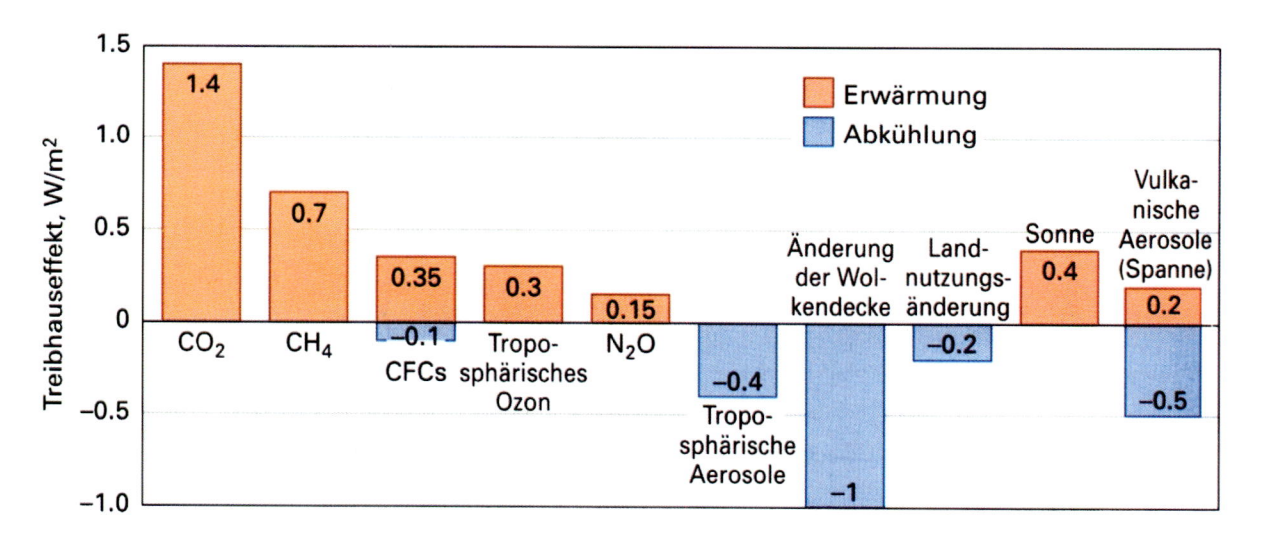

Abb. 1: Faktoren der globalen Erwärmung und Abkühlung. Treibhausgase bewirken in erster Linie eine Erwärmung der Atmosphäre. Aerosole, Veränderungen der Wolkendecke und Landnutzungswandel verzögern in der Regel eine globale Erwärmung. Natürliche Einflussgrößen können in beide Richtungen wirken (nach Strahler & Strahler 2009).

Klimawandel und Boden

Wir können also festhalten, dass sich das Klima ändert, dass eine globale Erwärmung in Folge des anthropogenen Treibhauseffektes auftritt und dass die Emission von treibhauswirksamen Gasen von der Erdoberfläche in die Atmosphäre in erheblichem Maße stattfindet. Die wissenschaftlichen Grundlagen zu diesen Aussagen sind in hervorragender Weise im vierten Sachstandsbericht des IPCC (*Intergovernmental Panel on Climatic Change*) aus dem Jahre 2007 zusammengefasst (IPCC 2007).

Ausgehend von diesen Überlegungen liegt es auf der Hand, dass neben der Verbrennung fossiler Energieträger und anderen direkt anthropogen induzierten Emissionen der Boden für die Freisetzung treibhausrelevanter Gase im globalen Kohlenstoffkreislauf eine ganz zentrale Rolle spielt (Abb. 2). Die Vorräte an organischem Kohlenstoff im Boden werden neben dem Ausgangsmaterial und der Bodengenese insbesondere von der Landnutzung und dem Landmanagement sowie den Klimabedingungen, und hier insbesondere den Klimagrößen Temperatur und Feuchte, gesteuert (Baumann et al. 2009). Die Umwandlung von natürlichem Grasland in Ackerland kann z.B. zu einer sehr schnellen Abnahme des gespeicherten Bodenkohlenstoffs von 30-50 % führen, der dann in Form von CO_2 und CH_4 in die Atmosphäre gelangt (Don et al. 2009). Die enorme Rolle der Böden im globalen Kohlenstoffkreislauf verdeutlicht der biochemische Kohlenstoffkreislauf (Abb. 2). Die Atmosphäre selbst speichert etwa 800 Gigatonnen (Gt) an Kohlenstoff und weist mit etwa 122 Gt Kohlenstoff, die pro Jahr mit der terrestrischen Biosphäre und dem Ozean jedes Jahr ausgetauscht werden, die kürzeste Umsatzzeit auf. Böden speichern global etwa 1.500 Gt Kohlenstoff und damit dreimal so viel Kohlenstoff wie die terrestrische Biosphäre (560 Gt) und etwa doppelt so viel wie die Atmosphäre.

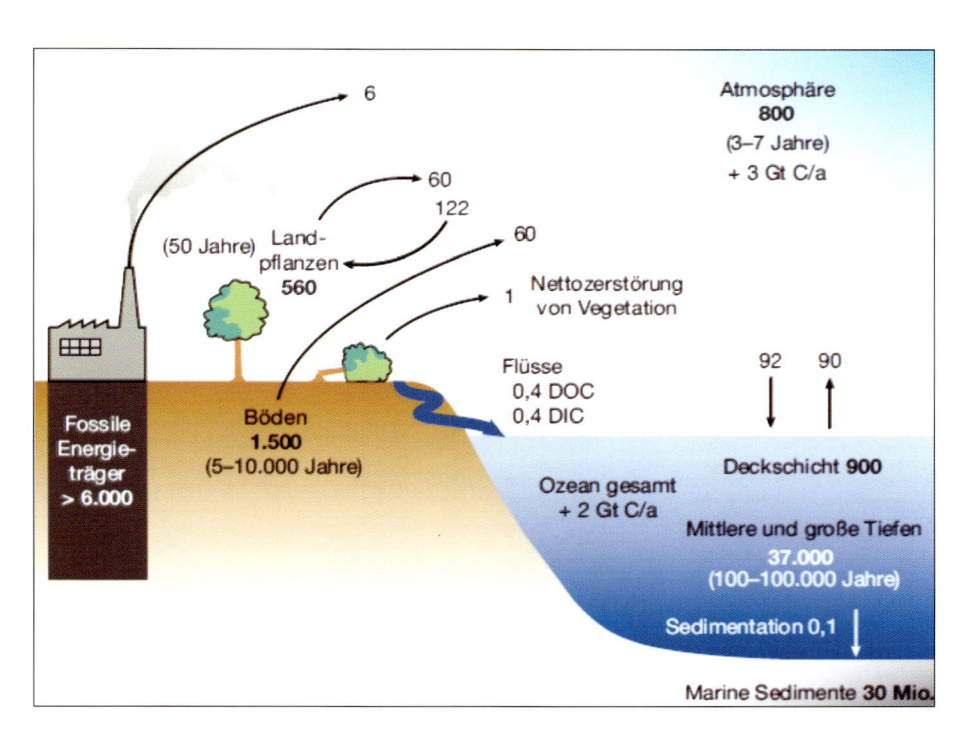

Abb. 2: Der globale Kohlenstoffkreislauf. Die Zahlen geben die Kohlenstoffmenge in Gigatonnen (Gt) an. Fettgedruckte Zahlen stellen Speicher, normalgedruckte Zahlen Flüsse dar. Die mittlere Verweildauer ist in Klammern angegeben. Der Fluss in die Böden beträgt etwa 1,5 Gt C pro Jahr. DOC = gelöster organischer Kohlenstoff, DIC = gelöster anorganischer Kohlenstoff (nach WBGU 2006).

2. Wirkung der Böden auf das Klima

Die Wirkung der Böden auf das Klima vollzieht sich insbesondere durch die Emission von treibhausrelevanten Gasen. In Böden sind dies insbesondere CO_2, CH_4 und N_2O. In terrestrischen Ökosystemen ist die Hauptquelle für organischen Bodenkohlenstoff die Photosynthese bzw. die Nettoprimärproduktion der Vegetation. Der organische Kohlenstoff kann direkt über Assimilate der Wurzeln in den Boden gelangen (autotropher Kohlenstofffluss) oder als Bestandteil der abgestorbenen, pflanzlichen Biomasse über den Streufall sowie über die tierische Biomasse aus Kadavern der Bodenorganismen (heterotropher Kohlenstofffluss). Bei der Umsetzung im Boden, der sogenannten Bodenatmung (Abb. 3), wird der Kohlenstoff aus den Assimilaten und der Biomasse oxidiert und als CO_2 in die Atmosphäre abgegeben (Abb. 4).

Der Kohlenstofffluss vom Boden in die Atmosphäre durch Bodenrespiration beträgt global 75-80 Gt Kohlenstoff pro Jahr. Dies macht etwa die Hälfte der Nettoprimärproduktion terrestrischer Ökosysteme und etwa 10 % des gesamten atmosphärischen Kohlenstoffs aus. Der Abbau der organischen Substanz in Böden und die damit verbundene Abgabe von CO_2 an die Atmosphäre ist ein sehr komplexer Prozess mit einer Vielzahl von Rückkopplungsmechanismen. Es ist leicht vorstellbar, dass die Art der organischen Substanz, ob es sich z. B. um Nadelstreu handelt oder um leichter zersetzbare Blätter oder um Weichteile von Bodenorganismen, eine zentrale Rolle für die Größe und die Geschwindigkeit biogeochemischen Kohlenstoffflüsse in terrestrischen Ökosystemen spielt.

In der Regel werden in erster Näherung drei sogenannte Kohlenstoffpools unterschieden (Abb. 5). Der reaktivste Pool besteht aus feiner partikulärer organischer Substanz (FPOM, *free particulate organic matter*). Typische Bestandteile sind frische, nicht oder nur geringfügig zersetze Pflanzenreste. Auf Grund ihrer Zugäng-

Abb. 3: Bodenatmungsmessungen in subtropischen Waldökosystemen in Zentralchina (Foto: T. Scholten, 2010). PVC-Ringe (Ø=20 cm) werden in den Boden eingesetzt, auf denen dann ein Infrarotgasspektrometer (häufig LiCor-8100, hier nicht gezeigt) zur Messung des CO_2-Flusses aufgesetzt werden kann. Gleichzeitig werden die Einflussgrößen Bodentemperatur und Bodenfeuchte bestimmt.

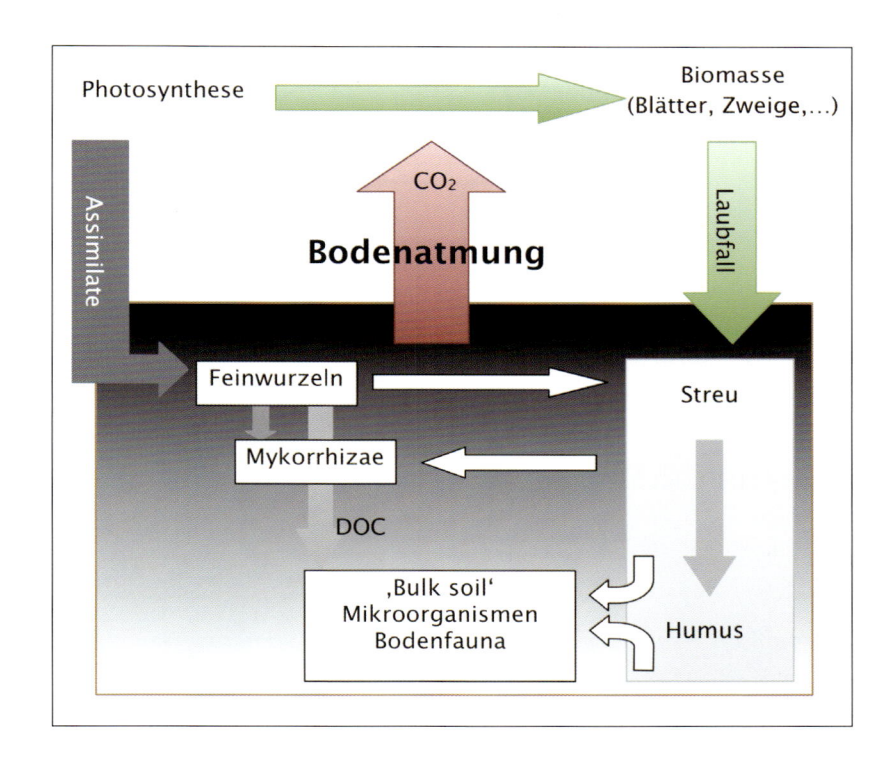

Abb. 4: Konzeptionelles Modell der Bodenkohlenstoffdynamik. Feinwurzeln und Mykorrhiza-Pilze leiten gelösten organischen Kohlenstoff (DOC: dissolved organic carbon) in die Bodenlösung des Gesamtbodens (bulk soil). Hier wirken Mikroorganismen und Bodenflora und veratmen einen Teil der organischen Bodensubstanz zu CO_2 (verändert nach Kutsch et al. 2009).

lichkeit für Mikroorganismen kann FPOM sehr schnell umgesetzt werden und wird daher als aktiver oder labiler Kohlenstoffpool im Boden bezeichnet. Die Umsatzzeit beträgt wenige Monate bis Jahre. Der zweite Pool ist aus okkludierter partikulärer organischer Substanz aufgebaut (OPOM, *occluded particulate organic matter*). Die organische Substanz wird hier innerhalb von Bodenaggregaten durch physikalische Okklusion stabilisiert und weist infolgedessen eine längere Umsatzzeit auf, die für die gebildeten Metaaggregate bis zu mehreren Jahren betragen kann. Der Grad der Zersetzung steigt mit abnehmender Aggregatgröße. Die Umsatzzeit dieses intermediären Pools beträgt mehrere Jahre. Der dritte Pool wird von mineralassoziierter Substanz aufgebaut (MOM, *mineral-associated organic matter*). Die organische Substanz wird hier durch die Bildung organomineralischer Bindungen stabilisiert. Die Fraktion setzt sich aus mineralischen Bestandteilen des Bodens sowie der in ihm gebundenen organischen Substanz zusammen. Die organische Substanz ist eng an Mineraloberflächen gebunden und für mikrobielle Angriffe kaum zugänglich. Die Umsatzzeit dieses sogenannten passiven oder inhärenten Pools beträgt entsprechend mehrere Jahrzehnte bis Jahrhunderte. Überträgt man diese Gliederung auf die Wirkung der Böden auf das Klima, so ist festzuhalten, dass der inhärente Pool folglich im Wesentlichen Langzeitbedingungen reflektiert, der intermediäre Pool lang anhaltende Landnutzungen der letzten hundert Jahre widerspiegelt und der aktive Pool derjenige ist, der innerhalb kürzester Zeit auf Veränderungen und mithin auf die Zu- oder Abnahme des Gehalts an organischem Kohlenstoff im Boden reagiert (u. a. Trumbore 1997).

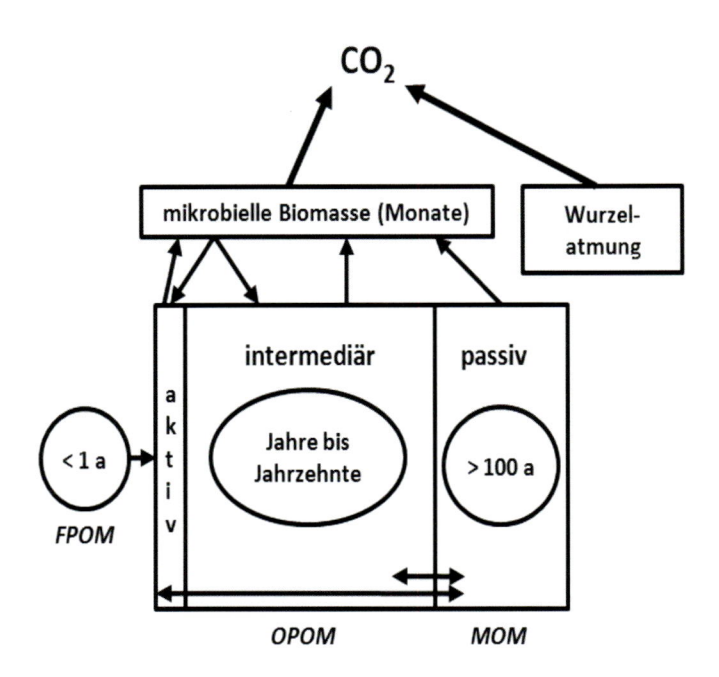

Abb. 5: Fraktionen organischer Substanz und ihre jeweiligen Umsatzzeiten – konzeptionelles Modell der Dynamik organischer Substanz (nach Trumbore 1997).

Die Einzelprozesse, die zur Zersetzung der organischen Substanz beitragen und mithin die Emission des Treibhausgases CO_2 aus Böden in die Atmosphäre steuern, sind mannigfaltig. Auf der bodenchemischen Seite ist in erster Linie die Qualität der organischen Bodensubstanz entscheidend (u.a. Kutsch et al. 2009; Moyano et al. 2009) für die Dekompositionsrate und Dekompositionsgeschwindigkeit. Wichtige Eigenschaften im Boden sind der pH-Wert, Elementkonzentrationen und Elementverhältnisse, z.B. das C/N-Verhältnis, Verhältnisse verschiedener Substratgruppen, z. B. Cellulose zu Lignin sowie Verhältnisse zwischen Substratgruppen und Elementen, z.B. Lignin zu Stickstoff. Als physikalische Mechanismen, die den Massenfluss von CO_2 aus dem Boden in die Atmosphäre steuern, ist zum einen die Diffusion entlang eines CO_2-Gradienten zu nennen (der CO_2-Gehalt in der Bodenluft ist etwa 10 mal so hoch wie in der Atmosphäre). Zum anderen spielen verschiedene hydrologische und meteorologische Faktoren eine Rolle. Zu nennen sind hier Dichteunterschiede und Diffusivitätsunterschiede der bodennahen Luftschicht im Vergleich zur Atmosphäre, Luftdruckänderungen, Umsetzung der oberflächennahen Luftschicht durch die Perkolation von Wasser in Folge von Regen und/oder Bewässerung, Veränderungen des Grundwasserspiegels, Lösung und Transport von Gasen in Oberflächenwässern und Abwässern sowie Luftdruckänderungen durch Verwirbelungen und vertikale Windbewegungen der bodennahen Luftschicht.

Weitere zentrale Einflussgrößen, die sich sowohl auf bodenchemische als auch auf physikalische Prozesse auswirken, sind Temperatur und Bodenfeuchte (Baumann et al. 2009). Die Forschungen der letzten Jahre haben hier gezeigt, dass beide Faktoren sowohl gleichzeitig als auch unabhängig voneinander wirken können. Die Funktion einer Temperaturänderung ist in erster Linie eine Zu- oder Abnahme der Biomasseproduktion und mithin eine erhöhte oder verringerte Anlieferung von Biomasse, die dann im Boden zersetzt werden kann. Die Rolle der Bodenfeuchtigkeit bezieht sich dagegen in erster Linie auf den Zersetzungsprozess selbst. Je feuchter die Standorte sind, desto weniger Sauerstoff steht zur Oxidation der organischen Substanz zur Verfügung. Je kürzer die trockenen

Phasen sind, in denen dann eine verstärkte Dekomposition stattfinden kann, desto geringer ist die Bodenrespirationsrate.

Die Zunahme an atmosphärischem Kohlenstoff durch Bodenrespiration wird zum größten Teil durch die Zunahme an CO_2 in der Atmosphäre bedingt. In sehr viel geringerem Maße trägt die Kohlenstoffemission in reduzierter Form durch CH_4 bei. Man bedenke allerdings, dass die Methanemissionen seit Beginn der Industrialisierung deutlich stärker zugenommen haben als die CO_2-Emissionen (s.o.). Auch das Treibhauserwärmungspotential von CH_4 ist um den Faktor 25 höher als das des CO_2. Anthropogene Methanquellen machen etwa 252 bis 338 Gt C aus. Natürlichen Quellen haben einen Anteil von 23 bis 160 Gt Kohlenstoff (IPCC 2007). Die größten anthropogenen Methanquellen sind in absteigender Reihenfolge die Verbrennung fossiler Brennstoffe, Fermentationsprozesse in Tiermägen, Emissionen aus Reisfeldern, Verbrennung von Biomasse sowie Ausgasungen aus Klärschlämmen und Gülle.

Die wichtigste natürliche Quelle des atmosphärischen Methans sind die Böden der Feuchtgebiete. Zusammen mit den Reisfeldern unterstreicht dieser Zusammenhang noch einmal die hohe Relevanz anoxischer, reduzierender Bedingungen für die Bildung von Methan (Tab. 1).

Distickstoffoxid (N_2O) bildet das dritte wichtige Treibhausgas, das in Böden produziert und von dort emittiert wird. Im Vergleich zu CO_2 und CH_4 verzeichnen wir beim N_2O die höchste Zunahme insgesamt seit 1990 (IPCC 2007) und das mit Abstand höchste Treibhauserwärmungspotential, das die Wirkung von CO_2 um mehr als das 300-fache übersteigt. Ein wesentlicher Grund für die überproportionale Zunahme des N_2O-Gehalt der Atmosphäre ist die stete Zunahme von Stickstoff in unseren Ökosystemen, hervor gerufen durch Emissionen insbesondere aus dem Verkehr und durch übermäßige N-Düngung in der Landwirtschaft. In Deutschland

N_2O	maximal **wenn**	$+250 < E_h < +300$ mV
	unbedeutend wenn	$E_h < +100$ mV
CH_4	**nur wenn**	$E_h < -100$ mV
gut **durchlüftete Böden**:		$E_h \approx +750$ mV

Tab 1: Produktion von Treibhausgasen in verdichteten und feuchten Böden.

werden die landwirtschaftlichen Ökosysteme darüber hinaus heute typischerweise jährlich mit 40-50 kg N pro Hektar zusätzlich aus atmosphärischer Deposition versorgt (Jungkunst et al. 2006). Die mittlere jährliche Stickstoffdeposition in Mitteleuropa beträgt etwa 17 kg pro Hektar pro Jahr (IPCC 2007). Wenn wir davon ausgehen, dass viele Ökosysteme unter natürlichen Bedingungen N-limitiert waren, wir heute aber vielerorts bereits eine Stickstoffsättigung nachweisen können, erscheinen die biochemischen Änderungen im Stickstoffzyklus von besonderer Bedeutung. Entsprechend hoch sind die Umsetzungsraten im Boden und konsequenterweise die Konzentration von N_2O in der Atmosphäre im Vergleich zur vorindustriellen Zeit. Die wichtigste Quelle sind landwirtschaftliche Böden mit Emissionsbeträgen von 1,8-5,3 Tg Stickstoff, wodurch die enge Kopplung der globalen N_2O-Emissionen mit der Stickstoffdüngung noch einmal unterstrichen wird. N_2O bildet sich in Böden ebenso wie CH_4 unter anoxischen Bedingungen (Tab. 1). Das Lachgas entsteht dabei als Nebenprodukt der mikrobiellen Reduktion von Nitrat (Denitrifikation). Da das Bodenleben und der Abbau organischer Substanz in den obersten Zentimetern des Bodens am intensivsten sind, ist auch die Bildung von N_2O hier am größten. Ähnlich wie Methan sind die höchsten N_2O-Emissionen an feuchte und/oder verdichtete Standorte gebunden (Tab. 2).

Zusammenfassend können wir festhalten, dass die Wirkung der Böden auf das Klima in erster Linie durch die Emission der treibhausrelevanten Gase CO_2, CH_4 und N_2O bestimmt wird. Hinsichtlich der ökosystemaren Bedingungen, die zur verstärkten Emission führen, können wir gut durchlüftete Böden und weniger gut durchlüftete Böden unterscheiden, wobei der anoxische Charakter entweder durch Wassersättigung oder starke Verdichtung hervorgerufen wird.

	N_2O	CH_4	CO_2
verdichtet	ja	nein	reduziert
überflutet	nein	ja	nein
gut **durchlüftet**	nein	nein	ja

Tab. 2: Bodenmanagement und Treibhausgasemissionen.

3. Wirkung des Klimas auf die Böden

Das Klima ist ein grundlegender bodenbildender Faktor und beeinflusst viele biogeochemische und physikalische Prozesse in Böden und die daraus resultierenden Bodeneigenschaften und Bodenfunktionen. Klimaänderungen wirken sich sowohl auf Bodenbildungsprozesse als auch auf den Nährstoff- und Wasserkreislauf im Boden aus. Im Hinblick auf den Zusammenhang zwischen Klimawandel und Boden sind hierbei insbesondere die Kohlenstoffbindung in Böden (C-Sequestrierung) und die Bodenerosion von großer Bedeutung. Beide Prozesse beeinflussen wesentliche Bodenfunktionen, z.B. die Filter-, Puffer- und Transformatorfunktion des Bodens oder die Funktion des Bodens als Pflanzenstandort. Klimatisch bedingte Änderungen im Boden haben somit direkte Auswirkung auf natürliche Produktionssysteme, den Wasserkreislauf sowie die Biodiversität.

Vegetation und Boden können in Abhängigkeit von der Bewirtschaftung große Mengen von CO_2 speichern (u.a. Don et al. 2007). Im Hinblick auf eine Anpassung des Menschen und seines Handelns an den Klimawandel verspricht daher insbesondere das integrierte Management von Bodenlandschaften ein großes Klimaschutzpotential. Der Boden gerät dabei zunehmend in den Fokus als Ressource für den Klimaschutz und als Produktionsfaktor für nachwachsende Rohstoffe.

Die Auswirkungen eines erhöhten CO_2-Gehalts der Atmosphäre auf die Böden sind infolge einer Vielzahl von Rückkoppelungseffekten komplex. Dies sei an einem einfachen Beispiel verdeutlicht. CO_2 ist ein essentieller Pflanzennährstoff und die Grundlage der Photosynthese. Je höher der CO_2-Gehalt, desto stärker das Pflanzenwachstum und je mehr Biomasse produziert wird, desto mehr Biomasse und Kohlenstoff gelangt in den Boden. Der Boden wirkt so als Kohlenstoffsenke. Andersherum bewirkt ein höherer CO_2-Gehalt der Atmosphäre eine globale Erwärmung. Die höheren Temperaturen bewirken eine Zunahme der Aktivität der Mikroorganismen im Boden, gefolgt von einer Verstärkung des Abbaus der organischen Bodensubstanz und mithin eine Erhöhung der Bodenrespirationsrate und damit eine Erhöhung der Treibhausgasemission aus dem Boden in die Atmosphäre. Hierbei fungiert der Boden als Kohlenstoffquelle. Natürlich spielt nicht nur die CO_2-Konzentration eine Rolle für die Pflanzenproduktion und die Zersetzung organischer Substanz in den Böden. Insbesondere die Pflanzennährstoffe und der Wasserhaushalt sind wichtige Regulatoren, wie wir schon im vorangegangenen Abschnitt gesehen haben. Es ist bis heute nicht zweifelsfrei möglich, den Nettoeffekt einer Zunahme des atmosphärischen CO_2-Gehalts auf den organischen Kohlenstoffgehalt in Böden zu generalisieren, in erster Linie auf Grund der Interaktionen mit der Bodenfeuchte. Ähnlich verhält es sich mit der Rolle der Temperatur. Eine Vielzahl von Studien zeigt den wichtigen kontrollierenden Effekt der Temperatur für die Kohlenstoffflüsse und die Kohlenstoffspeicherung in Böden (Kirschbaum 2006). Es ist mit großer Wahrscheinlichkeit davon auszugehen, dass eine Erhöhung der Temperatur eine Stimulation der Bodenrespiration bewirkt, eine Erhöhung des Austrags gelösten organischen Kohlenstoffs mit dem Sickerwasserstrom induziert und damit eine Verringerung des Kohlenstoffgehalts der Oberböden bewirkt. Dies erhöht die Funktion des Bodens als Kohlenstoff-Quelle. In Kombination mit Wassermangel infolge extremer Trockenperioden ist der Verlust an organischer Bodensubstanz besonders hoch.

Allerdings unterliegen all diese Prozesse in ihrer Quantität großen Schwankungen in Abhängigkeit von der Qualität und dem Aufbau der organischen Substanz insbesondere der verschieden aktiven Pools (s. Abschnitt 2). Gerade der häufig nachgewiesene hohe Kohlenstoffverlust in Böden bei erhöhter Temperatur im Zusammenhang mit Trockenheit weist hier auf einen Aspekt hin, dem besondere Bedeutung beizumessen ist. Es liegt nahe anzunehmen, dass Extremereignisse und die Überschreitung spezieller Schwellenwerte Schlüsselprozesse in Gang setzen, z.B. die Umsetzung verschiedener Kohlenstoffpools, und so die Funktion des Bodens als Kohlenstoffsenke oder Kohlenstoffquelle steuern.

Die Wirkungen veränderter Niederschlagsverhältnisse infolge des Klimawandels auf den Boden sind sehr viel weniger klar und bislang nur wenig untersucht. Ein Grund hierfür ist die starke regionale Komponente des Bodenwasserhaushalts. Bereits an einzelnen Hängen und in kleinen Tälchen kann es zu sehr unterschiedlichen catenaren (die Bodenabfolge betreffende) Ausprägungen der Bodenfeuchte kommen. Das gleiche gilt für die Landschaftsskala, wo lokale Windsysteme sowie Gebirge für eine sehr starke räumliche Heterogenität sorgen. Auch sind die Vorhersagen der Klimamodellierung hinsichtlich der Änderung des Musters der Niederschlagsverteilung sowohl zeitlich als auch räumlich und des Auftretens von Hochwasser bzw. Dürreperioden sehr viel unsicherer als die Vorhersagen hinsichtlich der Änderung der globalen Temperatur (IPCC 2007). Der Effekt von Trockenperioden z.B. hängt ganz entscheidend von den aktuellen hydrologischen Konditionen ab. In wasserlimitierten Systemen bewirkt eine Zunahme der Frequenz und/oder der Intensität von Dürren eine Änderung der Pflanzengesellschaften und mithin einen indirekten Effekt auf den Kohlenstoffhaushalt der Böden über den Eintrag von Pflanzenstreu. In feuchteren Systemen dagegen bleibt die Vegetationsgesellschaft in der Regel unverändert. Der Effekt ist daher eine signifikante Erhöhung der Bodenrespiration. Generell kann man sagen, dass die Zunahme extremer hydrologischer Situationen, insbesondere die Zunahme der Intensität und Frequenz von Perioden mit Wasserdefizit, die Dekompositionsrate in vielen Systemen verringert. Wassergesättigte Systeme, z.B. Moore und Feuchtgebiete, neigen dagegen zu einer deutlichen Zunahme der Zersetzung von organischer Substanz in Trockenphasen (Schulze & Freibauer 2005).

Ein weiterer wichtiger Effekt der Veränderung der Niederschlagsmuster infolge des Klimawandels ist die Zunahme von Bodenerosion (Lal & Pimentel 2008). Gerade wenn es während Dürreperioden zu einer extremen Austrocknung des Bodens kommt und sich entsprechende Hydrophobieeffekte und Krustenbildungen auf der Bodenoberfläche einstellen, können die anschließenden Niederschlagsereignisse extrem hohe Abtragsraten bewirken, gekoppelt mit dem Verlust von Bodenkohlenstoff. Diese Kausalkette beobachtet man vielerorts in den Mittelmeerländern, verbunden mit einem hohen Desertifikationsrisiko. In hügeligen und bergigen Regionen der gemäßigten Klimazonen Mitteleuropas bewirkt eine Zunahme der Frequenz extremer Niederschlagsereignisse und deren Intensität ebenfalls eine Erhöhung des

Bodenerosionsrisikos. Oberflächenabfluss und Schichtfluten tragen den erodierten Bodenkohlenstoff ab und verteilen ihn in der Landschaft neu. Die Folgen der Bodendegradation durch zunehmende Erosion sind vielfältig. Neben den enormen ökonomischen Kosten infolge der Verringerung der Produktivität sind es insbesondere Offsite-Effekte, hervorgerufen durch das abgetragenen Bodenmaterial und die darin enthaltenen Nähr- und Schadstoffe. Organischer Kohlenstoff aber auch Phosphor-, Schwefel- und Stickstoffflüsse während der Bodenerosionsereignisse und Sedimenttransport verändern so Nährstoffkreisläufe und die Funktion von ganzen Ökosystemen.

Vorliegende Studien zeigen eine hohe Variabilität der Vorhersage des Ausmaßes von Bodenerosion unter veränderten Klimabedingungen. Computersimulationen von Pruski & Nearing (2002) zeigen, dass eine Zunahme des Bodenabtrags von etwa 1,7 % pro 1 % Zunahme der Gesamtniederschlagsmenge zu erwarten ist. Ein bislang ungeklärter Aspekt ist, ähnlich wie bei den durch Temperaturerhöhung hervorgerufenen Wirkungen auf den Boden, inwieweit eher eine kontinuierliche Zunahme des Niederschlags signifikante Änderungen im Boden bewirkt oder eine schnelle Zunahme von extremen Niederschlagsereignissen, die sich z.B. wesentlich stärker auf den Bodenabtrag auswirken würden. Ein dritter Aspekt ist die saisonale Verschiebung von Niederschlagsmustern, die sich direkt auf die Vegetation und damit auch auf deren Schutzeffekt gegen Bodenerosion auswirkt. Auch hier liegen bislang nur unzureichende Forschungsergebnisse vor.

Eine weitere Folge von Extremereignissen und saisonalen Verschiebungen von Niederschlagsmustern ist die Veränderung der Nährstoffverfügbarkeit in Böden. Zum einen kommt es durch Bodenerosion zur Umverteilung von Nährstoffen, die zu einer Desertifikation des Abtragsbereichs führen können. Auf der anderen Seite tritt eine Eutrophierung insbesondere am Hangfuß und in Gewässern an der Erosionsbasis auf. Trockenheit dagegen bewirkt eine reduzierte Aufnahme von Phosphor und anderen Nährstoffen, wie für Bäume im Mittelmeerraum gezeigt werden konnte (Sarrdans et al. 2008), wo Phosphor zum limitierenden Faktor des Pflanzenwachstums werden kann. Extreme Wetterereignisse beeinflussen ebenfalls die Dynamik der Freisetzung von Pflanzennährstoffen durch die Zersetzung organischer Substanz, was die jährliche Nettoprimärproduktion beeinflussen mag. Zudem bewirken verstärke Niederschläge eine verstärkte Auswaschung, so dass der Anteil austauschbarer Nährstoffe generell mit zunehmendem Niederschlagsaufkommen abnimmt.

Insgesamt ist festzuhalten, dass unser Verständnis über die Wirkungen des Klimawandels auf die Böden noch am Anfang steht. Aus dem bisherigen Stand des Wissens wird deutlich, dass eine integrative Analyse kombinierter Effekte dringlich ist. Selbst wenn die durch eine Temperaturerhöhung beeinflussten Mechanismen und Prozesse in Böden bereits recht gut bekannt sind, weist unser Wissen gerade im Bereich derjenigen Steuergrößen, die sehr stark regionalen Unterschieden unterliegen, wie z.B. der Bodenwasserhaushalt, große Lücken auf. Sicherlich kann man generell sagen, dass ein kühleres und feuchteres Klima zu höheren Gehalten an organischer Substanz im Boden führt, auf Grund der geringeren Dekompositionsrate, und umgekehrt eine Klimaerwärmung und ein zunehmendes Auftreten von Trockenperioden zu einer Abnahme des Gehalts an Bodenkohlenstoff führt, der dann die Erwärmung der Atmosphäre durch Abgabe von treibhauswirksamen Gasen weiter verstärkt. Dennoch bleibt zu bedenken, dass die Eigenschaften und Funktionen von Böden eben nicht nur vom Klima sondern auch vom Ausgangsgestein, vom Relief, von der Vegetation und vom Menschen als Nutzer der Ressource Boden beeinflusst werden.

4. Schlussfolgerungen

Der Klimawandel beeinflusst unsere Böden ebenso wie die Veränderung der Böden auf das Klima rückwirkt. Inwiefern die Böden derzeit als Kohlenstoffsenke oder Kohlenstoffquelle fungieren, kann nicht mit letzter Gewissheit festgestellt werden. Dies liegt zum einen in der Natur der Sache, nämlich der regionalen Differenziertheit von Böden und ihren Eigenschaften auf unserem Globus. Diese bewirkt ein ebenso stark regional geprägtes, heterogenes Muster der Senken- und Quellenfunktion der Böden für Kohlenstoff. Zum anderen sind noch viele Fragen im Bereich der Rolle des Bodenwassers für die Kohlenstoffflüsse im Boden unbeantwortet. Zugleich ist allein auf Grund der Größe des Kohlenstoffspeichers Boden, der mit etwa 1.500 Pg etwa doppelt so viel Kohlenstoff enthält wie die Atmosphäre, von einer großen Bedeutung der Kohlenstoffflüsse in und aus Böden für die Klimaentwicklung auszugehen. Das Gleichgewicht zwischen CO_2-Aufnahme durch Photosynthese und Pflanzenwachstum und CO_2-Abgabe infolge der Dekomposition organischer Substanz und deren Veratmung im Boden stellt ein wichtiges Regulativ in unseren Ökosystemen dar. Neben der natürlichen physiogeographischen und bodenkundlichen Situation an einem Standort spielen dabei zunehmend die Landnutzung und das Landmanagement eine zentrale Rolle. Sie erlauben nicht nur die Entwicklung von Anpassungsstrategien an den Klimawandel, sondern kontrollieren in besonderem Maße biogeochemische Prozesse der Umsetzung organischer Substanz in Böden.

Literatur

BACH, W. (1980): Untersuchung der Beeinflussung des Klimas durch anthropogene Faktoren, Paderborn, Schöningh (Münstersche Geographische Arbeiten 6): 7-34

BAUMANN, F., HE, J.-S., SCHMIDT, K., KÜHN, P. & T. SCHOLTEN (2009): Pedogenesis, permafrost and soil moisture as controlling factors for soil nitrogen and carbon contents across the Tibetan Plateau, Global Change Biology, Vol. 15: 3001-3017

DON, A., SCHOLTEN, T. & E. D. SCHULZE (2009): Conversion of cropland into grassland – implications for soil organic carbon stocks in soils with different texture, Journal of Plant Nutrition and Soil Science, Vol. 172: 53-62

FLOHN, H. (1977): Stehen wir vor einer Klimakatastrophe? Umschau, Vol. 77: 561-569

HAMPICKE, U. & W. BACH (1980): Die Rolle terrestrischer Ökosysteme im globalen Kohlenstoffkreislauf, Paderborn, Schöningh (Münstersche Geographische Arbeiten 6): 37-104

IPCC (2007): Changes in atmospheric constituence and in radiative forcing. The physical science basis. Contribution of Working Group 1 to the Fourth Assessment Report of the Intergovernmental Panel on Climate Change, Cambridge, Cambridge University Press

JUNGKUNST, H.F., FREIBAUER, A., NEUFELDT, H. & G. BARETH (2006): Nitrous oxid emissions from agricultural land use in Germany – a synthesis of available annual field data, Journal of Plant Nutrition and Soil Science, Vol. 169: 341-351

KELLOGG, W.W. (1978): Global influence of mankind impact on the climate, in: Gribbin, J. (ed.): Climatic change, Cambridge, Cambridge University Press: 205-227

KIRSCHBAUM, M.U.F. (2006): The temperature dependency of organic matter decomposition - still a topic of debate, Soil Biology and Biochemistry, Vol. 38: 2510-2518

KUTSCH, W.L., BAHN, M. & A. HEINEMEYER (2009): Soil carbon relations - an overview, in: Kutsch, W.L., Bahn, M. & A. Heinemeyer (eds.): Soil carbon dynamics - an integrated methodology, Cambridge, Cambridge University Press: 1-15

LAL, R. & D. PIMENTEL (2008): Soil erosion - a carbon sink or source? Science, Vol. 319: 1040-1042

MOYANO, F.E., OWEN, K.A., BAHN, M. et al. (2009): Repiration from roots and the mycorrhizosphere, in: Kutsch, W.L., Bahn, M. & A. Heinemeyer (eds.): Soil carbon dynamics - an integrated methodology, Cambridge, Cambridge University Press: 127-156

PRUSKI, F.F. & M.A. NEARING (2002): Runoff and soil loss responses to changes in precipitation: a computer simulation study, Journal of Soil and Water Conservation, Vol. 57: 7-16

RAHMSTORF, S. & H.J. SCHELLNHUBER (2007): Der Klimawandel – Diagnose, Prognose, Therapie, München, Beck

STRAHLER, A.H. & A.N. STRAHLER (2009): Physische Geographie, 4. Aufl., Stuttgart, Ulmer

SARRDANS, J., PENULAS, J. & R. OGAYA (2008): Drought's impact on Ca, Fe, Mg, Mo, S concentration and accumulation patterns in plants and soil of a Mediterranean evergreen *Quercus Ilex* forest, Biogeochemistry, Vol. 87: 46-69

SCHULZE E.-D. & A. FREIBAUER (2005): Carbon unlocked from soils, Nature, Vol. 430: 205-206

TRUMBORE, S. E. (1997): Potential responses of soil organic carbon to global environmental change, Proceedings of the National Academy of Sciences of the USA, Vol. 94: 8284–8291

WBGU Wissenschaftlicher Beirat der Bundesregierung (2006): Globale Umweltveränderungen, Sondergutachten 2006, Berlin, WBGU

Danksagung:
Unser besonderer Dank gilt Axel Don, Fernando Esteban Moyano und Corina Dörfer, deren Promotionen bzw. Diplomarbeit eine wichtige Grundlage für diesen Aufsatz bilden. Des Weiteren danken wir Margaretha Baur und Ann-Katrin Schatz herzlich für die Abfassung des Textes, die Erstellung der Graphiken und Tabellen sowie für das Korrekturlesen.

Thomas Scholten
Universität Tübingen
Institut für Geographie - Lehrstuhl für Physische Geographie und Bodenkunde
Rümelinstraße 19-23, 72074 Tübingen
thomas.scholten@uni-tuebingen.de
www.geographie.uni-tuebingen.de

Udo Schickhoff
Universität Hamburg
Institut für Geographie - AG Biogeographie und Landschaftsökologie
Bundesstraße 55, 20146 Hamburg
schickhoff@geowiss.uni-hamburg.de
http://www.uni-hamburg.de/geographie/professoren/schickhoff

Klimawandel und Stadt –
Der Faktor Klima als neue Determinante der Stadtentwicklung

Jürgen Oßenbrügge, Benjamin Bechtel

erschienen in: Böhner, J. & B. M. W. Ratter (Hg.): Klimawandel und Klimawirkung. Hamburg 2010
(Hamburger Symposium Geographie, Band 2): 97-118

1. Einleitung

Stadtregionen sind heute nicht nur das Habitat der Mehrheit der Weltbevölkerung, sie sind auch die Standorte, an denen sich die wirtschaftlichen Aktivitäten konzentrieren und damit der Raumtyp, in dem klimarelevante Effekte durch den Menschen ausgelöst werden. Der letzte Weltentwicklungsbericht hat sehr deutlich gezeigt, welches Ausmaß regionale Konzentrationen der Bevölkerung und der Wirtschaft inzwischen einnehmen (Weltbank 2009). Schätzungen ergeben, dass über 70 % der anthropogenen Treibhausemissionen Stadtregionen zuzurechnen sind. Die räumliche Verdichtung der Produktion, des Verkehrs, der Gebäude und der Infrastruktur führt zur These, dass in den Stadtregionen über Intensität und Geschwindigkeit des Klimawandels entschieden wird. Städte gehören zu den wichtigsten Verursachern und es bedarf hoher wissenschaftlicher und politisch-planerischer Anstrengungen, Städte „klimagerecht", d.h. nach Prinzipien der nachhaltigen Entwicklung umzubauen.

Neben der aktiven Rolle, die Stadtregionen zur Beschleunigung des Klimawandels einnehmen, besteht aber auch eine passive Rolle. Auf Grund ihrer Komplexität werden Städte durch den Klimawandel stärker als andere Raumtypen beeinflusst und müssen sich den Veränderungen anpassen. Dieses eher reaktive Verständnis lässt sich als urbane Klimavulnerabilität zusammenfassen, die vom Temperaturanstieg, der Häufung von Extremereignissen sowie mittelbar aus Überflutungen, Versorgungsengpässen (besonders Trinkwasser) sowie Veränderungen der Bevölkerungszusammensetzung durch umweltbedingte Migration beeinflusst wird. Verstärkend kommt hinzu, dass die Folgen des Klimawandels in Stadtregionen zu einem Zeitpunkt eintreten, zu dem in vielen Städten bereits eine hohe Problemdichte besteht. Zahlreiche ungelöste gesellschaftliche Fragen verdichten sich in Großstädten, wobei sich die Problemlagen stark unterscheiden. So sind die schnell wachsenden Stadtregionen in Lateinamerika, Afrika oder Asien ohnehin durch eine Instabilität gekennzeichnet, die mit der rapiden Zunahme der Bevölkerung sowie einhergehenden städtebaulichen Schwierigkeiten wie der notwendigen Bereitstellung von Infrastruktur verbunden sind. Die teilweise schrumpfenden Städte in Europa oder Nordamerika sind dagegen zwar in der Regel stabiler, damit jedoch noch keineswegs an den Klimawandel angepasst (UN-Habitat 2010).

Damit sind die physischen Formen oder die Morphologie der Stadt, ihre Wirtschafts- und Sozialstrukturen, die urbane Landnutzung sowie ihre naturräumliche Lage wichtige Faktoren, um einerseits ihren Beitrag zum Klimawandel zu erklären und andererseits ihre Anpassungschancen und -zwänge an kommende klimatische

Veränderungen zu bestimmen. Allein aus diesen beiden Gründen ist die Notwendigkeit herzuleiten, Stadtregionen in den Fokus zu nehmen. Hinzu kommt ein dritter Grund, der klimageographisch bedeutsam ist. Stadtregionen produzieren ein eigenständiges Klima auf der lokalen und regionalen Maßstabsebene. Daher dürfen Topographie und Sozioökonomie der Städte nicht unmittelbar mit den makroklimatischen Verhältnissen in Beziehung gesetzt werden, sondern müssen die Kenntnisse über das besondere Stadtklima berücksichtigen. Anders ausgedrückt: Zum einen werden großräumige Klimabedingungen durch das spezifische Stadtklima vermittelt lokal wirksam; zum anderen ist zu prüfen, ob das Globalklima auch durch das Stadtklima verändert wird. Zusammengenommen müssen wir also, um den globalen Klimawandel besser verstehen zu können, die lokalen Verhältnisse in den Stadtregionen klären und in ihren Wirkungen auf das Klimageschehen bestimmen können.

Aufbauend auf diesen Überlegungen nimmt der vorliegende Beitrag Bezug auf urbane Verursachungen und Vulnerabilitäten des Klimawandels. Zunächst wird etwas ausführlicher auf Anpassungsprobleme von Städten eingegangen, da dieser Aspekt bisher in der Diskussion zu kurz gekommen ist. Darauf aufbauend lassen sich wichtige Aspekte des Stadtklimas und Handlungsempfehlungen ableiten. Daher schließt ein Abschnitt an, der unsere Kenntnisse zum Stadtklima allgemein und besonders zur Situation Hamburgs zusammenfasst. Darauf folgt eine knappe Analyse urbaner Klimapolitik – wiederum unter besonderer Berücksichtigung Hamburgs. Hier werden die Maßnahmen in den Vordergrund gerückt, die auf eine Reduktion der in der Stadt produzierten Treibhausgase abzielen. Schließlich beziehen wir uns auf Hamburgs Rolle als europäische „Umwelthauptstadt 2011" (*green capital*) und diskutieren vor dem Hintergrund von städtischen Leitbildern Chancen und Umsetzungsprobleme nachhaltiger Stadtentwicklungspolitik.

2. Stadt und Klima

2.1 Urbane Klimarisiken – Eine Typologie

Die Vulnerabilitätsforschung zielt generell darauf ab, sozialräumliche Verwundbarkeiten gegenüber plötzlich auftretenden, mittelfristig dauerhaft bestehenden oder zyklisch wiederkehrenden Problemlagen zu bestimmen (Bohle 2008). Darauf aufbauend werden Vorschläge, Maßnahmen und Programme erarbeitet, um die jeweilige „*coping capacity*", d.h. das Vermögen, mit Verwundbarkeitskrisen umgehen zu können, zu stärken. Die Erforschung der Klimavulnerabilität geht daher von einem Klimawandel aus und untersucht die Folgen besonders in ihren sozioökonomischen Dimensionen. Bevor dies im Einzelnen ausgeführt wird, soll eine Typologie möglicher Klimafolgen für Städte den im Vordergrund stehenden Problemkreis veranschaulichen.

1. Urbane Vulnerabilität und Extremereignisse (Stürme, Starkregen): Als im August 2005 der Hurrikan Katrina vom Golf von Mexiko kommend auf die Küstengebiete des Südostens der USA traf, war die US-amerikanische Öffentlichkeit zunächst von einem „normalen", in der Hurrikansaison regelmäßig wiederkehrenden Naturrisiko ausgegangen. Jedoch zeigten die Überschwemmungen und die verzweifelten Reaktionen der Bevölkerung von New Orleans sehr schnell, dass Katrina in einer Millionenmetropole der USA schwere Zerstörungen und unkontrollierbare soziale Verhältnisse erzeugt hatte. Mehr noch als die menschlichen Opfer und hohen Sachschäden beunruhigte das Aufkommen einer sozialen Anomie die amerikanische und weltweite Öffentlichkeit,

Klimawandel und Stadt

da dieses Ausmaß sozialer Destabilisierung nicht vorstellbar erschien. New Orleans macht daher deutlich, dass die zu erwartende Zunahme von Stürmen und Starkregen besonders in Küstenregionen eine erhebliche Gefährdung der dort lebenden Bewohner und besonders der Städte beinhalten und problematische Folgewirkungen erzeugen kann (Sims 2010).

2. Dieses Gefährdungspotential wird durch den Meeresspiegelanstieg gesteigert. Damit sind Großstädte, die auf der Meereshöhe küstennah und beispielsweise in Deltagebieten gelegen sind, vom Klimawandel bedroht. Dieses gilt besonders für Situationen, in denen ein verlässlicher Küstenschutz fehlt oder nur unvollkommen entwickelt ist. Hier lässt sich ein Kontinuum aufspannen: Dieses wird gebildet einerseits durch die „Poldergesellschaft" der Niederlande mit ihren sehr elaborierten Küstenschutzmaßnahmen und andererseits durch die im hochgefährdeten Gangesdelta lebenden Bewohner Bangladeshs, die nicht nur vom Meer, sondern auch von den vom Himalaya kommenden Wassermassen gefährdet sind. Allein für Südostasien wird angenommen, dass mehr als 100 Mio. Stadtbewohner durch den Meeresspiegelanstieg betroffen sein könnten (World Bank 2008).

3. Ein weiteres Gefährdungspotential besteht in der Zunahme von Hitzewellen, die im urbanen Raum durch den Effekt der städtischen Wärmeinsel verstärkt wird. Generell besteht ein Temperaturunterschied zwischen hoch verdichteter Stadt und ländlichen Gebieten, der sich besonders in der Nacht zwischen 2 und 8 °C bewegen kann. Städte heizen sich wegen ihrer Baukörper besonders auf und speichern diese Energie. Diese kann problematische Folgewirkungen zeigen. Beispielsweise ging der Hitzesommer 2003 in Paris mit überproportionalen Mortalitätsziffern einher. Der Klimawandel kann in der Verbindung mit der städtischen Wärmeinsel also zu einer besonderen Gesundheitsgefährdung für vulnerable Bevölkerungsgruppen werden. Hinzu kommt, dass der Wärmeunterschied sich belastend auf die in der Stadtluft vorhandene Schadstoffkonzentration auswirkt und damit die lufthygienische Situation weiter verschlechtert. Schließlich ist auf eine problematische Wechselwirkung hinzuweisen. Um der städtischen Hitze zu entfliehen, werden Klimaanlagen in die Wohnungen zur Kühlung eingebaut, die viel Energie verbrauchen und deren Abwärme das Stadtklima weiter aufheizt (entsprechend Untersuchungen verweisen auf 1 °C und mehr) (Parry et al. 2007).

4. Verstärkt werden urbane Klimavulnerabilitäten durch unkontrollierte, schlecht geplante und spontane Formen der Verstädterung, die zu Siedlungsformen auf risikoreichen Flächen (potentielle Überschwemmungsgebiete, Risikozonen bei Murenabgängen) und unangepassten Bauformen führen können. Gerade in den schnell wachsenden Metropolen in den Entwicklungsländern entstehen erhebliche Gefährdungspotentiale, die immer wieder zu verheerenden Katastrophen führen (z.B. Erdrutsche im Raum Caracas 1999). Ähnlich der Erdbebengefährdung erweitern die Klimafolgen das urbane Gefährdungsspektrum. Diese betreffen Stadtbewohner, die den Risiken relativ unerfahren gegenüberstehen. Zu problematisieren ist in diesem Zusammenhang auch der weltweite Trend, städtebauliche Großprojekte als *„waterfront development"* ufer- bzw. küstennah zu realisieren. Obwohl bei diesen Projekten hohe Schutzstandards die Regel sind, erzwingen sie neue oder erweiterte Managementstrategien in Risikozonen.

5. Schließlich sind zwei mittelbare Wirkungsfelder zu benennen. Zum einen ist davon auszugehen, dass der Klimawandel die umweltbedingte Migration verstärken wird. Damit wird gleichzeitig die bestehende Land-Stadt-Wanderung intensiviert und der Verstädterungsprozess verstetigt. Dies betrifft besonders die Stadtregionen, die am Rande von Trockengebieten liegen und Migranten aus von Desertifikation betroffenen Räumen aufnehmen. Die damit zusammenhängenden Erscheinungsformen sind gut bekannt. Zum anderen steigt in den Städten aber auch die Vulnerabilität gegenüber Nahrungsmittelverknappungen und -verteuerungen. In den Jahren 2007 und 2008 brachen in verschiedenen afrikanischen und lateinamerikanischen Städten zum Teil sehr gewaltsame Proteste aus, die auf eine urbane Ernährungskrise hinweisen. Aufgrund der Ausdehnung von Trockengebieten und der Zunahme der Niederschlagsvariabilität kann davon ausgegangen werden, dass der Klimawandel die Nahrungsmittelversorgung zumindest in Teilregionen der Welt (besonders in Afrika) destabilisieren wird. Unruhen in Stadtregionen werden dann eine zu erwartende Folge sein.

6. Stadtregionen sind häufig abhängig vom Import von Trinkwasser, da unmittelbar zugängliche Wasserreservoire (Oberflächen- und Grundwasser) häufig bereits verbraucht bzw. zu stark verschmutzt sind. Vor allem die Städte, deren Trinkwasser von Gletschern abhängig ist (z.B. Lima), werden durch den Klimawandel mittelfristig vor erhebliche Probleme gestellt werden. Einer kurzfristigen Zunahme des Wasserangebots steht ein langfristiges Versiegen dieser Trinkwasserquelle gegenüber. Damit stellt sich bei diesen Städten grundsätzlich die Frage ihrer Entwicklungsperspektive. Aber auch andere zentrale Infrastrukturen können betroffen sein. So mussten in Frankreich im Jahre 2003 diverse Kernkraftwerke wegen der Hitzewelle abgeschaltet werden, da kein ausreichendes Kühlwasser mehr zur Verfügung stand. Gleichzeitig stieg aber der Stromverbrauch an und führte zu Versorgungsengpässen, die besonders für die Stadtbevölkerung wegen ihrer größeren Abhängigkeit von funktionierenden Infrastrukturen große Nachteile und unerwartete Gefährdungslagen mit sich brachten (Graham 2010).

Diese Beispiele, die eine (vorläufige) Typologie urbaner Klimavulnerabilität darstellen, repräsentieren ansatzweise das Spektrum städtischer Gefährdungslagen. Sie verdeutlichen die Notwendigkeit, in Kategorien der Anpassung an den Klimawandel konsequent und systematisch zu denken. Da städtebauliche Formen eine lange Persistenz aufweisen, ist dafür die Aufnahme kurz- und langfristiger Zeithorizonte von großer Bedeutung. Kurzfristig, um bestehenden bzw. unmittelbar absehbaren Problemen bereits jetzt zu begegnen, langfristig, um die Stadt in Erwartung des Klimawandels möglichst resilient/nachhaltig umzubauen. Die entsprechende klimabezogene Stadtforschung sollte in diesem Zusammenhang in zwei Richtungen ausgebaut werden.

Die erste Richtung bezieht sich auf die Exposition einer Stadtregion in Hinblick auf den Klimawandel und Klimafolgen. Darunter ist eine Untersuchung der physischen Gefährdung zu verstehen. So sind Städte, die an einer überflutungsgefährdeten Küste liegen, dem Klimawandel stärker ausgesetzt als solche in höheren Lagen. Städte, die von Gletscherwasser abhängig sind, haben vergleichsweise größere Probleme als solche, die auf ausreichend große Grundwasservorkommen zurückgreifen können. Große, hoch verdichtete Städte werden größere Probleme mit häufigeren Hitzewellen bekommen als dezentrale, begrünte Stadtregionen. Diese Beispiele, die kleinräumig zu differenzieren wären, illustrieren das Konzept der Exposition. Hierdurch werden urbane Risikolagen bestimmt, indem diffuse Gefahren in der Wahrscheinlichkeit ihres Eintreffens untersucht und als Risiken Ausgangspunkt für Planungs- und Umbauprozesse werden.

Die zweite Richtung bezieht sich auf urbane Vulnerabilitäten im engeren Sinn (Rakodi & Lloyd-Jones 2002). Hier geht es um die Anpassungsfähigkeit der betroffenen Menschen in den Stadtregionen. Zum einen können hier bekannte Konzepte angewendet werden, die die Potentiale einzelner Personen oder Gruppen beschreiben, mit Problemen fertig zu werden. Dazu gehören das ökonomische Kapital oder die verfügbaren Finanzmittel, das sogenannte kulturelle Kapital oder die verfügbaren Kenntnisse und kognitiven Mittel sowie das soziale Kapital oder die verfügbaren sozialen Netzwerkunterstützungen. Im Hinblick auf den Klimawandel kommt aber eine weitere Kapazität hinzu. Diese bezieht sich auf Fähigkeiten zur Reaktion auf externe Einflussgrößen, für die kein traditionelles Erfahrungswissen vorliegt. Allgemeiner ausgedrückt ist damit die Handlungsfähigkeit unter Bedingungen der Unsicherheit angesprochen.

Aspekte des Verwundbarkeitskonzepts:

- Verwundbarkeit (*vulnerability*) bezieht sich auf die Lebensbedingungen (*livelihood*) von Einzelnen oder Bevölkerungsgruppen in bestimmten Regionen und kennzeichnet problematische Mensch-Umwelt-Beziehungen.

- Verwundbarkeit ist nicht (immer) gleich Armut, sondern entsteht aus Unsicherheit, Schutzlosigkeit, Gefährdung durch Risiken und unerwarteten Katastrophen, Stress, u.a.m.

- Das Ausmaß an Verwundbarkeit ist von der Fähigkeit und dem Vermögen abhängig, derartige Einflussgrößen zu beherrschen (*coping abilities, coping strategies*) und eingetretene Krisen zu bewältigen.

2.2 Besonderheiten des Stadtklimas

Die intensive Veränderung der Erdoberfläche in Städten führt dazu, dass diese gegenüber dem Umland ganzjährig ein abweichendes Klima aufweisen. Die Disziplin, die dies wissenschaftlich untersucht, heißt Stadtklimatologie und ist Teil der Mikro- und Meso-, aber auch der Umweltklimatologie (Kuttler 2004a). Die Stadtklimatologie kann bis ins Altertum zurückverfolgt werden (vgl. ebd.), die ersten systematischen Untersuchungen stammen aber vom englischen Apotheker Luke Howard (1772-1864), der eine Temperaturerhöhung von London gegenüber dem Umland von 0.6 °K im Sommer und 1 °K im Winter nachweisen konnte (Howard 1833).

Diese städtische Überwärmung ist bis heute der bekannteste Effekt des Stadtklimas und wird städtische Wärmeinsel (engl. *urban heat island*, UHI) genannt.

Die Wärmeinsel ist nicht nur bis heute das am intensivsten untersuchte Phänomen der Stadtklimatologie, sie ist auch in unserem Kontext besonders relevant, da sie gemeinsam mit längeren und intensiveren Hitzeepisoden eine städtische Risikolage des Klimawandels bildet. Die Ursachen und Ausprägungen der Wärmeinsel sind zwar vielschichtig und unterschiedlich, Matzarakis (2001) fasst jedoch folgende Gemeinsamkeiten zusammen. Demnach ist sie energetisch begründet, hängt von den Witterungsbedingungen ab (wobei sie bei windschwachen Hochdruckwetterlagen am stärksten ausgeprägt ist), ihre Intensität wird von der Größe der Stadt modifiziert, ihr Verteilungsmuster hängt von den Stadtstrukturen, aber auch von topographischer und klimatischer Lage ab, sie besitzt eine starke tages- und jahreszeitliche Variabilität sowie einen Trend in Abhängigkeit vom Stadtwachstum und den umgebenden klimatischen Veränderungen. Souch & Grimmond (2006) fassen zusammen, dass die Wärmeinsel weiterhin nachts stärker als tagsüber ist, mit zunehmender Windgeschwindigkeit und Bewölkung abnimmt und von der Gebäudegeometrie, den Vegetationsmustern sowie der anthropogenen Wärmeemission abhängig ist. Allein diese bei weitem nicht abschließende Aufzählung zeigt, dass Stadtklima ein hochkomplexer und multikausaler Gegenstand ist.

Abb. 1 verdeutlicht, wie das großräumige Makroklima durch den Einfluss des Reliefs und der städtischen Bebauung verändert wird – Eriksen (1964) spricht diesbezüglich von einer Verzahnung von Makro-, Stadt- und Mikroklima. Die städtische Energiebilanz wird dabei durch eine ganze Reihe von Faktoren beeinflusst. Durch die verwendeten Baumaterialien wird mehr Wärme gespeichert, die geringere Vegetation führt zu einem reduzierten latenten und damit einem erhöhten fühlbaren Wärmestrom (also weniger Verdunstungskälte), die reduzierte Himmelssicht in den Straßencanyons führt zu verringerter Ausstrahlung, gleichzeitig beeinflusst auch die durch Luftschadstoffe getrübte Atmosphäre sowohl Ein- als auch Ausstrahlung. Eine zusätzliche Größe in der städtischen Energiebilanz ist der anthropogene Wärmestrom, also die etwa durch Verbrennung in Motoren emittierte Wärme in der Stadt. Abb. 2 zeigt die vielfältigen Prozesse, die gemeinsam das Stadtklima bestimmen. Da all diese Größen und Einflüsse nicht in der gesamten Stadt konstant sind, ist auch die Wärmeinsel örtlich sehr unterschiedlich ausgeprägt. Bei innerstädtischer Flächendifferenzierung wird daher auch vom Wärmemosaik oder Wärmearchipel gesprochen (Matzarakis 2001). Dies bedeutet, dass heterogene Flächennutzungsstrukturen mehrere Wärmezentren erzeugen, die von kälteren Bereichen unterbrochen werden (Hupfer & Kuttler 2006); ein Aspekt, der für die Planung von großer Relevanz ist.

Neben den Energieumsätzen vor Ort werden auch der Austausch und die Mischung innerhalb der städtischen Atmosphäre stark von der

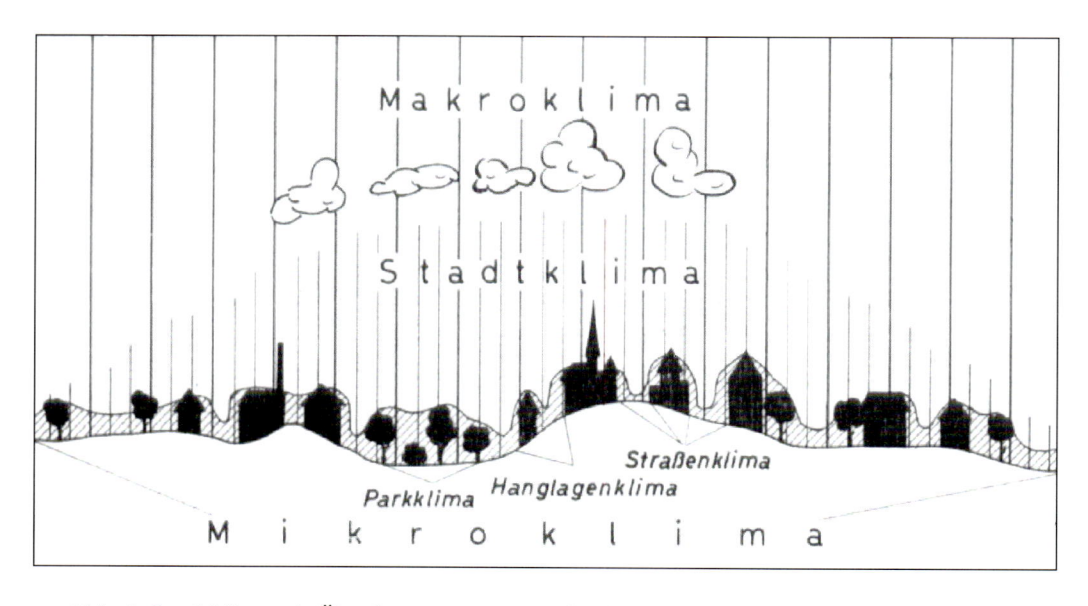

Abb. 1: Stadtklima als Überlagerung von Makroklima und Mikroklima (Eriksen 1964).

Klimawandel und Stadt

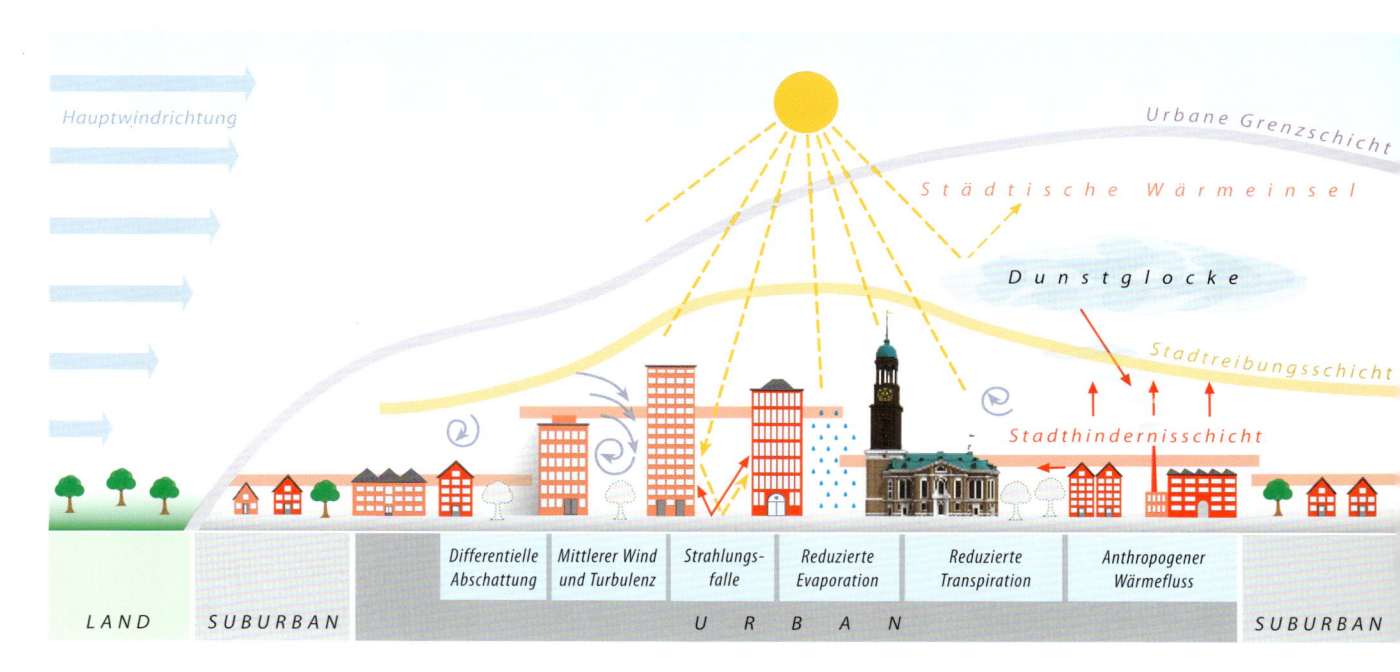

Abb. 2: Stadtklima als Überlagerung von vielen Prozessen (Entw.: B. Bechtel nach D. Grawe, Grafik: C. Carstens).

Bebauung beeinflusst. So wirken die Baukörper in der Stadt als Hindernisse für den Wind und erhöhen die Rauigkeit der Oberfläche. Als Folge wird die mittlere Windgeschwindigkeit reduziert, während Böigkeit und Turbulenz erhöht werden. Die veränderten Oberflächeneigenschaften führen somit zu einer Modifikation der gesamten planetaren Grenzschicht und zu einer veränderten vertikalen Gliederung (Kuttler 2004b). Die Schicht bis zum mittleren Dachniveau wird dabei Stadthindernisschicht (*urban canopy layer*, UCL) genannt und ist Teil der Stadtreibungsschicht (*urban roughness sublayer*, URS) – dem Bereich, in dem die Strömung stark lokal bestimmt ist. Darüber schließt die städtische Mischungsschicht (*urban mixing layer*, UML) an, in der die Turbulenz weitgehend homogen verteilt ist (ebd.), also mehr von der Stadt als Ganzes und nicht mehr von einzelnen Gebäude bestimmt wird.

Die Wärmeinsel induziert bei geringen Windgeschwindigkeiten außerdem eine eigene thermische Zirkulation. Charakteristisch hierfür ist der Flurwind, eine wenige Meter hohe Luftbewegung, die bei geringer Geschwindigkeit idealerweise radial aus dem Umland in die Stadt eindringt (vgl. Hupfer & Kuttler 2006).

Daneben werden auch die meisten weiteren Klimaelemente von der Stadt beeinflusst. Eine gute Übersicht dazu findet sich bei Kuttler (2004a), als Übersicht zur Beeinflussung von Niederschlag sei Shepherd (2005) empfohlen.

2.3 Stadtklima in Hamburg

Das Stadtklima in Hamburg wurde bislang relativ wenig erforscht, vermutlich da hier im Vergleich zu anderen deutschen Großstädten wie Stuttgart oder Freiburg die stadtklimatischen Probleme entschärft sind (vgl. Rosenhagen 2009). Da das Hamburger Klima durch die Nähe zu Nord- und Ostsee geprägt ist, fallen die Temperaturextreme hier einerseits vergleichsweise gemäßigt aus, andererseits sorgen die relativ hohen Windgeschwindigkeiten für gute Durchlüftung. Nicht zuletzt ist Hamburg ausgesprochen grün und auch daher stadtklimatisch begünstigt. Da der Klimawandel aber auch in bisher begünstigten Bereichen eine Anpassungsnotwendigkeit hervorrufen kann, sollte diese Wissenslücke dringend geschlossen werden.

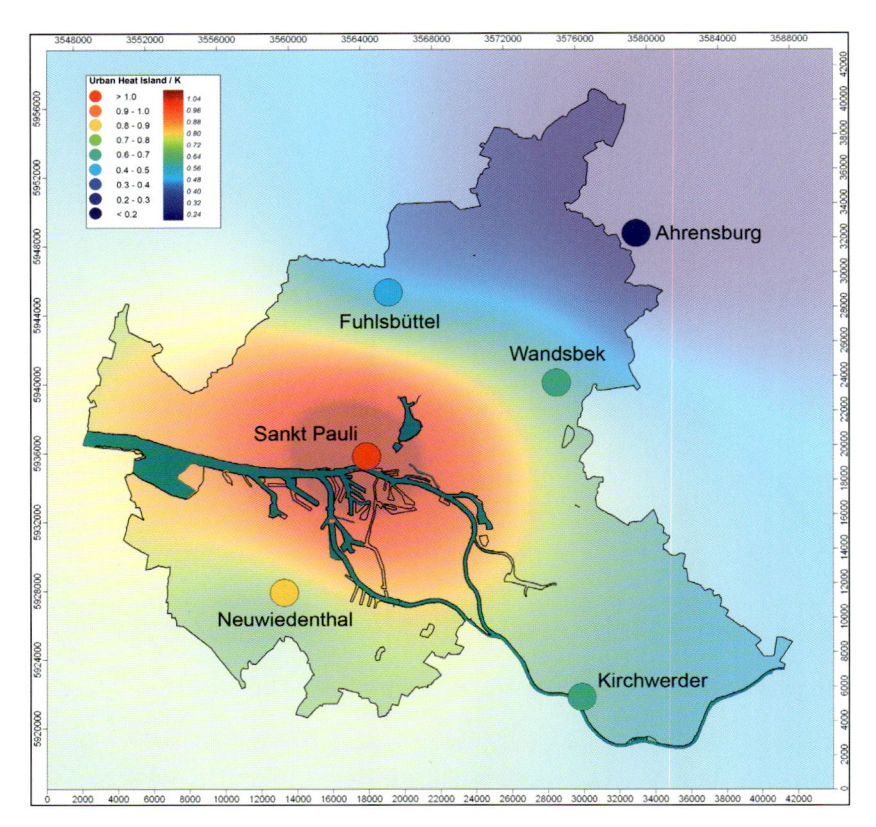

Hamburger Symposium Geographie – Klimawandel und Klimawirkung

Abb. 3: Gemessene Hitzeinselintensität an sechs Stationen in und um Hamburg (Schlünzen et al. 2009), multilevel B-Spline Interpolation. Die räumlichen Muster aus Messungen sind sehr lückenhaft, mikroklimatische Unterschiede sind nicht erfasst, sodass sich keine differenzierten Aussagen auf Stadtteilebene ableiten lassen.

Ältere klimatologische Arbeiten konzentrieren sich vorwiegend auf das regionale Klima.[1] Die Ausbildung einer Wärmeinsel stellt erstmals Reidat (1971) fest und belegt dies am Vergleich zwischen den Stationen Hamburg-St. Pauli und Hamburg-Fuhlsbüttel. Demnach betrug die mittlere Temperaturdifferenz im betrachten Zeitraum (1931-1960) im Januar 0,6 °C und im Juli 1,0 °C, die Vegetationszeit ist in St. Pauli gegenüber Kirchwerder in den Vierlanden um elf Tage verlängert. Im Tagesgang ist die Temperaturdifferenz am stärksten nachts ausgeprägt, was mit der niedrigsten Windgeschwindigkeit zusammen fällt.

Schlünzen et al. (2009) stellen fest, dass die Lufttemperatur in Hamburg in der dicht bebauten Stadt um 1,1 °C höher liegt als in der Umgebung, wobei die mittleren Temperaturminima bis zu 3 °C abweichen, die mittleren Maxima dagegen in der Stadt sogar niedriger liegen. Diese Werte gelten allerdings nur für die Station St. Pauli, für andere Stationen in Hamburg werden gegenüber der Referenzstation in Grambek deutlich niedrigere Überwärmungen festgestellt, die mit der Bevölkerungsdichte der jeweiligen Stadtteile in Beziehung stehen. Wie Reidat stellen auch Schlünzen et al. (2009) eine Abhängigkeit der Überwärmung von der Windgeschwindigkeit fest, die am besten durch eine invertierte Quadratwurzelbeziehung angenähert werden kann.

Weiterhin untersuchen Schlünzen et al. (2009) die Auswirkungen von Hamburg auf den Niederschlag und stellen eine leeseitige Erhöhung um 5-20 % in den Tagesniederschlägen fest, die allerdings nur im Norden und Südosten der Stadt signifikant ist.

Insgesamt kann das vorhandene Wissen über das Hamburger Stadtklima nur als unzureichend bezeichnet werden. Abb. 3 zeigt die räumliche Anordnung der von Schlünzen et al. (2009) untersuchten Stationen. Es wird schnell deutlich, dass die Anzahl der Messpunkte viel zu gering ist, um ein räumliches Muster abzuleiten und Aussagen über die Zwischenräume zu treffen, insbesondere da in der Region Hamburg vielfältige Landnutzungsformen vorherrschen und

---

[1] Eine gute Übersicht zu allen verfügbaren Veröffentlichungen gibt Schrön (2008) in ihrer Bachelorarbeit.

Klimawandel und Stadt

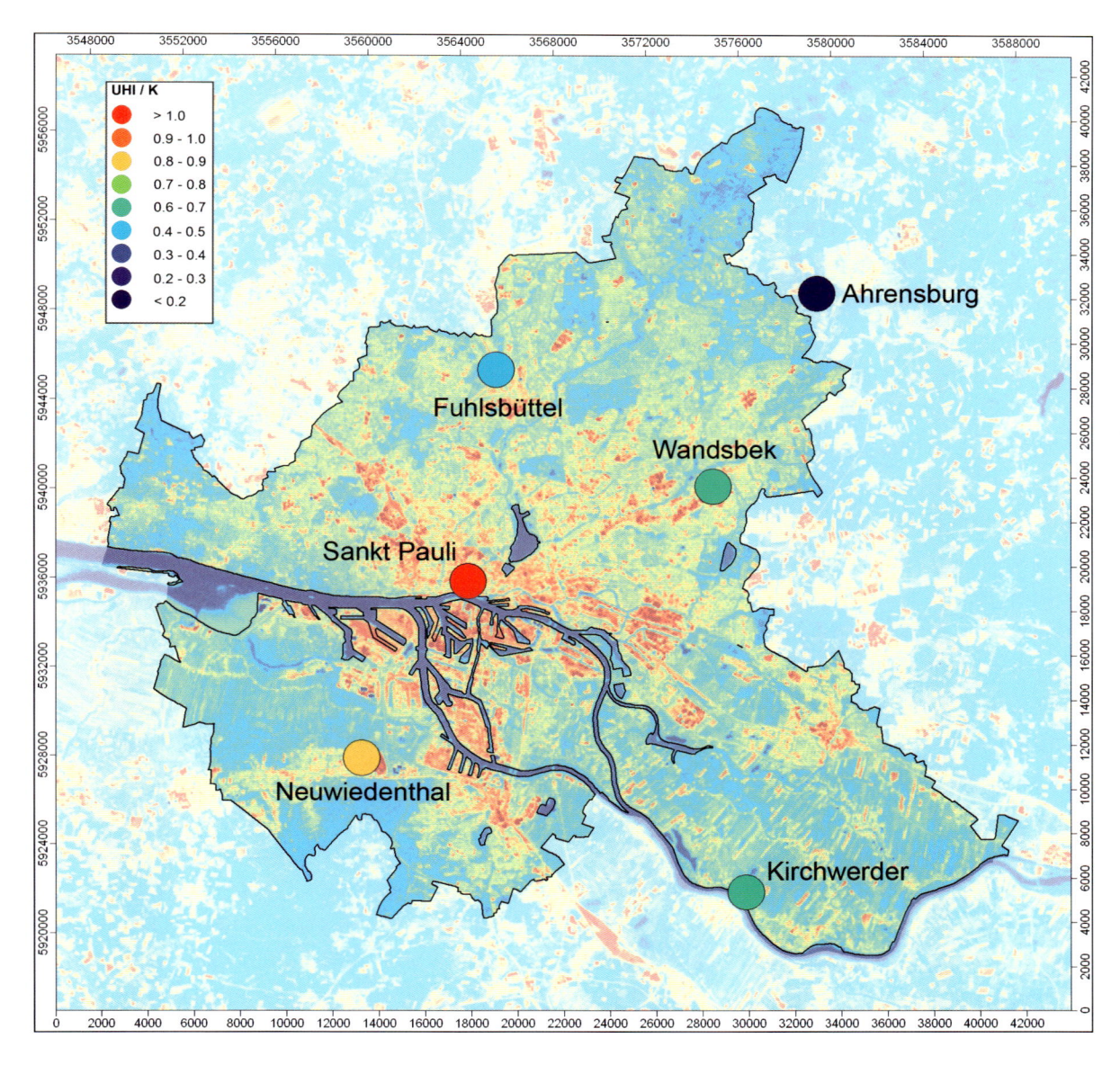

Abb. 4: Thermalaufnahmen von Satelliten (Landsat, Szene LE71950232001131EDC00) zeigen ein weit differenziertes Bild der Oberflächentemperaturen und bieten damit einen Ansatz, Wissenslücken über die mikroklimatische Variabilität der städtischen Wärmeinsel zu schließen.

somit ein ausgeprägter Wärmearchipel zu erwarten ist. Da sich in Verbindung mit dem Klimawandel in den nächsten Jahrzehnten auch in Hamburg stadtklimatische Probleme intensivieren könnten, sind hierzu dringend weitere Untersuchungen notwendig. Ein Ansatzpunkt hierfür könnte die Auswertung von thermalen Satellitenbildern sein (Roth et al. 1989; Voogt & Oke 2003), die flächendeckend für die letzten 25 Jahre verfügbar sind. Auch wenn sie nicht direkt die bodennahe Lufttemperatur, sondern einen Mix von Oberflächentemperaturen verschiedener Materialien messen, vermitteln sie doch einen guten ersten Eindruck vom räumlichen Muster der Wärmeinsel (vgl. Abb. 4). Schlünzen et al. (2009) schlagen dagegen vor, genauere Untersuchungen mit hochauflösenden mesoskaligen Atmosphärenmodellen durchzuführen, auf deren Möglichkeiten und Beschränkungen im nächsten Abschnitt näher eingegangen wird.

3. Herausforderungen für Wissenschaft und Planung

3.1 Modellierung von Stadtklima

Städte sind sehr stark anthropogen geformt und damit die komplexesten Gebiete auf der Erdoberfläche. Wie oben beschrieben, ist auch ihre Interaktion mit der Atmosphäre von diversen Faktoren und Prozessen geprägt, die das urbane Klima in vielfältiger Weise verändern und bestimmen und entsprechend schwierig zu beschreiben sind. Gleichzeitig stellen die genannten klimatischen Risiken in Verbindung mit tief greifenden sozioökonomischen Veränderungen hohe Herausforderungen an die Planung, die zur Bewertung und Folgenabschätzung hochauflösende stadtklimatische Szenarien benötigt. Bislang sind die Möglichkeiten für solche aber recht beschränkt, wie etwa Ching et al. feststellen: „Current mesoscale weather prediction and microscale dispersion models are limited in their ability to perform accurate assessments in urban areas" (2009: 1157).

Die Ursachen hierfür sind in zweierlei zu sehen. Zum einen werden große Teile der bestimmenden stadtklimatischen Prozesse von heute verfügbaren Modellen schlicht nicht abgebildet. Zum anderen benötigen die Modelle hochauflösende Eingabedaten, die die klimarelevanten Stadtstrukturen beschreiben – schließlich kann auch ein perfektes Modell kein richtiges Ergebnis produzieren, wenn es nicht weiß, wie die Stadt aussieht. Im Rahmen des NUDAPT-Projekts (*National Urban Database with Access Portal Tool*) wird daher eine GIS-Datenbank entwickelt, die für die meisten großen US-Städte solche Daten bereitstellen soll (Burian et al. 2008; Ching et al. 2009). Es stellt sich aber auch die Frage, wie viel Komplexität wirklich benötigt wird und welche Parameter wichtig sind, um eine Stadt in klimatischer Hinsicht zu definieren (Martilli 2007: 1913).

Um Klimaszenarien stadtspezifisch zu erweitern ist also zweierlei nötig: bessere und kosteneffiziente Stadtklimamodelle sowie eine generische und universell verfügbare Beschreibung urbaner Strukturen im Hinblick auf ihre stadtklimatische Relevanz. Um den Weg zu solch verbesserten Modellen zu skizzieren, soll im Folgenden auf die heute üblichen Ansätze zum Downscaling von Klimaszenarien – also zur Erstellung räumlich hochauflösender Szenarien – eingegangen werden.

Zur räumlichen Verfeinerung von Klimaszenarien sind verschiedene Techniken verfügbar. Matulla et al. (2002) unterscheiden als grundlegende Zugänge dynamisches und statistisches Downscaling. Wilby & Wigley (1997) sprechen zusätzlich von Wetterklassen-basierten Ansätzen sowie Wettergeneratoren, von Storch et al. (1999) führen außerdem Zeitscheibenexperimente als eigene Kategorie an. Aufgrund ihrer überragenden Bedeutung soll im Folgenden aber nur auf die ersten beiden Kategorien eingegangen werden.

Beim dynamischen Downscaling wird ein regionales Klimamodell oder *limited area model* genutzt, um für einen räumlich begrenzten Teilbereich die atmosphärischen Prozesse in höherer Auflösung zu simulieren. Die Bedingungen an den Rändern des Modellgebiets werden dabei vom globalen Klimamodell (auch: *general circulation model*, GCM) vorgegeben. Das Regionalmodell wird also in das globale eingebettet, was auch als Nesting bezeichnet wird (von Storch et al. 1999). Ein solches Regionalmodell berücksichtigt die besonderen städtischen Effekte zunächst aber nur sehr unzureichend, da es Städte als flache Oberflächen mit fest definierten Eigenschaften betrachtet. Dies kann verbessert werden, indem ein *urban canopy model* (auch: *urban canopy scheme*) integriert wird, das die Physik der dreidimensionalen Stadtstruktur beschreiben soll (vgl. Martilli et al. 2002; Masson 2006). Damit werden zwar die wichtigsten Eigenschaften der *urban boundary layer* zumindest qualitativ besser reproduziert, gleichzeitig bleiben aber weiterhin viele Effekte unberücksichtigt und die Modelle sind von einem quantitativen Gesichtspunkt „*still not very good*" (Martilli 2007: 1913). Ein genereller Nachteil des dynamischen Downscalings ist außerdem, dass die Berechnung sehr kostenintensiv ist und nur bei entsprechender Verfügbarkeit von Hochleistungsrechenzentren durchgeführt werden kann.

Beim statistischen oder empirischen Downscaling wird dagegen versucht, einen Zusammenhang zwischen der lokalen Ausprägung einer Klimavariablen und großräumigen Klimavariablen herzustellen, die hinreichend gut simuliert werden können (von Storch et al. 1999). Dieser statistische Zusammenhang (auch Transferfunktion genannt) wird mit Hilfe von zwei Datenreihen aus der Vergangenheit kalibriert und kann dann auf Szenarien übertragen werden. Dabei werden jedoch die dahinter stehenden physikalischen Prozesse nicht abgebildet, sondern nur ihr gesamter Netto-Effekt in einer gemeinsamen Funktion kodiert. Da dies für alle Klimaparameter einzeln gemacht werden muss, ist die Ausprägung der unterschiedlichen Felder allerdings im Allgemeinen physikalisch nicht konsistent. Im Übrigen muss die Konstanz der Transferfunktion unter veränderten klimatischen Randbedingungen angenommen werden, was natürlich nicht überprüft werden kann. Die Methode setzt also voraus, dass sich die beeinflussenden Faktoren im Laufe der Zeit nicht verändern. Da diese Annahme für Städte, die einer großen Dynamik unterliegen können, nicht als gegeben betrachtet werden kann, muss versucht werden, den Einfluss dieser Faktoren in den empirischen Zusammenhang zu integrieren, also quasi die Stadtstruktur in die Transferfunktion einzuweben. Einen Ansatz bietet hier die Klimaregionalisierung (Böhner & Antonic 2008), bei der geländeklimatologische Parameter in hoher Auflösung verwendet werden, um die kleinräumige Differenzierung von Klimavariablen im gegliederten Gelände zu beschreiben. Der Vorteil des statistischen Downscalings ist, dass es schnell und einfach zu berechnen ist.

3.2 Klimapolitik auf subnationaler Ebene und Stadtklima in der Planung

Die Berücksichtigung von klimatischen und lufthygienischen Aspekten bei der Siedlungsentwicklung ist keinesfalls eine neue Idee, sondern gehört zu den frühesten Motivationen der Stadtklimatologie. So repräsentiert der Text ‚Stadtplanung und Klimabedingungen' von Vitruvius (75-26 v. Chr.) einen der ältesten Beiträge zum Zusammenhang von Stadt und Klima (vgl. Kuttler 2004a). In der Neuzeit entwarf der Arzt Bernhard Christoph Faust 1823 erstmals das Bild einer klimatischen Idealstadt mit ost-westlicher Ausrichtung zur Optimierung der Sonneneinstrahlung (vgl. Fezer 1995). 1910 sprach Kassner in Berlin von den meteorologischen Grundlagen des Städtebaus und empfahl beispielsweise Industrien in den Osten der Stadt (also leeseitig) zu legen (vgl. ebd.). In Weiterführung dieser Arbeiten ist besonders von angewandt arbeitenden Klimaforschern und Raumplanern das Spektrum an Anpassungserfordernissen und Umsetzungsempfehlungen, die sich aus dem Zusammenspiel zwischen Stadtstruktur und Stadtentwicklung einerseits sowie Makroklima und Stadtklima andererseits ergeben, weiter ausgebaut worden (Finke 1986; MKULNV-NRW 2010).

Die Bandbreite der heutigen Diskussion und besonders die Wahrnehmung des Politikfeldes urbaner Klimaschutz ist wesentlich durch die Debatten um den „Globalen Wandel" befördert worden (Brundtland Report von 1987 und die UN-Konferenz über Umwelt und Entwicklung in Rio de Janeiro 1992). Gleichzeitig sind viele lokale Erfahrungen über Umweltgefahren in den Städten eingeflossen, die in der sozialökologischen Bewegung der 1980er Jahre und den vielen Nichtregierungsorganisationen zusammenflossen (Oßenbrügge 1993). Sie beförderten Debatten über die „nachhaltige Stadt" (Leonardi 2001; Bauriedl 2007), die als Vorläufer und nach wie vor auch als Rahmen der heutigen klimaorientierten Diskussion auf lokaler Ebene aufgefasst werden kann.

Aktuelle Ansätze urbaner Klimapolitik

Vor dem Hintergrund des globalen Klimawandels und der doppelten Rolle der Städte als Verursacher des anthropogenen Einflusses auf das Klima und als Objekt der Klimafolgen ist inzwischen ein eigenes Forschungsfeld entstanden, das zusammenfassend als „*urban climate governance*" bezeichnet werden kann (Bulkeley & Betsill 2003; Satterthwaite 2008; Kamal-Chaoui & Robert 2009). Hierunter werden alle Maßnahmen angesprochen, die als „*mitigation*" zur Reduktion der Treibhausgase und als „*adaptation*" zur Anpassung an die Klimafolgen beitragen. Insgesamt werden so die Möglichkeiten abgebildet, mit denen sich Städte und Gemeinden im Sinne vor- und nachsorgender Umweltpolitik mit dem Klimawandel auseinandersetzen.

Auf der Grundlage der bisherigen internationalen Forschungsergebnisse und der Beobachtung praktizierter Klimaschutzpolitik auf der lokalen Ebene werden im Folgenden einige wichtige Rahmenbedingungen genannt, die Inhalte, Intensitäten und Grenzen urbaner Klimapolitik abstecken. Dabei ist zu berücksichtigen, dass bisher sowohl in Wissenschaft als auch Politik der Fokus auf Maßnahmen zur Mitigation gerichtet war und gleichzeitig die Handlungsmöglichkeiten und Schwierigkeiten der Städte des „globalen Nordens" weitaus intensiver diskutiert wurden als die der im Vergleich institutionell schwächeren und mit komplexeren Problemlagen beladenen Städte des „globalen Südens". Obgleich derzeit eine gewisse Umorientierung zugunsten der Adaptation und den Problemen der Entwicklungsländer einsetzt (vgl. die Beiträge des 5. Urban Research Forums der Weltbank[2]), sind folgende Ausführungen durch diese Schwerpunkte in der Wissensbasis charakterisiert.

Urban Climate Governance – Schwerpunkt Mitigation

Es ist nicht verwunderlich, dass auch auf der lokalen Ebene bisher solche Ansätze dominieren, die auf eine Reduktion der Produktion von Treibhausgasen abzielen. Wie eingangs erwähnt, bilden Stadtregionen einen Schwerpunkt der anthropogenen Klimaursachen und folglich sind nahezu alle Maßnahmen, die bisher zum Klimaschutz entwickelt worden sind, auch in Stadtregionen verfügbar. Dazu zählen besonders die Bereiche Energie, industrielle Produktion, Gebäude, Mobilität, Transport und Infrastruktur (Droege 2008).

Zu den wichtigsten Maßnahmebereichen zählen die sparsame und effiziente Nutzung der eingesetzten Energie in allen Produktionsprozessen und im Konsumbereich. Im städtischen Kontext sind besonders der energieeffiziente Neubau (Passiv-, Plusenergiehäuser) und die energetische Sanierung der Gebäudesubstanz in den Bereichen Wohnen und Gewerbe herauszuheben. Hinzu treten die Bereiche, die planerisch von lokalen Instanzen beeinflusst werden können wie die Elektrizitätsversorgung, die sehr unterschiedlich strukturiert sein kann (z.B. Anteil der regenerativen Energien, zentrale oder dezentrale Versorgungsnetze, Berücksichtigung der Kraft-Wärme-Kopplung). Zentrale Bedeutung haben weiterhin alle Formen der Mobilität in der Stadtregion, beginnend mit dem öffentlichen Nahverkehr einschließlich der dafür benutzten Infrastruktur und des Fahrzeugparks, die Förderung des nichtmotorisierten Verkehrs so-

---

[2] http://web.worldbank.org/WBSITE/EXTERNAL/TOPICS/EXTURBANDEVELOPMENT/0,,contentMDK:22446625~menuPK:360757~pagePK: 210058~piPK:210062~theSitePK:337178,00.html

wie die Einführung umweltentlastender Versorgungssysteme (City-Logistik). Schließlich bestehen auch gesamtplanerische Aufgaben wie die Umsetzung der „Stadt der kurzen Wege" sowie einer klimasensiblen Verbindung der Konzepte der kompakten Stadt, die einer zunehmenden Zersiedelung und dem verbundenen Flächenverbrauch entgegenwirkt, mit dem der durchgrünten und dezentralen Stadtorganisation, die die Aufheizung reduziert und die Durchlüftung verbessert.

Städte und Stadtregionen haben ähnlich wie Nationalstaaten und die EU Zielgrößen definiert, die sich auf die regionale Reduktion des Ausstoßes von Treibhausgasen in CO_2-Äquivalenten beziehen. Um die Wirkung der Maßnahmen zur Mitigation zu beobachten, werden nationale CO_2-Bilanzen annähernd auf die Gebietskörperschaften umgerechnet (Downscaling) oder umfangreiche eigene Datenmengen für die Gebietskörperschaft erhoben. Entsprechende Ergebnisse lassen sich auch für Hamburg darstellen (s.u.). Der Aufwand, entsprechende Daten in der dazu notwendigen Qualität zu erheben, wird jedoch als sehr hoch angesehen und daher nur empfohlen, wenn entsprechende Erhebungspotentiale zur Verfügung stehen (vgl. dazu Bulkeley et al. 2009).

Urban Climate Governance – Schwerpunkt Adaptation

Die eingangs aufgestellte Beschreibung des Wissensstandes der klimaorientierten Stadtforschung im Bereich der Anpassung an Klimafolgen hat eine Rückständigkeit und Defizite im Vergleich zum Klimaschutz betont. Dieses gilt besonders im Kontext der Klimaforschung allgemein, in der über Anpassung bisher weniger geforscht und damit auch weniger publiziert worden ist (Bulkeley et al. 2009). Zu relativieren ist diese Aussage jedoch in Hinblick auf solche Planungsansätze, die sich mit der Beeinflussung des Stadtklimas oder mit Starkregen und Überflutungen beschäftigen, ohne explizit den Klimawandel als Ausgangspunkt zu setzen. Eine entsprechende Zusammenstellung zeigt Tab. 1, die besonders aus der Hazard-Forschung abgeleitet worden ist. Insgesamt gilt es die Ergebnisse der Umweltplanung neu zu sichten, um Anregungen und Vorschläge für eine urbane Anpassungsplanung an den Klimawandel aufzubereiten. Dabei sollte jeweils besonders betrachtet werden, ob für neue Probleme an anderen Stellen bereits Lösungen existieren. So leben etwa Städte in Südeuropa bereits heute mit Temperaturen, die selbst über denen liegen, die Hamburg in den wärmsten Szenarien erwarten. Adaption bedeutet insofern nichts anderes, als die Lücke zwischen dem gewachsenen Gleichgewichtszustand und einem künftigen veränderten Zustand rechtzeitig zu schließen, um schlimmere Schäden zu vermeiden.

Als gute Beispiele für diese Perspektive und als praktische Leitfäden aus jüngerer Zeit sind die städtebauliche Klimafibel des Landes Baden-Württemberg sowie das Handbuch Stadtklima des Landes Nordrhein-Westfalen zu nennen (Wirtschaftsministerium Baden-Württemberg 2008; MKULNV-NRW 2010), in denen auch zusammengestellt wurde, welche Rolle Klima im deutschen Baurecht spielt (vgl. Tab. 2). Dabei wird neben dem Umweltrecht besonders die Bauleitplanung als wichtiges Instrument zum Schutz des Klimas und zur Luftreinhaltung gesehen.

Nach dem Baugesetzbuch (BauGB) sollen Bauleitpläne „eine nachhaltige städtebauliche Entwicklung, die die sozialen, wirtschaftlichen und umweltschützenden Anforderungen auch in Verantwortung gegenüber künftigen Generationen miteinander in Einklang bringt, [gewährleisten … und] dazu beitragen, eine menschenwürdige Umwelt zu sichern und die natürlichen Lebensgrundlagen zu schützen und zu entwickeln, auch in Verantwortung für den allgemeinen Klimaschutz, sowie die städtebau-

Veränderung	Wirkung	Maßnahme
Ansteigende Temperaturen	• Steigerung des UHI-Effekts	Gebäudebezogene Maßnahmen
	• Steigerung der Luftverschmutzung	Erweiterung der Grün- und Wasserflächen
	• Abnehmende Luftqualität innerhalb der Gebäude	Dach- und Fassadenbegrünung
	• „Hitzestress" für Grünflächen	
	• Zunahme wärmebezogener Krankheitsbilder	Planung durchlüfteter, „cooler" öffentlicher Räume
Zunehmende Niederschläge	• Zunahme der Gefahren von Überflutungen	Optimierung der Wasserspeicher, Retentionsflächen, Ausweisung von Risikozonen, Umsiedlungen
	• wachsende Beanspruchung des Abwassersystems	
Abnehmende Niederschläge	• Grundwasserabsenkung	Wassersparende Maßnahmen, Recycling von Brauchwasser,
	• Folgen für die Vegetation	
	• Probleme der Statik	
Meeresspiegelanstieg	• Küstenerosion	Verbesserung des Küstenschutzes
	• Versalzung	
	• Zunahme der Sturmflutgefahren	Ausweisung von Pufferzonen

Tab. 1: Stadtplanerische Maßnahmen als Anpassung an den Klimawandel (Carmin & Zhang 2009).

liche Gestalt und das Orts- und Landschaftsbild baukulturell zu erhalten und zu entwickeln." (§1, Abs. 4 BauGB). Unter die zu berücksichtigenden Belange des Umweltschutzes, für die eine Umweltprüfung durchgeführt werden muss, fällt dabei insbesondere auch „die Erhaltung der bestmöglichen Luftqualität" (§1, Abs. 6 BauGB). Davon abgesehen sind die Vorschriften aber eher allgemein und es gibt keine einzelne Festsetzung, die alleine die Sicherung eines gesunden Stadtklimas bewirken könnte. Weiterhin existiert keine spezielle Behörde oder Stelle, die als Träger öffentlicher Belange vorrangig hierfür zuständig wäre (vgl. Wirtschaftsministerium Baden-Württemberg 2008). Neben den kodifizierten Vorschriften spielen aber sicher auch tradierte Planungs- und Baukulturen eine Rolle, die klimatische Begebenheiten aufgreifen, ohne dies explizit zu adressieren. Um dies zu verdeutlichen, sei beispielhaft auf die enge Bauweise mit schmalen Gassen und weißen Häusern in südeuropäischen Großstädten hingewiesen, die schon in einer Zeit die Wirkung der Sonneneinstrahlung in die Stadt reduziert hat, als man das Innenraumklima noch nicht mit energieintensiven Klimaanlagen kontrollieren konnte.

Neben den rechtlichen Aspekten stellt sich auch die Frage, was das vorrangige Ziel von Planung im Hinblick auf Stadtklima ist. Nach Matzarakis (2001) wäre ein ideales Stadtklima durch Abwesenheit anthropogen erzeugter Schadstoffe sowie eine möglichst große Vielfalt von Atmosphärenzuständen (also urbanen Mikroklimaten) in Gehnähe geprägt, wobei Extreme vermieden werden sollten. Er stellt aber auch fest, dass ein solcher Idealzustand nie zu erreichen

Klimawandel und Stadt

A: Allgemeine Ziele

- Verbesserung der Aufenthaltsbedingungen bzgl. des Behaglichkeitsklimas / Bioklimas
- Verbesserung der Siedlungsdurchlüftung
- Förderung der Frischluftzufuhr durch lokale Windsysteme
- Verminderung der Freisetzung von Luftschadstoffen und Treibhausgasen
- Ermittlung und sachgerechte Bewertung vorhandener oder zu erwartender Belastungen
- Sachgerechte Reaktion auf Belastungssituationen durch Anpassung von Nutzungskonzepten

B: Einzelmaßnahmen

Erhaltung und Gewinnung von Vegetationsflächen:
- Landschafts- und Grünordnungsplan
- Anwendung von Maßzahlen zur Beschreibung der „grünen" Nutzung
- Vermeidung von Bodenversiegelung; Grün- und Wasserflächen
- Dachbegrünung
- Fassadenbegrünung

Sicherung des lokalen Luftaustausches:
- Kaltluftentstehung
- Frischluftzufuhr
- Grünzüge
- Günstige Siedlungs- und Bebauungsformen

Maßnahmen zur Luftreinhaltung (div. Einzelmaßnahmen)

Planungsbezogene Stadtklimauntersuchungen

Tab. 2: Vorschläge zur Beeinflussung des Stadtklimas („Städtebauliche Klimafibel", Wirtschaftsministerium Baden-Württemberg mit Unterstützung durch das Amt für Umweltschutz der Landeshauptstadt Stuttgart, zuerst 1977, hier 2008).

ist und es daher nur Aufgabe der angewandten Stadtklimatologie sein kann, ihm möglichst nahe zu kommen und somit ein ‚tolerables Stadtklima' zu erzeugen. Dafür sollten die thermischen und lufthygienischen Belastungen verringert und das wirksame Umfeld verbessert werden.

Governance-Modi für städtische Klimapolitik

Neben den Maßnahmebereichen ist der jeweilige „Governance-Modus" für urbane Klimaschutzpolitik wichtig. Hierunter werden die organisatorischen, kognitiven und finanziellen Bestimmungsfaktoren des Politikfeldes verstanden. Bedeutsam ist in diesem Zusammenhang zunächst die personelle und ressourcenbezogene Ausstattung der jeweiligen Gebietskörperschaft, aus der sich die Handlungskompetenzen der Akteure und die einsetzbaren Mittel ableiten lassen. Neben diesen eher üblichen Determinanten treten noch weitere auf, die besonders in der Klimaschutzpolitik relevant werden.

Zunächst ist dabei auf den Stellenwert hinzuweisen, den dieses Politikfeld bei relevanten politischen Akteuren und in der Öffentlichkeit hat. Konkret stellt sich die Frage, ob Politiker für sich Vorteile darin sehen, Klimapolitik auf der lokalen Ebene zu einem Topthema zu machen. Wir werden weiter unten am Beispiel Hamburgs sehen, dass es durchaus zu einer enormen Dynamik auf der lokalen Ebene führen kann, wenn z.B. der Bürgermeister als „Vorkämpfer" auftritt. Diese Prozesse werden unterstützt, wenn sich zudem weitere wichtige Akteure auf derartige Ziele festlegen und sich damit ein klimafreundliches urbanes Regime aufbaut. Politisches Kapital lässt sich jedoch nur dann akkumulieren, wenn auch die Öffentlichkeit von der Notwendigkeit einer aktiven und möglicherweise auch verteilungswirksamen Klimapolitik überzeugt ist. Dieses ist u.a. abhängig von Informationskampagnen, medienwirksame Darstellungen und symbolischen Handlungen, die eine Identifizierung ermöglichen.

Weitere wichtige Formen der erfolgreichen Implikation besonders von klimaschutzbezogenen Maßnahmen bilden zum einen politische Verflechtungen mit anderen Ebenen wie z.B. dem Nationalstaat oder suprastaatlichen Organisationen wie der EU (sog. Multilevel Governance). Hier geht es um politisch-rechtliche Abhängigkeiten (Eigenverantwortlichkeit der Gemeinde versus unterstes Ausführungsorgan des Staates, kooperativer Föderalismus, Subsidiarität auf EU-Ebene), die sich besonders in der Gesetzgebung und der Finanzierung zeigten Zum anderen sind auch eher horizontal einzustufende Verflechtungen wichtig. Es gibt verschiedene Städtenetze wie *ICLEI CCP, Climate Alliance, energy-cities, C40, Declaration of the Hamburg City Climate Conference 2009*, deren Mitglieder bzw. Unterzeichner sich als Informations- und Kooperationspartner gegenseitig helfen, aber auch in eine Art kooperative Konkurrenz um beste Ideen, Lösungen und Praxisformen treten. Derartige Formen der Zusammenarbeit, die häufig transnational organisiert sind, bilden vielversprechende Zugänge, um Planungen unter unsicheren Zukunftsbedingungen zu konzipieren.

Im Zeitalter des Klimawandels steht die Planung vor weiteren Herausforderungen. Sie muss unter großer Unsicherheit zwei Strategien gleichzeitig verfolgen: Klimaschutz, um die Klimawandel abzumildern, und Anpassung, um sich auf die nicht mehr vermeidbaren Folgen einzustellen. Birkmann & Fleischhauer (2009) schlagen daher *climate proofing* als neues Instrument vor, bei dem nicht nur (wie beispielsweise bei der Umweltverträglichkeitsprüfung) die Auswirkungen eines Projektes auf die Umwelt, sondern umgekehrt auch die Auswirkungen einer möglichen künftigen Umweltveränderung auf das Projekt in die Planung einbezogen werden sollen.

3.3 Chancen – Hamburg Green Capital

Eine systematische Umweltpolitik setzte in Hamburg in den 1980er Jahren ein, als im Kontext verschiedener Gesetzesänderungen auf Bundesebene und gravierender lokaler Umweltprobleme eine systematische Bearbeitung des Politikfeldes durch eine eigenständige Behörde als notwendig angesehen wurde (Hartwich 1983; Oßenbrügge 2006). Diese Ansätze wurden im Laufe der Zeit systematisch ausgebaut und in Ansätze zur nachhaltigen Stadtentwicklung eingebettet. Einen frühen Höhepunkt symbolisiert das Jahr 1996, in dem Hamburg zum einen die Charta von Aalborg unterzeichnet hat und sich damit auf die Umsetzung der Lokalen Agenda 21 verpflichtete und zum anderen das Stadtentwicklungskonzept weitreichende Ziele zum Umwelt- und Flächenschutz für die zukünftige Gestaltung der Stadt formulierte. Dabei spielten Fragen der Verringerung anthropogen verursachter Treibhausgase bereits eine Rolle, allerdings waren andere Themen wie der Umgang mit Altlasten, die Reduktion der Luftbelastung und die Verminderung des Flächenverbrauchs von vorrangiger Bedeutung.

Seit einigen Jahren wird einer klimaschutzorientierten Stadtentwicklung Vorrang eingeräumt und die Anstrengungen haben zugenommen, den Stadtstaat als Bundesland und die Stadt im internationalen Vergleich mit Großstädten zum Vorreiter für Klimaschutz aufzubauen. Den bisher größten Erfolg hat Hamburg mit der Verleihung der Bezeichnung „Green Capital of Europe 2011" erhalten. In diesem Wettbewerb, vergleichbar mit dem Titel „Europäische Kulturhauptstadt", bewerben sich Städte aus dem EU-Raum mit ihren umweltpolitischen Konzepten um den Titel, der dann von einer Jury verliehen wird. Zum ersten Mal ist dieser Titel 2010 an Stockholm verliehen worden. Neben umfassenden Aktivitäten für nachhaltige Entwicklung, die Hamburg bereits den Titel „Stadt der Weltdekade" im Kontext der UNESCO Initiative „Dekade für nachhaltige Bildung" eingebracht hat, konnte die Stadt besonders durch ihre Klimapolitik überzeugen.

Ziele, Handlungsfelder und Einzelmaßnahmen hat der Senat im klimapolitischen Aktionsprogramm 2007-2012 formuliert. Es intendiert eine CO_2-Reduktion zwischen 1990 und 2020 um 40 % (vgl. Abb. 5), die durch unterschiedliche Maßnahmen erreicht werden soll (vgl. Tab. 3). Im Vergleich mit anderen städtischen Programmen zeichnet sich das Hamburger Programm besonders durch seine ambitionierten Ziele im Bereich Mitigation aus. Hier kann die Stadtregierung auf zahlreiche wegweisende Projekte besonders in der Umgestaltung des ÖPNV und der Verbesserung der Gebäudestandards verweisen. Widersprüchlich erscheint der Energiesektor, da Hamburg einerseits ein Zentrum für die Weiterentwicklung regenerativer Energieträger ist (Windenergie) und auch ein kommunales Energieversorgungsunternehmen aufgebaut hat, um stärkeren Einfluss auf den Energiemarkt zu bekommen, andererseits aber auch ein neues Kohlekraftwerk genehmigt hat, das die CO_2-Bilanz langfristig negativ beeinflussen wird.

a)	**Energie:** Klimafreundliche Energieversorgung, Verbesserung der Energieeffizienz sowie Energieeinsparung, Projekte zur Steigerung des Anteils erneuerbarer Energien.
b)	**Verbesserung der Gebäudestandards** im Neubau und im Bestand.
c)	**Mobilität:** umweltfreundliche Antriebstechniken, Nutzungssteigerung des ÖPNV, Ausbau der Radverkehrsstrategie, Verkehrsmanagement und Entwicklung neuer Mobilitätskonzepte.
d)	**Förderprogramme für Unternehmen:** Unterstützung innovativer Ansätze bei ressourcenschonenden Produkten und Produktionsverfahren zur Stärkung der sogenannten „frühen Märkte".
e)	**Stadt als Vorbild:** Klimafreundliche öffentliche Gebäude, klimaschonender IuK-Einsatz.
f)	**Bewusstsein**, Bildung, Qualifizierung: u. a. Klimaschutz an Schulen und gezielte Programme zur beruflichen Qualifizierung.

Tab. 3: Aktionsfelder des Hamburger klimapolitischen Aktionsprogramms 2007-2012 (FHH-Bürgerschaft, Drucksache 19/1752, 9.12.2008).

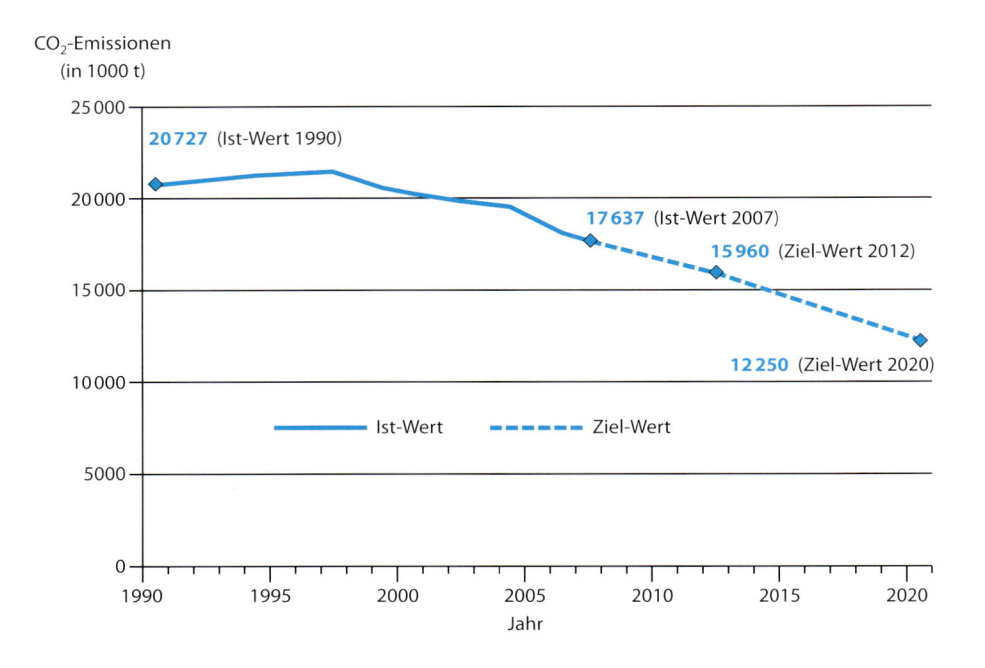

Hamburger Symposium Geographie – Klimawandel und Klimawirkung

Abb. 5: CO_2-Emissionen der FH Hamburg 1990-2007 und Zielvorgaben bis 2020 (FHH-Bürgerschaft, Drucksache 19/1752, 9.12.2008, ergänzt mit Angaben aus Statistik-Nord 74/2010).

Im Jahr 2009 wird das klimapolitische Aktionsprogramm mit 25 Mio. € finanziert. Vor dem Hintergrund der laufenden Finanz- und Verschuldungskrise bleibt offen, ob der Stadtstaat auch in Zukunft CO_2-reduzierende Maßnahmen finanzieren oder zumindest unterstützen kann. Dies gilt besonders für die energetische Gebäudesanierung, die in verschiedenen Altbaubeständen sehr aufwendig umzusetzen ist. Fällig werdende Modernisierungskosten werden aber nicht ohne weiteres auf die Bewohner umzulegen sein und bedürfen einer finanziellen Absicherung durch die Stadt.

Trotz der gemachten Einschränkungen sind die Mitigationsziele sehr zu begrüßen und es steht zu hoffen, dass die Stadt tatsächlich die Vorbildfunktion reklamieren kann, die sie rhetorisch beansprucht. Vergleichsweise wenig wird bislang auf Adaptionsziele eingegangen. Dieses liegt zum einen an der naturräumlichen Situation Hamburgs: Mit Ausnahme von Sturmfluten bestehen wenig Erfahrungen mit schwerwiegenden Folgen des Klimawandels. Probleme der Überhitzung können lokal durchaus fatale Folgen haben, jedoch werden diese auf einzelne hochverdichtete bauliche Situationen begrenzt bleiben. Auch werden Starkregen und Stürme die Gefahr lokaler Überflutungen und Zerstörungen verstärken. Daher stehen die Sturmfluten im Vordergrund, die im Kontext mit der Meeresspiegelerhöhung und strombautechnischen Maßnahmen in der Elbe (Elbvertiefung) schwerwiegende Risiken beinhalten. Diese sind aber an der Nordseeküste und an der Elbe im Prinzip bekannt und werden systematisch wissenschaftlich und planerisch bearbeitet. Von daher liegt die These nahe, dass das Thema Klimaanpassung von nachgeordneter Bedeutung für Hamburg ist, aber vielleicht wissen wir auch noch zu wenig über mögliche Klimafolgen und können daher zukünftige Gefahrenpotentiale nur unzureichend abschätzen. In jedem Fall liegt hier hoher regionaler Forschungsbedarf vor; die zu erwartenden Ergebnisse können zu veränderten Anpassungsstrategien beitragen.

Klimawandel und Stadt

4. Zusammenfassung und Ausblick

Der vorliegende Beitrag hat verschiedene Gründe herausgestellt, warum die Beschäftigung mit städtischen Klimaverhältnissen heute und in Zukunft von großer wissenschaftlicher Bedeutung ist. Städte sind Verursacher des Klimawandels und müssen daher nachhaltig umgestaltet werden. Am Beispiel Hamburgs haben wir Ansatzpunkte aufgezeigt, wie die CO_2-Bilanz mit dem Ziel der Emissionsreduzierung verändert werden kann. Die bekannten Möglichkeiten sind sicherlich noch nicht ausgeschöpft. Daher sind Steuerungs- und Umsetzungsprobleme der Klimaschutzpolitik das Hauptthema, das auf wissenschaftlicher und politisch-planerischer Ebene mit Nachdruck angegangen werden sollte. Weniger bekannt sind Anpassungsprobleme, die gelöst werden müssen, um negative Folgeeffekte des Klimawandels für Stadtregionen zu entschärfen. Die im Beitrag aufgezeigten urbanen Klimavulnerabilitäten und die bisherigen Wissensdefizite um spezifische lokale Klimaverhältnisse bedürfen in Zukunft zusätzlicher Forschungsanstrengungen, um Risiken zu verringern und mögliche Katastrophen zu verhindern. In diesem Themenfeld kann die Geographie eine wichtige Rolle einnehmen, da hier physisch-geographische Methoden und Systemkenntnisse mit humangeographischen Konzepten der Stadtstruktur und Stadtentwicklung verschnitten werden müssen. Der vorliegende Beitrag hat dafür einige Bausteine aufgezeigt, die in der zukünftigen Forschung vertieft und differenziert werden sollten. Derzeit lebt die Hälfte der Menschheit in Städten und weltweit können Urbanisierungsprozesse in unterschiedlichen Formen beobachtet werden. Ein kommender Klimawandel wird die Lebensverhältnisse in den Städten verändern und teilweise auch Grundlagen der heutigen Stadtentwicklung in Frage stellen. Dieses gilt für Großstädte wie Hamburg, besonders aber auch für die weitaus größeren städtischen Agglomerationen, die sich derzeit in Regionen der Welt aufbauen, wo bereits heute erhebliche Entwicklungsprobleme zu verzeichnen sind. Der Klimawandel stellt damit eine zusätzliche Herausforderung an die Stadt- und Entwicklungsforschung dar, die unsere Arbeit in den kommenden Jahrzehnten in Wissenschaft und Praxis strukturieren wird.

Literatur

BAURIEDL, S. (2007): Spielräume nachhaltiger Entwicklung. Die Macht stadtentwicklungspolitischer Diskurse, München, Oekom

BIRKMANN, J. & M. FLEISCHHAUER (2009): Anpassungsstrategien an den Klimawandel: „Climate Proofing" – Konturen eines neuen Instruments, Raumforschung und Raumordnung, Vol. 67, No. 2: 114-127

BOHLE, H.-G. (2008): Krisen, Katastrophen, Kollaps – Geographien von Verwundbarkeit in der Risikogesellschaft, in: Kulke, E. & H. Popp (Hg.): Umgang mit Risiken (Deutscher Geographentag 2007), Bayreuth et al., DGfG

BÖHNER, J. & O. ANTONIC (2008): Land-surface parameters specific to topo-climatology. In: Hengl, T. & H.I. Reuter (eds.): Geomorphometry: concepts, software, applications, Amsterdam, Elsevier (Developments in Soil Science 33)

BRUNDTLAND REPORT (1987): Our common future, Oxford, deutsche Fassung: Hauff, V. (Hg.) (1987): Unsere gemeinsame Zukunft. Der Brundtland-Bericht der Weltkommission für Umwelt und Entwicklung, Greven, Eggenkamp

BULKELEY, H. & M. BETSILL (2003): Cities and climate change: urban sustainability and global environmental governance, London, Routledge

BULKELEY, H. et al. (2009): Cities and climate change: the role of institutions, governance and urban planning. Report prepared for the World Bank, 5th Urban Research Forum, Marseille

BURIAN, S., AUGUSTUS, N., JEYACHANDRAN, I. & M. BROWN (2008): Final report for the national building statistics database, Version 2 Project, http://www.nudapt.org/pdf/NBSD2_FinalReport.pdf [26.05.10]

CARMIN, J. & W. ZHANG (2009): Achieving urban climate adaptation in Europe and Central Asia, World Bank (Policy Research Working Paper 5088)

CHING, J., BROWN, M., MCPHERSON, T. et al. (2009): National urban database and access portal tool, Bulletin of the American Meteorological Society, Vol. 90, No. 8: 1157-1168

DROEGE, P. (ed.) (2008): Urban energy transition. From fossil fuels to renewable power, Amsterdam et al., Elsevier

ERIKSEN, W. (1964): Das Stadtklima und seine Stellung in der Klimatologie und Beiträge zu einer witterungsklimatologischen Betrachtungsweise, Erdkunde, Vol. 18, No. 4: 257-266

FEZER, F. (1995): Das Klima der Städte, Gotha, Perthes

FHH-BÜRGERSCHAFT (2008): Klimapolitisches Aktionsprogramms 2007-2012, Drucksache 19/1752 (09.12.2008), Hamburg

FINKE, L. (1986): Landschaftsökologie, Braunschweig, Westermann

GRAHAM, S. (ed.) (2010): Disrupted cities. When infrastructure fails, New York, Routledge

HARTWICH, H.H. (Hg.) (1983): Vollzug und Wirkungen regionaler Umweltpolitik. Ihre Bedeutung für die private Industrie Hamburgs 1970-1980, Opladen, Leske & Budrich

HOWARD, L. (1833): Climate of London deduced from meteorological observations, 3rd ed., London, Philipps

HUPFER, P. & W. KUTTLER (Hg.) (2006): Witterung und Klima – eine Einführung in Meteorologie und Klimatologie, Wiesbaden, Teubner

KAMAL-CHAOUI, L. & A. ROBERT (Hg.) (2009): Competitive cities and climate change, OECD (Regional Development Working Papers 2)

KUTTLER, W. (2004a): Stadtklima. Teil 1: Grundzüge und Ursachen, Umweltwissenschaften und Schadstoff-Forschung, Vol. 16, No. 3: 187-199

KUTTLER, W. (2004b): Stadtklima. Teil 2: Phänomene und Wirkungen, Umweltwissenschaften und Schadstoff-Forschung, Vol. 16, No. 4: 263-274

LEONARDI, J. (2001): Hemmnisse der nachhaltigen Entwicklung in europäischen Metropolregionen, Münster, Lit

MARTILLI, A. (2007): Current research and future challenges in urban mesoscale modelling, International Journal of Climatology, Vol. 27, No. 14: 1909–1918

MARTILLI, A., CLAPPIER, A. & M. ROTACH (2002): An urban surface exchange parameterisation for mesoscale models, Boundary-Layer Meteorology, Vol. 104, No. 2: 261–304

MASSON, V. (2006): Urban surface modelling and the meso-scale impact of cities, Theoretical and Applied Climatology, Vol. 84, Nos. 1-3: 35-45

MATULLA C., PENLAP, E. & H. VON STORCH (2002): Empirisches Downscaling – Überblick und zwei Beispiele. Klimastatusbericht des Deutschen Wetterdienstes, http://coast.gkss.de/staff/storch/pdf/ksb02.pdf [27.05.10]

MATZARAKIS, A. (2001): Die thermische Komponente des Stadtklimas, Freiburg (Berichte des Meteorologischen Institutes der Universität Freiburg 6)

MKULNV-NRW (2010): Handbuch Stadtklima. Maßnahmen und Handlungskonzepte für Städte und Ballungsräume zur Anpassung an den Klimawandel, Düsseldorf, Ministerium für Umwelt des Landes Nordrhein-Westfalen, http://www.umwelt.nrw.de/umwelt/pdf/handbuch_stadtklima.pdf [26.07.10]

OSSENBRÜGGE, J. (1993): Umweltrisiko und Raumentwicklung. Wahrnehmung von Umweltgefahren und ihre Wirkung auf den regionalen Strukturwandel in Norddeutschland, Berlin et al., Springer

OSSENBRÜGGE, J. (2006): Vom Nachhaltigkeits- zum Globalisierungsregime. Leitbilder und Konflikte über die Entwicklung von Metropolregionen am Beispiel Hamburgs, in: Schneider, H. (Hg.): Nachhaltigkeit als regulative Idee in der geographischen Stadt- und Tourismusforschung, Hamburg et al., Lit: 39-58

PARRY, M.L., CANZIANI, O.F., PALUTIKOF, J.P., VAN DER LINDEN, P.J. & C.E. HANSON (eds.) (2007): Cross-chapter case study, in: Climate change 2007: impacts, adaptation and vulnerability. Contribution of Working Group II to the Fourth Assessment Report of the Intergovernmental Panel on Climate Change, Cambridge, Cambridge University Press: 843-868

RAKODI, C. & T. LLOYD-JONES (eds.) (2002): Urban livelihoods. A people-centred approach to reduce poverty, London, Earthscan

REIDAT, R. (1971): Temperatur, Niederschlag, Staub. Deutscher Planungsatlas Band VIII: Hamburg, Lieferung 7, Hannover (Veröffentlichungen der Akademie für Raumforschung und Landesplanung)

ROSENHAGEN, G. (2009): Das Klima der Metropolregion auf Grundlage meteorologischer Messungen und Beobachtungen, in: Von Storch, H. & M. Claußen (Hg.): Klimabericht für die Metropolregion Hamburg, Entwurf, http://www.gkss.de/imperia/md/content/klimabuero/klimaberichte/klimabericht_druck_doerffer_19_11.pdf [27.05.10]

ROTH, M., OKE, T.R. & W.J. EMERY (1989): Satellite-derived urban heat islands from three coastal cities and the utilization of such data in urban climatology, International Journal of Remote Sensing, Vol. 10, No. 11: 1699-1720

SATTERTHWAITE, D., HUQ, S., REID, H., PELLING, M. & P.R. LANKO (2008): Adapting to climate change in urban areas. The possibilities and constraints in low- and middle-income nations, London (IIED Discussion Papers)

SCHLÜNZEN, K.H., HOFFMANN, P., ROSENHAGEN, G. & W. RIECKE (2009): Long-term changes and regional differences in temperature und precipitation in the metropolitan area of Hamburg, International Journal of Climatology, Vol. 30, No. 8: 1121-1136

SCHRÖN, A. (2008): Klimauntersuchungen in der Metropolregion Hamburg: Übersicht über die Quellenlage, Bachelor-Arbeit am Meteorologischen Institut der Universität Hamburg

SHEPHERD J.M. (2005): A review of current investigations of urban-induced rainfall and recommendations for the future, Earth Interactions, Vol. 9, No. 12: 1-27 [Online verfügbar unter http://EarthInteractions.org]

SIMS, B. (2010): Disoriented city: infrastructure, social order, and the police response to hurricane Katrina, in: Graham, S. (ed.): Disrupted cities. When infrastructure fails, New York, Routledge: 41-54

SOUCH, C. & S. GRIMMOND (2006): Applied climatology: urban climate, Progress in Physical Geography, Vol. 30, No. 2: 270-279

UN-HABITAT (2010): Climate change strategy 2010-2013, Nairobi

VON STORCH, H., GÜSS, S. & M. HEIMANN (1999): Das Klimasystem und seine Modellierung, Berlin, Springer

VOOGT, J.A. & T.R. OKE (2003): Thermal remote sensing of urban climates, Remote Sensing of Environment, Vol. 86, No. 3: 370-384

WELTBANK (2009): Weltentwicklungsbericht 2009: Wirtschaftsgeographie neu gestalten, Düsseldorf

WILBY, R.L. & T.M.L. WIGLEY (1997): Downscaling general circulation model output: a review of methods and limitations, Progress in Physical Geography, Vol. 21, No. 4: 530-548

WIRTSCHAFTSMINISTERIUM BADEN-WÜRTTEMBERG (2008): Städtebauliche Klimafibel, Stuttgart, http://www.staedtebauliche-klimafibel.de [27.05.10]

WORLD BANK (2008): Climate resilient cities. A primer on reducing vulnerabilities to climate change impacts and strengthening disaster risk management in East Asian cities, Washington

Jürgen Oßenbrügge, Benjamin Bechtel
Universität Hamburg
Institut für Geographie
Bundesstraße 55, 20146 Hamburg
ossenbruegge@geowiss.uni-hamburg.de, benjamin.bechtel@uni-hamburg.de
http://www.uni-hamburg.de/geographie/forschung/klima/clisap/urban-climate/htm

Klimawandel und Wahrnehmung – Risiko und Risikobewusstsein in Hamburg

Beate M.W. Ratter, Nicole Kruse

erschienen in: Böhner, J. & B.M.W. Ratter (Hg.): Klimawandel und Klimawirkung. Hamburg 2010
(Hamburger Symposium Geographie, Band 2): 119-137

1. Einleitung

Die deutsche Nordseeküste ist geprägt durch die Nordsee und den Wechsel der Gezeiten. In unregelmäßigen Abständen treten Naturereignisse an der Küste auf, die der Landschaft einst ihr ursprüngliches Aussehen gaben und die der Mensch seit Jahrhunderten versucht abzuwehren: Sturmfluten. Am 9. November 2007 traf das Sturmtief Tilo auf die deutsche Küste. Mit Windgeschwindigkeiten von bis zu 110 km/h führte dieser Sturm zu einer schweren bis sehr schweren Sturmflut an der deutschen Nordseeküste. Fährbetriebe zwischen dem Festland und den Nordseeinseln mussten eingestellt werden. Auf den Ostfriesischen Inseln kam es zu erheblichen Dünenabbrüchen (vgl. NLWKN 2007). Nicht nur an der Küste, auch in der 140 km elbaufwärts von der Küste gelegenen Stadt Hamburg sind Auswirkungen von Sturmfluten spürbar. Das Ausmaß der Sturmflut vom November 2007 war hier allerdings weniger gravierend: Der Hamburger Fischmarkt stand unter Wasser und Autos mussten aus dem Wasser geborgen werden.

Dieses Ereignis ist drei Jahre her. Die Hamburger Bevölkerung hat die Sturmflut jedoch kaum gekümmert. „Für Hamburger Verhältnisse ist das absolut nichts Besonderes", wird ein Feuerwehrsprecher der Stadt Hamburg im Hamburger Abendblatt zitiert (Hamburger Abendblatt vom 09.11.2007). Für die Einwohner Hamburgs ist die Küste gefühlsmäßig weit weg, die Küste liegt bei Cuxhaven. Die Wahrnehmung der Entfernung scheint mit der topographischen Distanz wenig zu tun zu haben. Diese „gelassene" Einstellung war allerdings nicht immer so. Im Laufe der Jahre wandelte sich das Bewusstsein als Küstenstadt, je nachdem welchen Einfluss Sturmflutereignisse auf die Stadt hatten. In jüngster Zeit spielt hier auch der Klimawandeldiskurs eine entscheidende Rolle.

Welche Hintergründe zum heutigen Bewusstsein der Hamburger Bevölkerung über Sturmfluten geführt haben, möchte dieser Beitrag behandeln und gleichzeitig Antworten auf die folgenden Fragen finden: Wie sind die Menschen vor und nach 1962 mit Sturmfluten umgegangen und was denkt die Bevölkerung heute über das Naturereignis? Was hat die Einstellung der Bevölkerung gegenüber Sturmfluten beeinflusst? Und wie sehen sie den Klimawandel – fühlen sie sich durch ihn bedroht?

2. Was sind Sturmfluten?

Unter dem Begriff Sturmfluten versteht man „zeitweise erhöhte Wasserstände an der Küste und in den Flussmündungen im Küstengebiet, die durch starke Windeinwirkung hervorgerufen werden" (Newig & Theede 2000: 2). Generell spricht man von einer Sturmflut, wenn das Wasser um mehr als einen Meter über den mittleren Tidehochwasserstand (MThw = der langjährig ermittelte durchschnittliche Wasserstand, den die Flut erreicht) steigt. Bezogen auf den Pegel St. Pauli wird der MThw mit Normal Null plus 2,09 m berechnet. Über das Jahr gesehen treten Sturmfluten an der Nordsee hauptsächlich von Herbst bis zum Frühjahr auf. Für die Entstehung von Sturmfluten sind im Allgemeinen mehrere Faktoren verantwortlich, die sich grob in meteorologische, astronomische und lokale Komponenten unterteilen lassen.

Das Meer ist durch die Gezeiten in ständiger Bewegung. Der Meeresspiegel an der Nordsee schwankt hierbei etwa um zwei bis vier Meter. Dieser astronomische Zyklus von Ebbe und Flut wird durch die wechselseitige Anziehungskraft von Erde, Mond und Sonne hervorgerufen. Eine Besonderheit, und für das Ausmaß einer Sturmflut mit entscheidend, ist die so genannte „Springtide", da hierbei die Flut generell um einen halben Meter höher als normal aufläuft. Trifft eine Springtide dann mit einem Windstau zusammen, kann es zu außergewöhnlich hohen Wasserständen kommen. Generell lässt sich jedoch sagen: ohne Wind keine Sturmflut. Dieser spielt bei der Entstehung einer Sturmflut die entscheidende Rolle. So ist neben der Windgeschwindigkeit, die bis zu 150 km/h erreichen kann, auch die Windrichtung entscheidend für das Entstehen einer Sturmflut. An der Nordseeküste sind v.a. die Winde aus südwest- bis nördlicher Richtung besonders gefürchtet, da diese das Wasser gegen die Küste bzw. direkt in die Flussläufe hinein drücken. Die so aufgestauten Wassermassen werden als „Windstau" bezeichnet, wobei die Höhe des Wasserberges von der Dauer des Sturms abhängig ist. Dieser „[...] Windstau überlagert die astronomische Tide, die in Cuxhaven einen Tidenhub von 3,0 m und in Hamburg von 3,5 m hat. Die in Cuxhaven ankommende Sturmflut benötigt von dort bis Hamburg St. Pauli rund 2,5 bis 4 Stunden" (Gönnert 2009: 24). Ein ebenfalls durch Wind hervorgerufenes Phänomen ist die so genannte „Fernwelle". Diese Wellen haben ihren Ursprung weit draußen im Atlantik auf Grund von dortigen Tiefdruckgebieten oder plötzlichen Luftdruckänderungen. Diese zusätzliche Wassermenge kann den Wasserstand weiter um bis zu 80 cm erhöhen.

Aber auch die lokalen Gegebenheiten entscheiden über die Schwere einer Sturmflut. So spielt die Art der Küstenlandschaft bzw. der Verlauf der Küste eine wichtige Rolle. An Steilküsten und Kliffen besteht die Gefahr von Abbruch der Küste. Je nach Beschaffenheit kann der Abbruch von mehreren Zentimetern bis hin zu einem Meter pro Jahr variieren. Flachküsten sind vielmehr durch Überflutung gefährdet, wobei auch hier große Mengen Sand weggespült werden können, wie das einleitende Beispiel der Ostfriesischen Inseln verdeutlicht.

Das Bundesamt für Seeschifffahrt und Hydrographie (BSH) unterscheidet die unterschiedlichen Intensitäten von Sturmfluten auf Grund des Wasserstandes über Mittlerem Tidehochwasser (MThw) in drei Kategorien:
- leichte Sturmflut: 1,50-2,50 m über MThw;
- schwere Sturmflut: 2,50-3,50 m über MThw;
- sehr schwere Sturmflut: mehr als 3,50 m über MThw.

Für die Stadt Hamburg gilt in diesem Zusammenhang eine Ausnahme. Wie oben erwähnt, können die Sturmfluten öfters einen halben Meter höher auflaufen als in Cuxhaven, dem Ort der Bemessungsgrundlage (vgl. Abb. 1). Die Trichterform der Elbe und die Küstenschutzmaßnahmen entlang des Flusses lassen dem Wasser nur wenig Raum, so „dass sich die Sturmflutwelle verformt, wenn sie die Elbe gen Hamburg läuft. Diese Verformung kann zu einer deutlich vergrößerten Abweichung von der vorausberechneten astronomischen Hochwasserhöhe führen als in der Elbemündung bei Cuxhaven" (BSH 2007: 2).

Klimawandel und Wahrnehmung

Sturmflutangaben für den Pegel St. Pauli, Hamburg

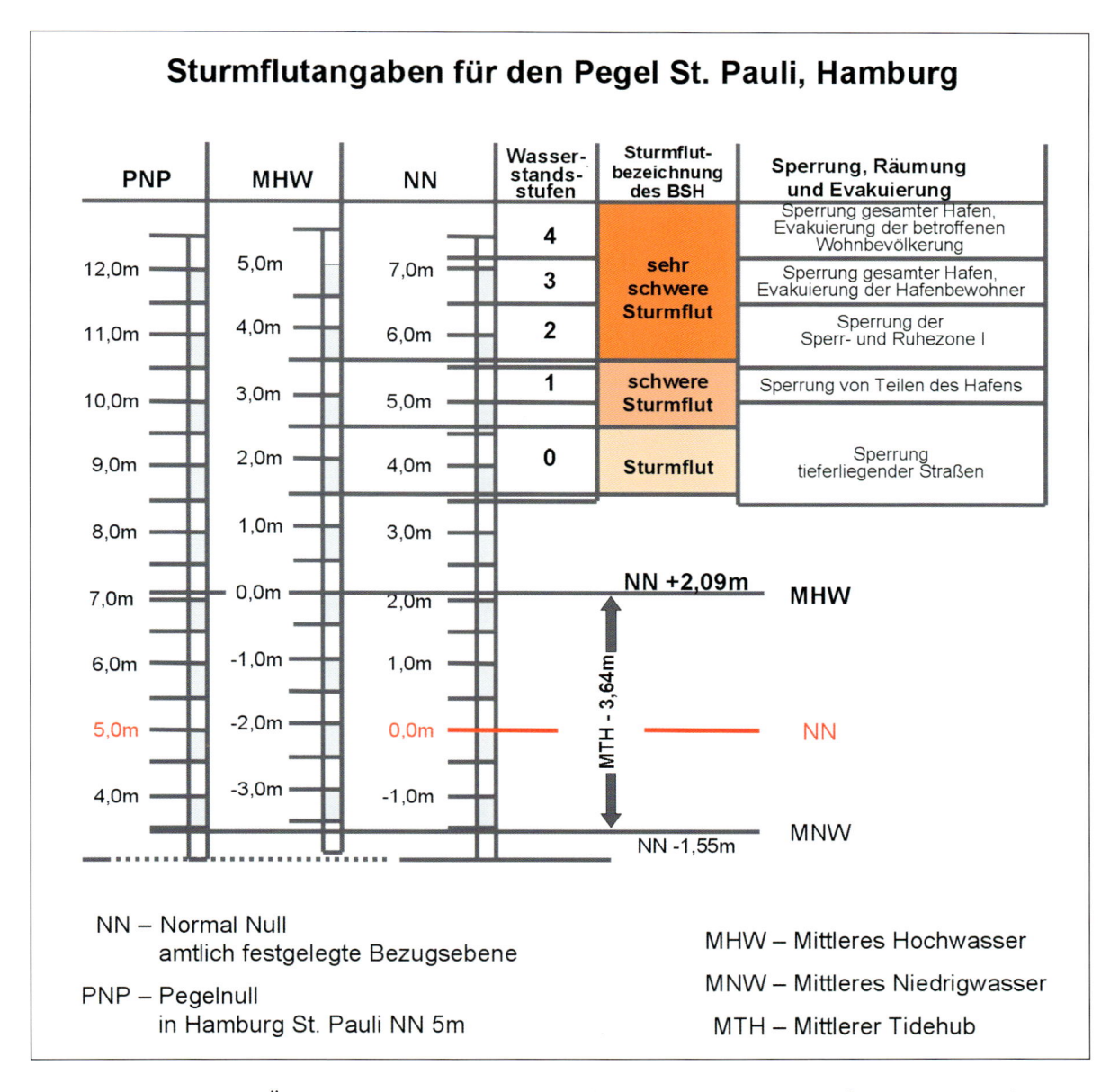

Wasserstandsstufen	Sturmflutbezeichnung des BSH	Sperrung, Räumung und Evakuierung
4	sehr schwere Sturmflut	Sperrung gesamter Hafen, Evakuierung der betroffenen Wohnbevölkerung
3	sehr schwere Sturmflut	Sperrung gesamter Hafen, Evakuierung der Hafenbewohner
2	sehr schwere Sturmflut	Sperrung der Sperr- und Ruhezone I
1	schwere Sturmflut	Sperrung von Teilen des Hafens
0	Sturmflut	Sperrung tieferliegender Straßen

MHW: NN +2,09 m
MTH: 3,64 m
MNW: NN −1,55 m

NN – Normal Null, amtlich festgelegte Bezugsebene
PNP – Pegelnull in Hamburg St. Pauli NN 5m
MHW – Mittleres Hochwasser
MNW – Mittleres Niedrigwasser
MTH – Mittlerer Tidehub

Abb. 1: Vergleichende Übersicht zu Höhen und Sturmflutangaben bezogen auf PNP, MHW und NN am Pegel St. Pauli (Hamburg Port Authority 2008).

3. Die Sturmflut am 16. Februar 1962 – Die Küste erreicht Hamburg

Auch vor der Sturmflut 1962 waren Deichbrüche in Hamburg keine Seltenheit. Seit Aufzeichnung der Sturmfluten, in unserem Fall seit 1750, kam es in regelmäßigen Abständen zu Sturmfluten mit größerem Ausmaß. Teilweise waren die Fluten so stark, dass des Öfteren die Deiche brachen.

Nach der Sturmflut von 1825, die bis dahin die höchste gemessene Flut in Hamburg war, wurden die Deiche erhöht (vgl. Abb. 2). In der darauf folgenden Zeit bis 1962 ereignete sich lediglich 1855 eine größere Sturmflut, woraufhin man die Deiche ein weiteres Mal erhöhte. Danach kam es zu einer Phase, in der über 100 Jahre nicht viel passierte – weder kam es zu gravierenden Fluten, noch dachte man in diesem Zusammenhang daran, die Deiche zu pflegen oder gar auszubauen. „During this time, the conditions of the dikes deteriorated" (von Storch et al. 2006: o.S.). Dies war

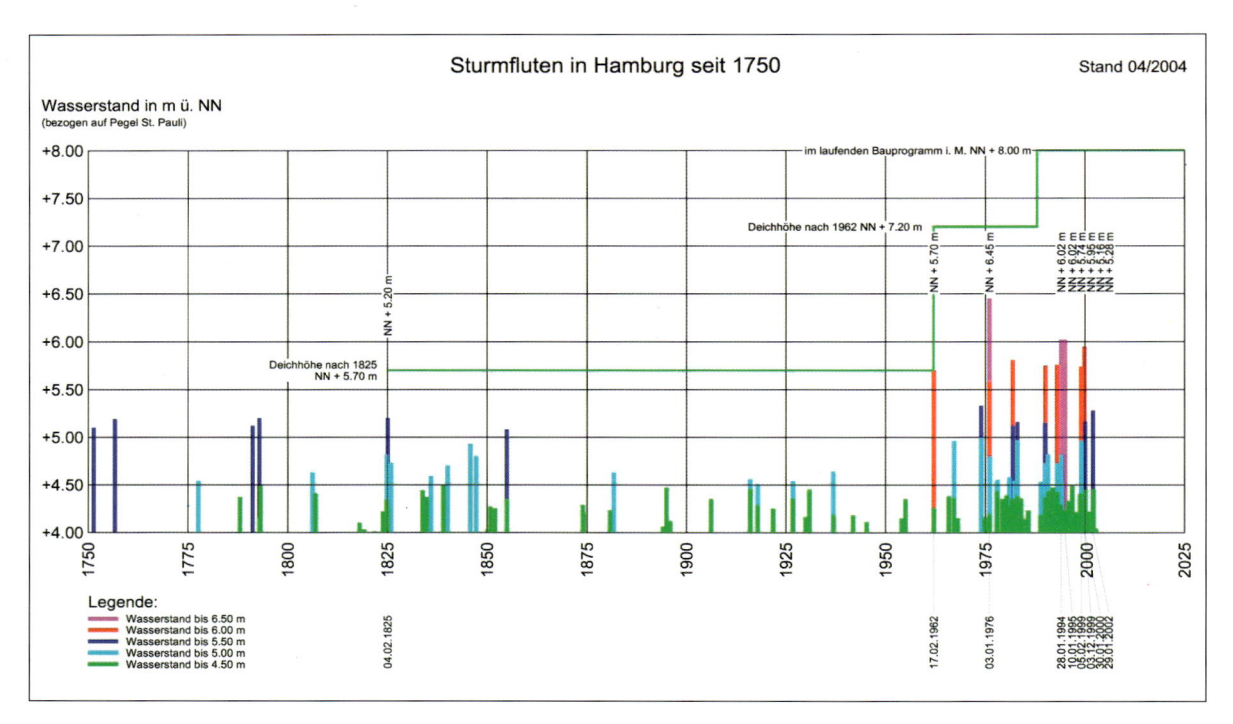

Abb. 2: Sturmfluten in Hamburg seit 1750 (Stadt Hamburg, Behörde für Stadtentwicklung und Umwelt 2004).

eine Phase, in der die Menschen die Erinnerung an frühere Ereignisse und ihre verheerenden Auswirkungen verloren. Erst als am 1. Februar 1953 in den Niederlanden bei der „Hollandflut" knapp 2000 Menschen ums Leben kamen, nahm man diese Flut zum Anlass, die Deiche in Hamburg zu überprüfen, sie zu verstärken und zu erhöhen. Aber man fühlte sich in Hamburg weitgehend sicher und von der Küste und dem „Blanken Hans" weit genug entfernt. Doch diese Phase endete mit einem dramatischen Ereignis 1962.

Bereits am Morgen des 16. Februars 1962 wurde um 8:55 Uhr für Hamburg eine Sturmflut angekündigt. Alle Behörden und sonstige zuständige Stellen wurden benachrichtigt. Im Hafen wurden Böllerschüsse abgegeben, die als Warnsignal vor Sturmfluten galten. Gegen 20:25 Uhr rief der Gezeitenexperte Horn vom Seewetteramt den Norddeutschen Rundfunk (NDR) an, um das Fernsehprogramm für folgende Mitteilung unterbrechen zu lassen: „Für die gesamte deutsche Nordseeküste besteht die Gefahr einer schweren Sturmflut. Das Nachthochwasser wird etwa drei Meter höher als das mittlere Hochwasser eintreten. Das folgende Mittagshochwasser wird nicht mehr so hoch eintreten" (Der Spiegel 9/1962: 20). Aber das Samstagabendprogramm im Ersten Deutschen Fernsehen wurde nicht unterbrochen. Die Nation sollte beim Straßenfeger „Die Kesselbachs" nicht gestört werden. Nur im Radio des NDR, in dem an diesem Abend „Die Schöpfung" von Joseph Haydn gespielt wurde, lief die Sturmwarnung des Wetteramtes. Erst gegen 22:15 Uhr wurde die Warnung dann auch in der „Tagesschau" im Fernsehen verlesen. Und ein weiteres Problem verhinderte eine frühzeitige Einstellung auf die herannahende Flut. Für Laien war aus der verlesenen Mitteilung keine ernstzunehmende Warnung erkennbar, da sich diese Warnung auf die „deutsche Nordseeküste" und nicht explizit auf Hamburg bezog. Und auch der letzte Satz klang eher nach einer Entwarnung, als nach einer herannahenden Katastrophe.

Erst einige Stunden später wurde die Bevölkerung der gefährdeten Stadtteile mit Sirenen und Lautsprechern von der Polizei gewarnt.

Klimawandel und Wahrnehmung

Kurz nach Mitternacht am 17. Februar erreichte die Flutwelle Hamburg und überspülte weite Flächen der Stadt. Besonders der Stadtteil Wilhelmsburg und die Süderelbmarschen wurden von der Flut hart getroffen. An über 60 Stellen in der Stadt brachen die Deiche oder wurden überspült (vgl. Abb. 3). Gegen 3:30 Uhr hatte die Flut ihren Höhepunkt erreicht. Erst danach begann der Wasserstand allmählich zu sinken. Viele Bewohner wurden im Schlaf von der Flut überrascht, da sie die Warnungen nicht gehört oder nicht ernst genommen hatten. Vom Großteil der in Wilhelmsburg lebenden Bevölkerung, die damals v.a. aus Kriegflüchtlingen und Vertriebenen bestand, dürfte die Warnung zudem nicht verstanden worden sein. Man kann davon ausgehen, dass sie nie zuvor mit einem solchen Ereignis konfrontiert waren. 315 Menschen verloren ihr Leben bei dieser Sturmflut, aber immerhin 40.000 Menschen konnten aus ihren Wohnungen evakuiert werden (vgl. Behörde für Bau und Verkehr Hamburg, Amt für Wasserwirtschaft 2002).

Die Sturmflut traf die Stadt Hamburg unvorbereitet und war für die Hamburger Bevölkerung ein Schock. Keiner hatte mit solch einem Ereignis gerechnet. Man wähnte sich in Sicherheit, so viele Kilometer von der Küste entfernt. Die letzte Sturmflut war über 130 Jahre her. Und auch die Nachkriegszeit bescherte der Bevölkerung andere Sorgen, als an die Sicherheit und Tauglichkeit ihrer Deiche zu denken. Die lange Phase der vermeintlichen Sicherheit ließ das Bewusstsein für die ständige Bedrohung der Bevölkerung verloren gehen. Die Hamburger wähnten sich weit weg von der Küste und von Sturmflutgefahren.

Der damalige Hamburger Bürgermeister Paul Nevermann betonte während der Gedenkrede auf dem Hamburger Rathausmarkt am 26. Februar 1962 in diesem Zusammenhang, „dass […]

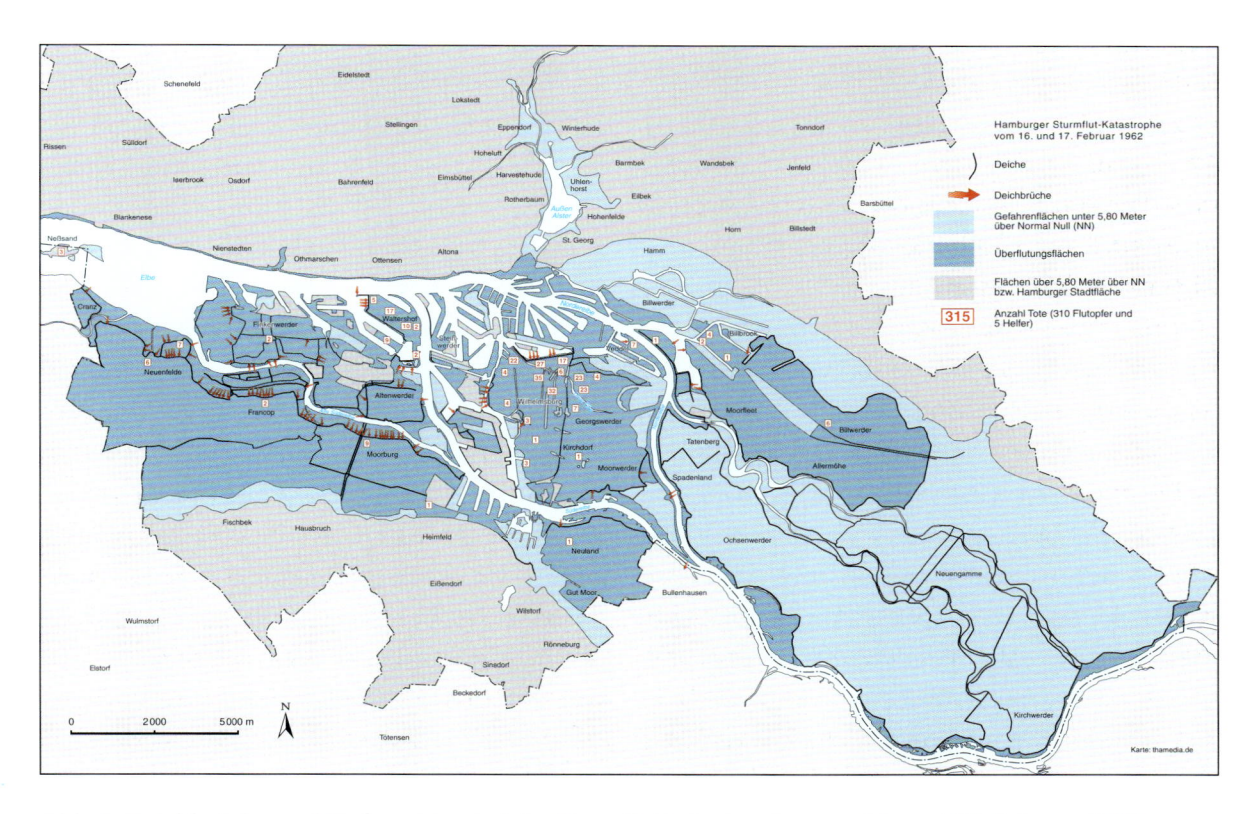

Abb. 3: Deichbrüche und Opferzahlen bei der Sturmflutkatastrophe vom 16. und 17. Februar 1962 (Ley 2006).

man sich solcher Gewalten nicht mehr gewärtig [war]." Er verglich die Sturmflut – „das Unvorstellbare" – mit dem Großen Brand in Hamburg von 1842, der Cholera von 1892 und dem Feuersturm des Bombenkrieges von 1948 (Hamburger Abendblatt vom 26.02.1962). Nevermann bezeichnete die Flut als eine „höhere Macht" und eine „unvorhersehbare Naturkatastrophe" und versprach aus diesem Grund die Entwicklung effektiverer und fortschrittlicher Technik, um gegen zukünftige Fluten besser gewappnet zu sein (Kempe 2007: 350). In der Frankfurter Allgemeinen Zeitung vom 27. Februar 1962 wird sogar davon gesprochen, mit Hilfe der Technik eine „Scheidelinie" aus Palisaden zu ziehen, um das Meer vom Land besser trennen zu können (Frankfurter Allgemeine Zeitung vom 27.02.1962 zitiert in Engels 2003: 124).

In diesem Sinn wurde bereits im selben Jahr mit dem Bau von Sturmflutschutzwerken begonnen. Neben einer 100 km Hochwasserschutzlinie mit einer Deichhöhe von 7,20 m über NN wurden Sperrwerke, Schiffsschleusen und Sielbauwerke errichtet. Weitere Bauwerke wie Sperrtore und Schöpfwerke wurden zum Schutz der Innenstadt wie auch für Wilhelmsburg und die Landgebiete gebaut. Ingenieure aus den Niederlanden, Niedersachsen und Schleswig-Holstein unterstützten die Hamburger Baubehörde. Die Nachkriegsjahre in Deutschland waren von der Vorstellung geprägt, dass nur verbesserte Technik als die erfolgreichste Lösung gegen die Gewalt der Natur galt. Das Bedrohungsgefühl, das mit der Sturmflut 1962 nach Hamburg kam, wurde abgelöst: Mit der Erhöhungen der Schutzdeiche und -mauern wurde nicht nur das Vertrauen in technische Anpassung größer, sondern auch das Gefühl der Sicherheit.

4. Die Sturmflut am 3. Januar 1976 – Die Deiche halten

Die nächste große Sturmflut erreichte Hamburg am 3. Januar 1976. Das Wasser lief mit 6,45 m über NN am Pegel St. Pauli auf und war damit faktisch viel höher als die Flut von 1962. Aufgrund der verbesserten und erhöhten Deiche kam es zu keinen Deichbrüchen. Die Schäden beliefen sich zwar auf über 100 Mio. Deutsche Mark, aber Todesopfer waren bei dieser Flut nicht zu beklagen. Tatsächlich hätte der Orkan jedoch nur wenige Stunden länger in Richtung Küste wehen müssen und die Folgen wären ähnlich denen von Februar 1962 gewesen: Große Teile der Innenstadt wie auch Wilhelmsburg, Veddel und Teile der Vier- und Marschlande (Spadenland und Ochsenwerder) wären überflutet worden.

Aufgrund des glimpflichen Ausganges der Sturmflut war das für die Bevölkerung Bestätigung und Grund genug zu glauben, dass die Deiche sicher sind und selbst den größten Sturmfluten standhalten können. Das Vertrauen in technischen Sturmflutschutz wurde bestätigt. Seit 1976 fühlt sich Hamburg sicher vor Flutereignissen.

Bereits nach der Sturmflut von 1962 waren die Deiche auf eine Höhe von 7,20 m über NN erhöht worden (vgl. Abb. 2). Die geplante Höhe der Deiche des aktuell laufenden Bauprogramms liegt bei ca. 8 m über NN. Bis voraussichtlich Ende 2015 soll dieses Projekt realisiert werden. Und neben der Deicherhöhung wurden bereits nach 1962 noch weitere Veränderungen im Hochwasserschutz eingeführt, die bis heute wirksam sind. Der Deichschutz, der bis 1962 auf verschiedene Deichverbände aufgeteilt war, die sich aus den einzelnen Grundstücksbesitzern hinter dem Deich zusammensetzen, wurde nach der Sturmflut an die Stadt Hamburg übergeben und dadurch verstaatlicht und zentralisiert. Dieser öffentliche Hochwasserschutz wurde nach 1976 durch den privaten Hochwasserschutz ergänzt. So setzt sich der heutige Sturmflutschutz der Stadt Hamburg aus drei Säulen zusammen: den Hochwasserschutzanlagen, dem Katastrophenschutz und der Sturmflutforschung (vgl. Gönnert & Triebner 2004; Gönnert 2009).

Sturmflutschutz in Hamburg umfasst heute auch die Aufklärung der betroffenen Bevölkerung. In diesem Zusammenhang wurde für die Bevölkerung in den überflutungsgefährdeten Stadtteilen eine so genannte „Sturmflutbroschüre" erstellt, die über Maßnahmen im Falle einer Sturmflut informiert. Ausführliche Informationen hierzu lassen sich auch in dem Heft „Sturmflutschutz im Hamburger Hafen – Informationen für Haushalte und Betriebe" von der Hamburg Port Authority (Stand 2008) finden.

5. Risikowahrnehmung als mentales Konstrukt

Um die Verbindung von Risiko und Wahrnehmung herstellen zu können, bedarf es zunächst einer begrifflichen Klärung. Der Begriff „Risiko" lässt sich auf unterschiedliche Art und Weise definieren. Im Allgemeinen wird unter Risiko (R) das Produkt aus Eintrittswahrscheinlichkeit (P) und Schadenserwartung (S) verstanden. Risiko ist demnach berechenbar, dies gilt insbesondere für die Versicherungswirtschaft. Aber wie Risiko in der betroffenen Bevölkerung wahrgenommen wird, ist damit noch nicht beschrieben, da sich die Risikowahrnehmung der Bevölkerung vielseitiger zusammensetzt, als es mit dieser Formel erklärbar wäre.

Häufig wird der Begriff des Risikos synonym zu dem Wort „Gefahr" verwendet. Nach Luhmann (1991) besteht allerdings ein Unterschied in der Bedeutung dieser beiden Begriffe. Einem Risiko setzen wir uns freiwillig und bewusst aus und nehmen dabei mögliche Schäden in Kauf. Es beruht auf einer persönlichen Entscheidung. „Bekannte Gefahren – Erdbeben und Vulkanausbrüche, Aquaplaning und Ehen – werden zu Risiken in dem Maße, als bekannt ist, durch welche Entscheidungen man vermeiden kann, sich ihnen auszusetzen" (ebd.: 88). Von einer Gefahr ist man jedoch betroffen bzw. man wird ihr unfreiwillig ausgesetzt. Daher wird in diesem Zusammenhang bei einem natürlichen Ereignis wie Sturm, Erdbeben oder Überschwemmung sehr häufig von einer Naturgefahr gesprochen. Es stellt sich jedoch die Frage, inwiefern in einer „Weltrisikogesellschaft" bei einem an sich natürlichen Ereignis überhaupt noch von einer Gefahr gesprochen werden kann? Das menschliche Handeln nimmt zunehmend Einfluss auf das natürliche System, wodurch die Eintrittswahrscheinlichkeit eines Naturereignisses beeinflusst wird und vieles, was vormals dem Gefahrenbereich zugeordnet werden konnte, in den Bereich des Risikos übergeht. „Die Gefahr oder das Gefahrenpotential ist also da, aber erst der Mensch produziert die Risiken" (Pohl 1998: 156). Überträgt man dies auf den vorliegenden Fall, so stellt eine Sturmflut an sich ein Naturereignis dar, sie trifft jedoch nicht auf einen neutralen Raum, sondern auf die Stadt Hamburg und ihre freiwillig hier lebende Bevölkerung. Die Gefahr, die von einer Sturmflut ausgeht, wird in ein Risiko transformiert. „Durch das Zusammenwirken von natürlichen und zivilisatorischen Prozessen sind Menschen mit Umweltrisiken konfrontiert, für deren Entstehung und damit auch deren Bewältigung sie, zumindest teilweise, verantwortlich sind" (Heinrichs & Peters 2002: 391). Dies wird besonders deutlich, betrachtet man den Einfluss des Menschen auf den anthropogen induzierten Klimawandel. In dem Zusammenhang scheint es schwierig, die Trennung von Risiko und Gefahr bzw. Entscheidern und Betroffenen aufrecht zu erhalten.

Dem Risikobegriff gegenübergestellt ist der Begriff „Sicherheit". Dieser, von lat. *secures: se cura* = ohne Sorge, bezeichnet die Abwesenheit von Bedrohung/Gefährdung oder „Bestand von Werthaftem in der Zeit" (Frei & Gaupp 1978: 5). „Sicherheit ist aber nur eine soziale Fiktion, da es Sicherheit im Hinblick auf das Nicht-Eintreten künftiger Nachteile nicht gibt" (Greiving 2002: 15). Sicherheit kann daher mit der Abwesenheit von Risiko gleichgesetzt werden. Übertragen auf die Hamburger Bevölkerung bedeutet dies, dass sich die Bevölkerung insbesondere seit der Flut von 1976 wegen der gelungenen Absicherung durch die Deiche, also aufgrund technischer Maßnahmen, sicher fühlt. Dieses Sicherheitsempfinden der Bevölkerung ist stärker als das empfundene Risiko, von einer Sturmflut betroffen zu werden und führt demnach zu der Wahrnehmung eines scheinbar „abgesicherten" Risikos.

Das „Wahrnehmen" eines Risikos ist ein subjektiver Einschätzungsprozess, eine mentale Konstruktion einbettet *in* und bestimmt *durch* die Kultur einer Gesellschaft. Die individuelle subjektive Risikoeinschätzung ist intuitiv und unbewusst: „Risk perception is all about thoughts, beliefs and constructs" (Sjöberg 2000a: 408, 2000b). Spricht man im Alltag über Wahrnehmung, so verbirgt sich hinter dem Begriff eine Beurteilung bzw. eine Bewertung von Situationen oder Objekten, ohne dass hierbei auf exakte Daten oder Modelle zurückgegriffen wird. Die subjektive Wahrnehmung bzw. Risikowahrnehmung und die Logik, der sie folgt, ist von vielschichtiger Natur. So werden die Einflussfaktoren eines Risikos durch eine Reihe von persönlichen Urteilen, Prinzipien und Haltungen bestimmt, die u.a. aufgrund von Erfahrung und Einschätzungen zustande kommen (vgl. Plapp & Werner 2006). Unter Wahrnehmung im kognitiven Sinne können „alle mentalen Prozesse verstanden werden, bei der eine Person über die Sinne Informationen aus der Umwelt (physisch ebenso wie kommunikativ) aufnimmt, verarbeitet und auswertet" (Renn et al. 2007: 77).

Die oben aufgeführten Einflussfaktoren der Risikowahrnehmung stehen in einem sich gegenseitig beeinflussenden Wechselspiel und unterliegen einem anhaltenden Veränderungsprozess. Der Veränderungsprozess ist der Grund für eine sich ändernde Einstellung gegenüber ein und derselben Sache. Dies lässt sich etwa anhand der öffentlichen, politischen Gedenkreden in Hamburg seit 1962 verdeutlichen. Der Hamburger Bürgermeister Paul Nevermann sprach 1962 bezüglich Sturmfluten noch von einer „höheren Gewalt". Mit der nach 1962 einsetzenden Technikgläubigkeit verkündete Bürgermeister Henning Voscherau hingegen in seiner Rede 1992, dass alles getan werden muss, „um den Nutzen des Wassers zu mehren und uns vor dessen Gefahren zu schützen [...]. Sie abzuwehren und zu beherrschen, ist nie endende Aufgabe unserer Stadt" (Zitat Voscherau, Gedenkstunde am 14.02.1992, Staatliche Pressestelle der Stadt Hamburg). Die Überzeugung, dass „Gefahr beherrschbar" ist, scheint so groß, dass nur wenige Jahre später, am 7. Mai 1997, der Hamburger Senat die Pläne für das neue städtebauliche Entwicklungskonzept in der Öffentlichkeit vorstellte und „die Rückkehr der Innenstadt ans Wasser" propagierte. Dies war die Geburtsstunde der HafenCity.

6. Die Hamburger HafenCity – Bauen und Leben im und am Wasser

Im Rahmen der Stadterweiterung soll der innerstädtische Hafenrand umgewandelt und ein hochwertiger innerstädtischer Stadtteil mit gemischter Wohn-, Arbeits-, Kultur- und Freizeitnutzung entwickelt werden (vgl. Abb. 4). Am 29. Februar 2000 verabschiedete der Hamburger Senat den Masterplan. Auf einer Gesamtgröße von 155 ha sollen neben einer 1,8 Mio m² Geschäftsfläche, 11 ha Dienstleistungsfläche sowie 5500 Wohnungen für 12.000 Einwohner entste-

Klimawandel und Wahrnehmung

Abb. 4: Übersicht über die Quartiere in der HafenCity (HafenCity GmbH 2010).

hen. Insgesamt sollen 40.000 Arbeitsplätze geschaffen werden. Ab 2011 soll die neue U-Bahn U4 die HafenCity mit der Innenstadt verbinden.

Aufgrund der Tatsache, dass die HafenCity in einem überflutungsgefährdeten Gebiet und dazu noch außerhalb der Deichlinie liegt, mussten aus Sicherheitsgründen besondere Baumaßnahmen ergriffen werden. Die HafenCity mit Deichen abzusichern hätte den gewünschten Blick auf das Wasser versperrt, weshalb eine Eindeichung der Fläche zu Gunsten des so genannten modernen Warftenprinzips verworfen wurde. „Ein modernes Warftenkonzept im städtischen Bereich sieht anders aus als man es von den Halligen kennt. Die Warft hier ist keine ‚Insel', sondern wird über hochliegende Fluchtwege an die ‚hinterm Deich' liegende Innenstadt angebunden […]" (Gönnert 2009: 26). So werden die zu bebauenden Flächen nach und nach auf eine Höhe von +4,40 m bis +7,20 m über NN erhöht. Erst nachdem Flucht- und Rettungswege vorhanden sind, werden Straßen angelegt und Gebäude mit einem Höhenniveau von +8 m über NN errichtet. Die unteren Teile der Gebäude werden als Tiefgaragen genutzt, in denen der ruhende Verkehr untergebracht wird. Die Wohnfunktion wird somit auf die höheren Stockwerke verteilt (vgl. Abb. 5).

Da die HafenCity mit erhöhten Fußgängerbrücken innerhalb und mit dem übrigen Stadtgebiet verbunden wurde, sind die Fluchtwege für die Bevölkerung garantiert. Die Tiefgaragen werden durch Fluttore gesichert, die im Hochwasserfall geschlossen werden. Die HafenCity hat sich sicher gemacht. Das ganze Projekt soll noch vor 2020 fertig gestellt sein. Das Projekt HafenCity bringt die Stadt Hamburg dem Wasser nahe wie lange nicht.

Einer ersten Bewährungsprobe wurde die HafenCity bei der Sturmflut im November 2007

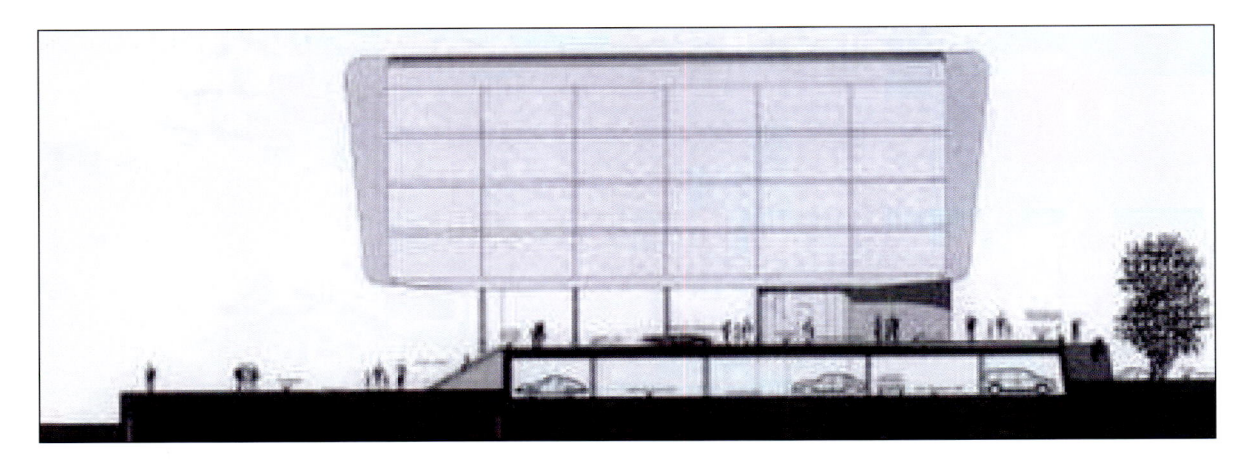

Abb. 5: Beispiel für das Warftenkonzept in der HafenCity (HafenCity GmbH).

ausgesetzt. Das Sturmtief Tilo erreichte am 9. November 2007 die Hansestadt. Die Flutwelle in Hamburg ließ die Pegel auf eine Höhe von 5,40 m über NN am Pegel St. Pauli steigen. Weite Teile der Speicherstadt standen unter Wasser, wobei insbesondere der Sandtorkai in der HafenCity für mehrere Stunden komplett überflutet war. Viele der dortigen Baugruben liefen voll. Neben der Baustelle der Elbphilharmonie war auch die Baugrube des Unilever-Gebäudes betroffen, die durch einen provisorisch aufgeschütteten Deich mit Hilfe von eilig herangeschafften Radladern vom Wasser geschützt werden konnte. Da nicht alle Fluttore richtig schlossen, liefen viele Keller voll und mussten leergepumpt werden. Aber außer einer geringen Anzahl Autos, die abgeschleppt werden mussten, und kleineren Schäden an wenigen Gebäuden hat diese Sturmflut nur wenige Schäden angerichtet. Trotz der stadtplanerischen Entscheidung, die HafenCity inmitten der Elbe zu bauen und damit Hamburg dem Meer wieder näher zu bringen, scheint die Bedrohung Hamburgs durch Sturmfluten beherrschbar. So betonte der Bürgermeister Ole von Beust in der Gedenkstunde an die Sturmflut 1962 im Jahre 2002, dass es absolute Sicherheit nicht geben kann, „[…] aber nach menschlichem Ermessen sind wir vor Sturmfluten geschützt" (Zitat von Beust, Gedenkrede am 15.02.2002, Staatliche Pressestelle der Stadt Hamburg).

7. Der Klimawandel und seine Auswirkungen für die norddeutsche Küste

Vor dem Hintergrund des Klimawandels und der damit in Verbindung stehenden berechneten Erhöhung des Meeresspiegels scheint jedoch die Frage berechtigt, ob es vernünftig war, solch ein städtebauliches Großprojekt wie die HafenCity in einem überflutungsgefährdeten Gebiet zu realisieren.

Klima ist eine variable Größe, die sich im Laufe der Zeit verändern kann. Unter Klima versteht man generell, den durch „statistische Parameter beschriebene[n] Zustand und das Verhalten der Atmosphäre, das für einen längeren Zeitraum charakteristisch ist" (Vogt 2002: 229). Die das globale Klima bestimmenden Faktoren sind Temperatur, Niederschlag, Wind, Luftfeuchte, Meeresströmung sowie der Anteil der globalen Eisbedeckung. Hinzu kommt allerdings noch ein großer Anteil chemischer, biologischer und physikalischer Prozesse. „Wegen der Unmenge von möglichen ‚Wechselwirkungen und Rückkopplungen im System Boden – Wasser – Luft' ist ein exaktes Verständnis des Klimas äußerst schwierig" (Sterr 1996: 1).

Klimawandel und Wahrnehmung

Der Begriff der Klimaänderung bezieht sich auf die Entwicklung der statistischen Durchschnittswerte der letzten Jahre und bezeichnet damit eine Veränderung des Klimas auf der Erde über einen längeren Zeitraum. Seit Bestehen der Erde verändert sich das Klima ständig. Eiszeiten oder auch die globale Erwärmung sind Klimaänderungen, die ganz verschiedene Ursachen haben können. Heutzutage wird der Begriff Klimawandel zumeist mit der „globalen Erwärmung" gleichgesetzt, was genau genommen falsch ist. Denn unter dem Begriff Klimawandel versteht man nicht nur die globale Erwärmung, sondern auch den Zyklus des globalen Temperaturgangs, bei dem auf eine Kaltzeit eine Warmzeit folgt. Beide Faktoren zusammen bezeichnen den Klimawandel. Als globale Erwärmung wird die durch den Menschen ausgelöste Klimaänderung verstanden. Erste Klimaänderungen auf Grund einer menschlich verursachten globalen Erwärmung entwickelten sich mit dem Beginn der Industrialisierung (vgl. Ratter 2009: 4).

Als Hintergrund für diese Erwärmung und den rasch angestiegenen Kohlendioxidgehalt während den letzten ca. 250 Jahre wird v.a. die Nutzung fossiler Rohstoffe gesehen, wie auch andere so genannte Treibhausgase wie Methan und Lachgas als Ursache für die globale Erwärmung verantwortlich gemacht werden. Durch Änderung u.a. der Konzentration dieser Treibhausgase kommt es zu einer Veränderung der Energiebilanz des Klimasystems, was in den letzten Jahren zu einer Erwärmung der globalen Mitteltemperaturen geführt hat. So sind Schwankungen der Gasmengen in der Atmosphäre zwar üblich, der Anstieg erfolgte jedoch zu rasant, als dass dies allein auf eine natürliche Entwicklung zurückgeführt werden könnte. Unbestritten ist daher mittlerweile, dass der Mensch einen großen Beitrag zum Anstieg des CO_2-Gehaltes in der Atmosphäre geleistet hat und als weiterer wichtiger Faktor bezüglich der Veränderung des Klimas angesehen werden kann. So zeigen die Messungen der letzten 100 Jahre, dass u.a. die Lufttemperatur im Mittel um 0,8 °C angestiegen ist und sich auch die Oberflächentemperatur der Ozeane seit Beginn des 20. Jahrhunderts um 0,6 °C erhöht hat (vgl. IPCC 2007).

Um Projektionen für künftige Klimaänderungen erstellen zu können, werden mit Hilfe von Klimamodellen so genannte Szenarien entwickelt. Szenarien sind nicht gleichzusetzen mit Vorhersagen. Vielmehr versteht man hierunter „[...] eine plausible, aber nicht notwendigerweise eine wahrscheinliche zukünftige Entwicklung" (Weisse & von Storch o.J.). Mit Hilfe solcher Szenarien ist davon auszugehen, dass es neben einer Temperaturzunahme noch zu weiteren Auswirkungen, wie z.B. zu erhöhten Niederschlägen, Hitzewellen und einem Anstieg des Meeresspiegels kommen kann. Nach neusten Berechnungen des IPCC (2007) kann von einer globalen Erhöhung des Meeresspiegels von 30-60 cm bis zum Ende des 21. Jahrhunderts ausgegangen werden. Als Ursachen für diesen prognostizierten Anstieg kann einerseits eine Erwärmung und die damit einhergehende Ausdehnung des Wassers gesehen werden (thermosterischer Anstieg). „Dieser als ‚thermische Expansion' bekannte Prozess hat zur Hälfte des Meeresspiegelanstiegs der letzten hundert Jahre beigetragen und er wird ihn auch in den kommenden hundert Jahren maßgeblich bestimmen" (Latif 2003: 28). Aufgrund der Trägheit des Systems kommt es zu zeitlichen Verzögerungen bei der Ausdehnung des warmen Oberflächenwassers in tiefere Schichten. Daher würde selbst bei einer sofortigen Verringerung der CO_2-Zufuhr der Meeresspiegel weiter ansteigen. Andererseits kann auch die Wasserzufuhr aufgrund des Abschmelzens von Gletschern und der Rückgang der Eisschilde in der Antarktis und in Grönland (eustatischer Anstieg) als Ursache für den Meeresspiegelanstieg betrachtet werden. Wie genau die jeweiligen Anteile der beiden Inlandeisschilde in die Zuwachsraten des Meeresspiegels eingehen, ist allerdings umstritten. „Das Abschmelzen von Teilen des Grönländischen Eisschildes ist die größte Quelle von Unsicherheiten was die Abschätzung des Anstiegs des mittleren globalen Wasserstandes betrifft" (von Storch et al. 2009: 18).

Regional können die Auswirkungen des Klimawandels jedoch stark variieren. Deswegen wird versucht, mit Hilfe so genannter Regionalmodelle die räumlichen Details besser darzustellen. Bezogen auf die bisherigen Klimaänderungen in Norddeutschland konnte man „im Falle unserer ‚heimischen' Stürme […] bisher keine Änderungen [ausmachen], die über die historischen belegten Schwankungen, die nichts mit menschlicher Aktivität zu tun haben, hinausgehen" (von Storch et al. 2006: 2). Für die bodennahen Windgeschwindigkeiten weisen die Szenarien für das Ende des 21. Jahrhunderts im Bereich der Nordsee auf eine Zunahme der bodennahen Starkwinde von bis zu 10 % hin, was einem Anstieg von knapp 1 % der Windgeschwindigkeiten von Starkwinden pro Jahrzehnt entspricht – „[…] also ein derzeit sehr schwaches Signal […]" (von Storch et al. 2006: 4; vgl. auch Woth et al. 2005; von Storch et al. 2009; Abb. 6).

Für die derzeit noch unveränderten Sturmereignisse an der Küste bedeutet das auf heutige Sturmfluten übertragen, dass diese noch keine Folge der vom Menschen verursachten Klimaerwärmung darstellen. Vielmehr scheint es der Fall zu sein, dass „[…] the main part of the increase [in Hamburg St. Pauli] is due to the improvement of coastal defence. Another cause is the dredging of the shipping channel" (von Storch & Woth 2008: 9; vgl. auch von Storch et al. 2006).

Ähnlich den globalen Szenarien kann für das norddeutsche Tiefland mit einer deutlichen Zunahme der Lufttemperatur gerechnet werden, wobei der Anstieg bis zum Ende des 21. Jahrhunderts im Mittel bei +3 °C liegen kann (vgl. Woth & von Storch 2007; von Storch et al. 2009). Auch in Bezug auf die Niederschläge wird bis Ende 2100 für die Sommermonate von einer Abnahme, für die Wintermonate von einer Zunahme des Niederschlages ausgegangen. Die Wintermonate werden folglich generell feuchter, die Sommer eher trockener ausfallen.

Bezüglich der meteorologischen Faktoren sind es die bodennahen Windgeschwindigkeiten, die in Form von Windstau für Sturmflutereignisse sorgen können. Zu einer Änderung der hohen Windgeschwindigkeiten über dem Gebiet der Nordsee wird es laut Berechnungen jedoch erst am Ende dieses Jahrhunderts kommen. Hierbei wird im Sommer mit einer tendenziellen Ab-

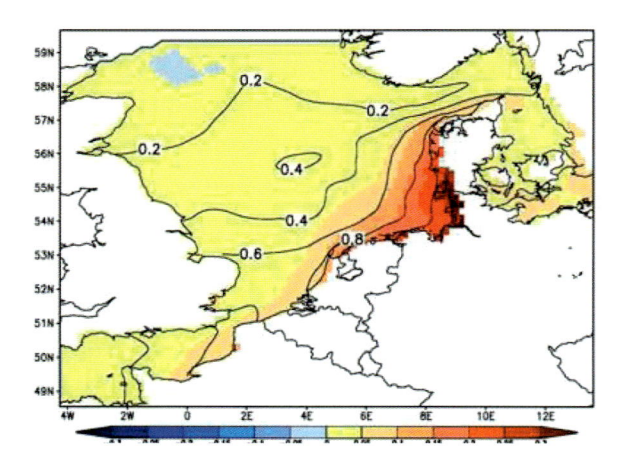

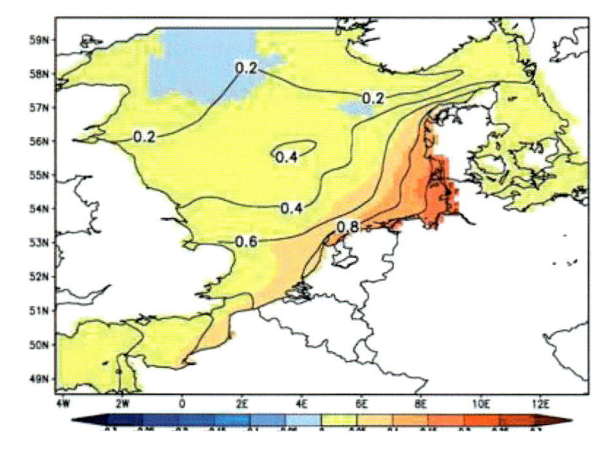

Abb. 6: Effekte der veränderten Sturmtätigkeit über der Nordsee auf die Windstauhöhen anhand zwei unterschiedlicher Szenarien [Einheit: Meter] (Woth & von Storch 2007).

Klimawandel und Wahrnehmung

nahme, im Winter mit einer Zunahme der Windgeschwindigkeiten um 7,5 % gerechnet. Übertragen auf den Windstau bedeutet dies einen anzunehmenden Anstieg von 2 ± 1 dm bis zum Ende des 21. Jahrhunderts. Verbunden mit dem zu erwartenden Meeresspiegelanstieg können Sturmfluten bis Ende 2100 7 ± 4 dm höher auflaufen als heute. Neben dieser Erhöhung scheint aber auch eine Zunahme der Andauer der Sturmfluten im Bereich der Deutschen Bucht möglich (vgl. Woth 2005; Woth et al. 2005; von Storch et al. 2009). Für den Küstenschutz bedeutet das, dass mit einer höheren Belastungsdauer für die Deiche gerechnet werden muss. Es erscheint daher sinnvoll, sich bereits heute mit geeigneten Anpassungsmaßnahmen zu beschäftigen.

8. Was denken die Hamburger über den Klimawandel?

Die Stadt Hamburg muss sich in mehrerer Hinsicht mit dem Thema Klimawandel beschäftigen. „Der steigende Meeresspiegel sowie häufigere und auch stärkere Stürme werden in Zukunft eine große Herausforderung für den Küstenschutz in Hamburg darstellen. Der Schutz vor Sturmfluten ist für Hamburg von herausragender Bedeutung, da bereits heute Teile der Stadtfläche potenziell überflutungsgefährdet sind und durch Hochwasserschutzanlagen geschützt werden müssen. Unwetterartige Starkregen und Orkane können erhebliche Schäden an Gebäuden, Personen und Infrastruktureinrichtungen anrichten. Erhöhte Niederschlagsmengen stellen eine Herausforderung für den Binnenhochwasserschutz dar und führen zu Überlastungen des Sielsystems mit nachteiligen Folgen für die Gewässer" (Bürgerschaft der Freien und Hansestadt Hamburg 2008).

Was denkt die Bevölkerung heute über Sturmfluten und wie sehen sie den Klimawandel? Fühlen Sie sich durch ihn bedroht? Das Wissen um das Risikobewusstsein der Bevölkerung ist eine wichtige Größe im Katastrophenmanagement. Wenn es in den Köpfen der Menschen kein Platz für persönliches präventives Handeln und aktiven Schutz im Katastrophenfall gibt, wird es auch für alle weiteren Maßnahmen schwer werden, wirksam zu greifen. Um der Frage nachzugehen, welches Risikobewusstsein die Hamburger aufweisen, führt das Institut für Küstenforschung des Helmholtz-Forschungszentrums GKSS in Geesthacht seit 2008 alljährlich in Zusammenarbeit mit dem Meinungsforschungsinstitut Forsa eine Befragung unter Hamburger Bürgern durch. In einer Telefonumfrage werden die Bürger in Hamburg über ihre Einschätzung zum Einfluss des Klimawandels auf ihr Leben sowie nach der Wahrscheinlichkeit des Eintretens von Naturkatastrophen befragt (vgl. Homepage des Instituts für Küstenforschung/KSO/Projekte)[1].

2008 ergab die Umfrage, dass 61 % der Befragten die Bedrohung Hamburgs durch den Klimawandel als „sehr groß" (17 %) bzw. „groß" (44 %) einstufen (vgl. Abb. 7). Von dieser Gruppe meinen 44 %, dass dies schon heute der Fall sei.

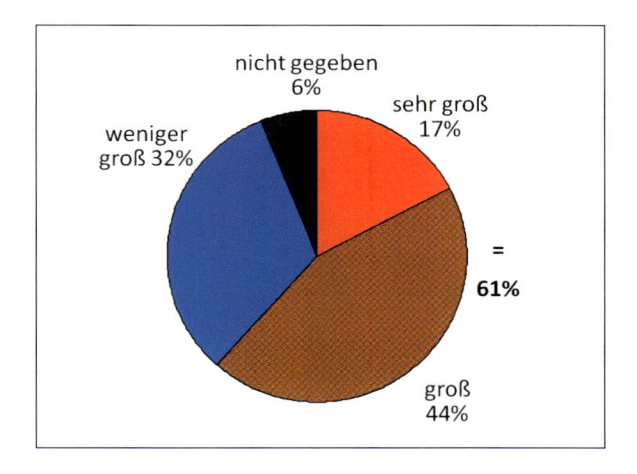

Abb. 7: Die Bedrohung Hamburgs durch den Klimawandel ist… [n=510] (Ratter 2008).

---

[1] Abrufbar unter folgendem Link: *http://www.gkss.de/institute/coastal_research/structure/system_analysis/KSO/projects/studien/006992/index_0006992.html*

Mit 83 % der Antworten herrscht Einigkeit unter den befragten Hamburgern bei der Einschätzung darüber, dass Sturmfluten die schwersten Folgen für Hamburg hätten (vgl. Abb. 8). Auf die Frage, ob sie es für möglich halten, von einer Naturkatastrophe in Hamburg auch persönlich betroffen zu sein, glaubt immerhin fast die Hälfte der Befragten, dass sie persönlich betroffen wären.

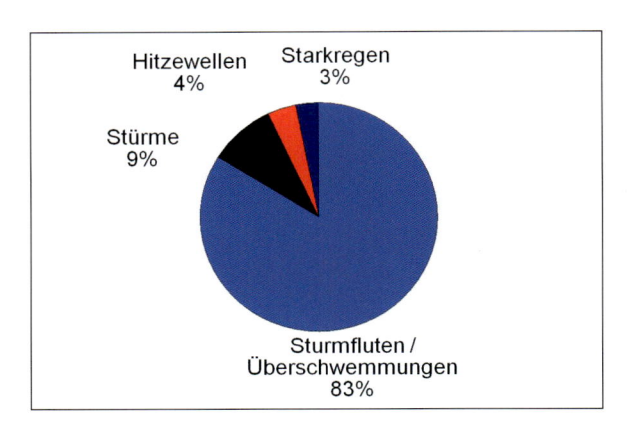

Abb. 8: Die schwersten Folgen für Hamburg hätten…[Befragte, die die Bedrohung Hamburgs durch den Klimawandel als (sehr) groß einschätzen] (Ratter 2008).

Die Ergebnisse der Umfrage von 2009 zeigen ein neues Bild. Die Bedrohung durch den Klimawandel wird nur noch von 12 % der Bevölkerung als „sehr groß" und von 41 % als „groß" einstuft. Leicht gestiegen ist die Zahl derer, die mit 85 % Sturmfluten und Überschwemmungen als schwerste Folgen für Hamburg sehen. Angenähert haben sich in diesem Zusammenhang allerdings die Aussagen, dass die Folgen des Klimawandels bereits heute spürbar sind (37 %) bzw. in 10 Jahren sein werden (36 %).

Auch bei der Befragung in 2010 zeigte sich erneut ein Rückgang in der Wahrnehmung der Bedrohung durch den Klimawandel. Insgesamt sind es nur noch 48 % der Bevölkerung, die den Klimawandel als Bedrohung ansehen (11 % „sehr groß" und 37 % „groß"). Das sind im Verhältnis zu 2008 13 % und zu 2009 5 % weniger. Bemerkenswert erscheint in diesem Zusammenhang die Anzahl derer, die die Bedrohung durch den Klimawandel als „nicht gegeben" betrachten. Diese Kategorie hat sich mit 12 % verdoppelt. Bedeutend hierfür sind die Aussagen auf die Frage nach den wichtigsten Problemen der Stadt Hamburg. Mit 39 % der Antworten wird hier die „Bildungspolitik" an erster Stelle, mit 29 % „Verkehrsprobleme" und mit 20 % der „Bau der Elbphilharmonie" genannt. Klimawandel bzw. dessen mögliche Folgen werden bei dieser Frage überhaupt nicht erwähnt. Tagesaktuelle und ortsbezogene Themen sind für die Öffentlichkeit „greifbarer" als die Folgen eines prognostizierten, aber nicht sichtbaren Klimawandels, die für 32 % der Bewohner Hamburgs erst in 10 Jahren spürbar erscheinen. Nach wie vor schätzen allerdings 84 % der Befragten, die im Klimawandel eine Bedrohung sehen, Sturmfluten und Überschwemmungen als die schwerste Folge ein. 55 % von ihnen halten es für möglich, persönlich von einer Naturkatastrophe wie Sturmfluten, Stürme, Hitzewellen oder Starkregen betroffen zu sein. In diesem Zusammenhang sei angemerkt, dass das sturmflutgefährdete Gebiet lediglich ein Drittel der kompletten Stadtfläche von Hamburg beträgt. Bezogen auf den Bevölkerungsstand von 2008 entspricht das 6 % der Gesamtbevölkerung Hamburgs, die von Sturmfluten betroffen sein könnten. Dies sind in erster Linie die Marschgebiete und Flussinseln wie Wilhelmsburg, die Vier- und Marschlande. Die restliche Stadt erstreckt sich über den höher gelegenen Geesthügel, der von Sturmfluten nicht erreicht wird.

Auch bei einer Befragung von über 800 Einwohnern entlang der deutschen Nordseeküste, die von der Abteilung „Sozioökonomie des Küstenraumes" an der GKSS durchgeführt wurde (vgl. Ratter et al. 2009), stellte sich heraus, dass Sturmfluten und Klimawandel als die größten Gefahren der Küstenregion angesehen werden. Im Vergleich zeigt sich allerdings, dass für die Hamburger Bevölkerung der Klimawandel und

Klimawandel und Wahrnehmung

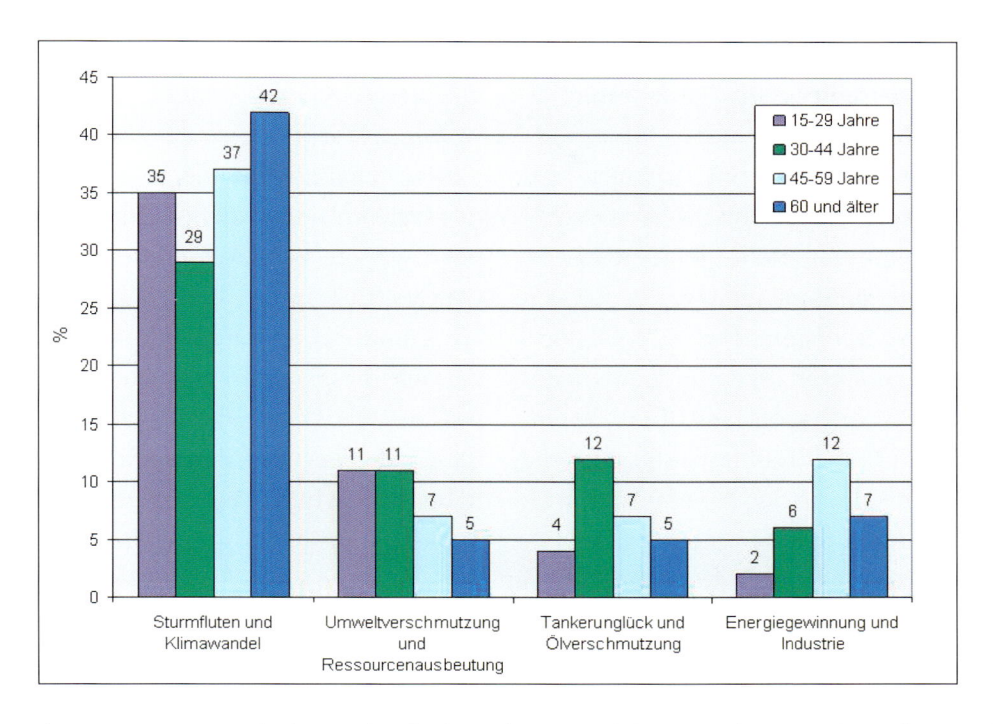

Abb. 9: Wahrgenommene Bedrohung durch den Klimawandel in Hamburg und an der Nordseeküste (Ratter et al. 2009).

die damit in Zusammenhang stehende Bedrohung Hamburgs durch Sturmfluten eine größere Rolle spielt als für die Bewohner an der Küste (vgl. Abb. 9).

Diese Differenz ist erstaunlich, sollte man doch davon ausgehen können, dass gerade die Küstenbewohner mit den Folgen des Klimawandels als erstes konfrontiert werden. Kann für die Küstenzone eine mögliche Verdrängung innerhalb der Bevölkerung als Erklärung herangezogen werden (vgl. Ratter et al. 2009), so lässt sich für Hamburg trotz rückläufiger Umfragewerte von einer größeren Verunsicherung bezüglich den Auswirkungen des Klimawandels sprechen. Die Bevölkerung an der Küste hat gelernt oder hat sich daran gewöhnt, wie sie mit dem Meer und seinen Gefahren zu leben hat. Die Stadtbevölkerung hingegen fühlt sich verunsichert vor dem, „was da von der Küste kommen könnte". Passend hierzu titelte 2008 eine schleswig-holsteinische Zeitung: „Hamburger haben Angst vor dem Klimawandel" und zeigte damit nicht zuletzt, dass die Bevölkerung direkt an der Küste weniger angespannt mit den Bedrohungen durch Sturmfluten umzugehen versteht als das 140 km vom Meer entfernte Hamburg. Sturmflut- oder Risikowahrnehmung ist ein subjektiver Prozess, der mit der tatsächlichen Bedrohung nur eingeschränkt zu tun hat.

9. Fazit

Das Sturmflutereignis 1962 hinterließ bei der Hamburger Bevölkerung eine tiefe Prägung des Bewusstseins gegenüber Sturmfluten. Hatte man sich vor 1962 hinterm Deich sicher gefühlt und nur wenig an Deichpflege und Hochwasserschutz gedacht, so wurde nach dem gravierenden Sturmflutereignis großflächig in diese Bereiche investiert. Deiche und Schutzmauern wurden neu errichtet, erhöht und verstärkt. Diese technischen Maßnahmen führten zu einer Veränderung im Bewusstsein der Bevölkerung, da sie das Leben hinter dem Deich wieder sicher machten. Investitionen in den Hamburger Deichschutz zahlten sich bereits 1976 aus – das schuf Vertrauen in die technische Anpassung. Nach der Sturmflut von 1976 fühlte sich Hamburg sicher vor Flutereignissen.

Das seit 1962 geschaffene und 1976 verstärkte Sicherheitsgefühl kann für das Risikomanagement negative Folgen haben. Eine Überschwemmung des Hamburger Fischmarkts und die entsprechenden Fotos in den Medien ändern an dieser Einschätzung nur wenig. Allerdings beruht das nicht zuletzt auf den kostenintensiven Sicherungsmaßnahmen der Hansestadt, die regelmäßig in Sturmflutmaßnahmen investiert und auch bevölkerungswirksam in den Medien der Stadt publiziert werden. Dies gilt auch für die Maßnahmen, die im Zusammenhang mit der Errichtung der Hamburger HafenCity eingeführt wurden. Die Hamburger HafenCity ist genauso sicher wie die städtischen Gebiete hinter der Sturmflutmauer.

Risiko, verstanden als das Produkt von Eintrittswahrscheinlichkeit und Schadenspotential, ist aber eben nur eine Seite im Umgang mit Bedrohungen. Entscheidend ist neben den technischen Maßnahmen auch das Risikoempfinden und das Bewusstsein der Bevölkerung, das sich nicht auf eine Formel herunter brechen lässt, sondern einem subjektiven Empfinden entspringt.

Im Rahmen des Risikomanagements ist die Risikowahrnehmung ein zentrales Element. Denn das Zusammenspiel des staatlichen und persönlichen Risikomanagements kann nur dann wirksam funktionieren, wenn das Risiko auch auf der persönlichen Ebene richtig eingeschätzt wird. Nur dann geht man mit Schutzmaßnahmen richtig um und ist bereit, in den technischen Schutz zu investieren oder persönliche Vorkehrungen zu treffen. Die Einwohner Hamburgs fühlen sich sicher – auch vor den Auswirkungen des Klimawandels – so lange der Klimawandel mit der Bedrohung durch Sturmfluten gleichgesetzt wird. *Warum also sein Verhalten ändern?*

Die Klimamodelle der Meteorologen prognostizieren neben dem Meeresspiegelanstieg noch weitere klimatologische Änderungen im Wetterverhalten an der deutschen Nordseeküste und in Hamburg. Dies zu vermitteln und sich auf diese Folgen einzustellen – sich anzupassen – wird eine öffentliche und private Aufgabe sein, der sich die Hamburger zu stellen haben. Wenn für die zukünftige Entwicklung die Starkregenereignisse, Hagelschläge und Überschwemmungen in den Nebenflüssen der Elbe eine viel größere Bedrohung für Hamburg und die Region darstellen, müsste die Bevölkerung auch entsprechend dafür sensibilisiert werden. Im Sommer 2008 verdunkelte sich bei Büsum in weniger als zehn Minuten der Himmel zu einem tiefen Schwarz. Ein Starkregenereignis mit tennisballgroßen Hagelkörnern prasselte auf Hedwigenkoog hernieder, zerstörte Glas- und Autodächer und zerschlug die ausstehende Ernte auf den Feldern. Dieses lokale Naturereignis war bald wieder vergessen. Es kann sich allerdings jederzeit wiederholen. Und die Nebenflüsse der Elbe in Hamburg, ob Wandse, Bille oder Alster, werden erst dann zu Bedrohungen, wenn sie beim nächsten Starkregenereignis über die Ufer treten und die angrenzenden Keller volllaufen. Lokale Wetterereignisse werden nur zögerlich in das Spektrum der Auswirkungen des Klimawandels aufgenommen.

Das Hamburger Beispiel zeigt, dass sich die mentale Einstellung und die technischen Schutzmaßnahmen immer noch v.a. auf den Schutz gegen Sturmfluten konzentrieren. Sturmflutschutz ist eine öffentliche Angelegenheit. Der Schutz gegen Hagel und Starkwinde wird zur Verantwortung des einzelnen Hausbesitzers. Bislang war es allerdings einfacher, die Verantwortung für Schutzmaßnahmen auf die öffentliche Hand abzuschieben. Die persönliche Betroffenheit bei

Hamburger Bürger rangierte in der Befragung 2008 bei weniger als der Hälfte (48 %). Positiv ist allerdings, dass dieser Wert bis 2010 auf 55 % angestiegen ist und demnach eine wachsende persönliche Betroffenheit widerspiegelt.

Als am 2. Oktober 2009 Hamburg wieder einmal von einer Sturmflut betroffen war, der Fischmarkt unter Wasser stand und die Flutschutztore geschlossen wurden, warteten die Hamburger gelassen auf das Ablaufen des Wassers. Die Sturmflutschutzmaßnahmen haben seit 1962 immer mitgehalten und werden es wohl auch in absehbarer Zukunft tun. Eine Anpassung an den zu erwarteten Klimawandel ist damit allerdings noch nicht ausreichend vollzogen. Neben Hagel, Stürmen und Überschwemmungen wird die nächste Sturmflut bestimmt kommen. Aber: *Haben Sie sich schon auf den Klimawandel vorbereitet?*

Literatur

BEHÖRDE FÜR BAU UND VERKEHR HAMBURG, AMT FÜR WASSERWIRTSCHAFT (2002): Wenn die Flut kommt… – Erinnerungen an die Katastrophe von 1962 und heutiger Hochwasserschutz, Hamburg

BSH Bundesamt für Seeschifffahrt und Hydrologie (2007): Informationen zu Sturmfluten: 1-4, abrufbar unter: http://www.bsh.de/de/Das_BSH/Presse/Pressearchiv/Pressemitteilungen2007/Anlage_28_1-2007.pdf [15.05.2010]

BÜRGERSCHAFT DER FREIEN UND HANSESTADT HAMBURG (2008): Mitteilung des Senats an die Bürgerschaft, Drucksache19/1752 vom 09.12.08: 1-166, abrufbar unter: http://www.hamburg.de/contentblob/1143770/data/haushaltsplan-2009-2010.pdf [15.05.2010]

DER SPIEGEL (28.02.1962): Stadt unter, Vol. 19, No. 9, abrufbar unter: http://wissen.spiegel.de/wissen/image/show.html?did=45139168&aref=image035/0552/cqsp196209017-P2P-027.pdf&thumb=false [21.06.2010]

ENGELS, J.I. (2003): Vom Subjekt zum Objekt. Naturbild und Naturkatastrophen in der Geschichte der Bundesrepublik Deutschland, in: Groh, D., Kempe, M. & F. Mauelshagen (Hg.): Naturkatastrophen. Beiträge zu ihrer Deutung, Wahrnehmung und Darstellung in Text und Bild von der Antike bis ins 20. Jahrhundert, Tübingen, Narr (Literatur und Anthropologie 13): 119-142

FREI, D. & P. GAUPP (1978): Das Konzept „Sicherheit" – theoretische Aspekte, in: Schwarz, K.-D. (Hg.): Sicherheitspolitik. Analysen zur politischen und militärischen Sicherheit, Bad Honeff-Erpel, Osang: 3-18

GÖNNERT, G. (2009): Sturmfluten in der Elbe – das Hochwasser- und Bemessungskonzept in Hamburg, in: Ratter, B.M.W. (Hg.): Küste und Klima, Hamburg, Institut für Geographie der Universität Hamburg (Hamburger Symposium Geographie 1): 23-33

GÖNNERT, G. & J. TRIEBNER (2004): Hochwasserschutz in Hamburg – coastal protection in Hamburg, in: Schernewski, G. & T. Dolch (Hg.): Geographie der Meere und Küsten, Leiden (Coastline Reports 1): 119-126

GREIVING, S. (2002): Räumliche Planung und Risiko, München, Murmann

HAFENCITY GMBH (2010): Projekte – Einblicke in die aktuellen Entwicklungen, Stand März 2010, Nr. 13: 1-26, abrufbar unter: http://www.hafencity.com/upload/files/files/Projekte_dt_final.pdf [30.05.2010]

HAMBURGER ABENDBLATT (26.02.1962): Trauertag. Rede von Paul Nevermann zum Gedenken an die Sturmflut, Hamburg

HAMBURGER ABENDBLATT (09.11.2007): Sturmflut in Hamburg glimpflich verlaufen, abrufbar unter: http://www.abendblatt.de/nachrichten/nachrichten-des-tages/article888202/

Sturmflut-in-Hamburg-glimpflich-verlaufen. html [15.05.2010]

HEINRICHS, H. & H.P. PETERS (2002): Die Entwicklung von Vorstellungen zu Klimawandel und Naturkatastrophen in der Öffentlichkeit: konzeptionelle und methodische Überlegungen, in: Tetzlaff, G., Trautmann, T. & K.S. Radtke (Hg.): Zweites Forum Katastrophenvorsorge: Extreme Naturereignisse – Folgen, Vorsorge, Werkzeuge, Leipzig: 390-396

HPA Hamburg Port Authority (2008): Sturmflutschutz im Hamburger Hafen – Informationen für Haushalte und Betriebe, Stand 2008: 1-47, abrufbar unter: http://www.hamburg-port-authority.de/images/stories/file/Sturmflutschutz/broschuere_sturmflutschutz_im_hamburger_hafen_2008-11-18.pdf [30.06.2010]

IPCC (2007): Zusammenfassung für politische Entscheidungsträger, in: Solomon, S., Qin, D., Mannig, M, Chen, Z., Marquis, M., Averty, K.B., Tignor, K.B. & H.L. Miller (Hg.): Klimaänderung 2007: Wissenschaftliche Grundlagen. Beitrag der Arbeitsgruppe I zum Vierten Sachstandsbericht des Zwischenstaatlichen Ausschusses für Klimaänderung (IPCC), Cambridge et al., Cambridge University Press (deutsche Übersetzung durch ProClim-, österreichisches Umweltbundesamt, deutsche IPCC-Koordinationsstelle, Bern/Wien/Berlin: 1-94, abrufbar unter: http://www.bmbf.de/pub/IPCC2007.pdf [21.05.09]

KEMPE, M. (2007): Mind the next flood! Memories of natural disasters in northern Germany from the sixteenth century to the present, Medieval History Journal, Vol. 10, No.1/2: 327-354, doi: 10.1177/097194580701000212

LATIF, M. (2003): Hitzerekorde und Jahrhundertflut – Herausforderung Klimawandel – Was wir jetzt tun müssen, München, Heyne

LEY, R. (2006): Die Nacht der großen Flut: Gespräche mit Zeitzeugen und Helmut Schmidt, Hamburg, Ellert und Richter

LUHMANN, N. (1991): Verständigung über Risiken und Gefahren, Die politische Meinung, Vol. 36, H. 5: 86-95

NEWIG, J. & H. THEEDE (Hg.) (2000): Sturmflut. Gefährdetes Land an der Nordseeküste, Hamburg, Ellert und Richter

NLWKN Niedersächsischer Landesbetrieb für Wasserwirtschaft, Küsten- und Naturschutz (2007): Schwere Sturmflut an niedersächsischer Nordseeküste – Dünenabbrüche auf den Inseln, abrufbar unter: http://www.nlwkn.niedersachsen.de/live/live.php?navigation_id=7903&article_id=43218&_psmand=26 [01.07.2010]

PLAPP, T. & U. WERNER (2006): Understanding risk perception from natural hazards: examples from Germany, in: Amman, W.J., Dannenmann, S. & L. Vulliet (Hg.): Risk 21 – coping with risks due to natural hazards in the 21st century, London, Taylor & Francis: 101-108

POHL, J. (1998): Die Wahrnehmung von Naturrisiken in der ‚Risikogesellschaft', in: Heinritz, G., Wießner, R. & M. Winiger (Hg.): Nachhaltigkeit als Leitbild der Umwelt- und Raumentwicklung in Europa. In: Verhandlungen des 51. Deutschen Geographentages, Stuttgart, Steiner: 153-163

RATTER, B.M.W. (2008): Risikobewusstsein der Hamburger Bürger für Naturkatastrophen, Geesthacht, GKSS-Forschungszentrum Geesthacht GmbH, abrufbar unter: http://www.gkss.de/institute/coastal_research/structure/system_analysis/KSO/projects/studien/006992/index_0006992.html

RATTER, B.M.W. (2009): Einleitung: Hamburger Symposium Geographie – Küste und Klima, in: Ratter, B.M.W. (Hg.): Küste und Klima, Hamburg, Institut für Geographie der Universität Hamburg (Hamburger Symposium Geographie 1): 3-6

RATTER, B.M.W., LANGE, M. & C. SOBIECH (2009): Heimat, Umwelt und Risiko an der deutschen Nordseeküste – die Küstenregion aus Sicht der Bevölkerung, Geesthacht, GKSS-Forschungszentrum Geesthacht GmbH (GKSS-Bericht 9/2010)

RENN, O., SCHWEIZER, P., DREYER, M. & A. KLINKE (2007): Risiko: über den gesellschaftlichen Umgang mit Unsicherheit, München, Oekom

SJÖBERG, L. (2000a): The methodology of risk perception research, Quality and Quantity, Vol. 34, No. 4: 407-418

SJÖBERG, L. (2000b): Factors in risk perception, Risk Analysis, Vol. 20, No. 1: 1-11

STADT HAMBURG, BEHÖRDE FÜR STADTENTWICKLUNG UND UMWELT (2004): Hochwasserschutz in Hamburg, Hamburg

STERR, H. (1996): Klimawandel und mögliche Auswirkungen auf die deutsche Nordseeküste, In: Schriftenreihe der Schutzgemeinschaft Deutsche Nordseeküste, No. 1: 9-30

VOGT, J. (2002): Stichwort „Klima", in: Brunotte, E., Gebhardt, H., Meurer, M., Meusburger, P. & J. Nipper (Hg.): Lexikon der Geographie, Heidelberg, Spektrum: 229

VON BEUST, O. (1992): Gedenkveranstaltung 40 Jahre Flutkatastrophe „Der Schock sitzt tief. Bis heute" vom 15.02.2002, Staatliche Pressestelle der Stadt Hamburg, Hamburg

VON STORCH, H., DOERFFER, J. & I. MEINKE (2009): Die deutsche Nordseeküste und der Klimawandel, in: Ratter, B.M.W. (Hg.): Küste und Klima, Hamburg, Institut für Geographie der Universität Hamburg (Hamburger Symposium Geographie 1): 9-22

VON STORCH, H. & K. WOTH (2008): Storm surges, perspectives and options, Sustainability Science, Vol. 3, No. 1: 33-43

VON STORCH, H., WOTH, K. & G. GÖNNERT (2006): Storm surges – the case of Hamburg, Germany, ESSP OSC panel session on "GEC, natural disasters, and their implications for human security in coastal urban areas": 1-5, abrufbar unter: http://coast.gkss.de/staff/woth/PAPER/hamburg-storms.idhp.pdf [30.06.2010]

VOSCHERAU, H. (1992): Gedenkstunde „30 Jahre Sturmflut 1962" vom 14.02.1992, Staatliche Pressestelle der Stadt Hamburg, Hamburg

WEISSE, R. & H. VON STORCH (o.J.): Großräumige Änderungen des Wind-, Sturmflut- und Seegangsklimas in der Nordsee und mögliche Implikationen für den Küstenschutz, in: Gönnert, G., Graßl, H., Kelletat, D. et al. (Hg.): Klimaänderung und Küstenschutz, Proceedings zur Fachtagung vom 29. bis 30. November 2004 in Hamburg, Hamburg, Universität Hamburg: 1-10

WOTH, K. (2005): North Sea storm surge statistics based on projections in a warmer climate: how important are the driving GCM and the chosen scenario? Geophysical Research Letters, Vol. 32, L22708, doi: 10.1029/2005GL023762

WOTH, K. & H. VON STORCH (2007): Klima im Wandel: mögliche Zukünfte des norddeutschen Küstenklimas, abrufbar unter: http://w3k.gkss.de/staff/storch/pdf/woth-storch.dithmarschen.2007.pdf [19.05.09]

WOTH, K., WEISSE, R. & H. VON STORCH (2005): Dynamical modelling of North Sea storm surge extremes under climate change conditions – an ensemble study, Geesthacht, GKSS-Forschungszentrum Geesthacht GmbH (GKSS-Bericht 1/2005)

Beate M.W. Ratter, Nicole Kruse
Universität Hamburg
Institut für Geographie
Bundesstraße 55, 20146 Hamburg
ratter@geowiss.uni-hamburg.de, kruse@geowiss.uni-hamburg.de
http://www.uni-hamburg.de/geographie/personal/

Teil B

Didaktischer Beitrag zu Lehrmethoden

Geographien im Plural erzählen –
Raumkonzepte als didaktisches Werkzeug für den Geographieunterricht

Tobias Nehrdich

erschienen in: Böhner, J. & B.M.W. Ratter (Hg.): Klimawandel und Klimawirkung. Hamburg 2010
(Hamburger Symposium Geographie, Band 2): 141-164

Abb. 1: Fotografien der Erde („blue marble"), aufgenommen während der Apollo 17-Mission am 7. Dezember 1972 mit einer 70-Millimeter-Hasselblad-Kamera und einem 80-Millimeter-Objektiv. Die rechte Abbildung veranschaulicht die Originalaufnahme (AS17-148-22727), die linke Fotografie zeigt die offiziell verbreitete, bearbeitete und um 180 Grad gedrehte Version
(Petty 2009; Lunar and Planetary Institute 2010).

Die Fotografie mit der sperrigen Bezeichnung AS17-148-22727 („*blue marble*") aus dem Jahr 1972 zeigt die Ansicht des Planeten Erde, wie er von der Mannschaft der letzten Apollo-Mission auf dem Weg zum Mond gesehen wurde (vgl. Abb. 1). Als das erste hochauflösende Bild, das die unschattierte Erde im Weltraum zeigt, wurde es in der Folge ebenfalls zu einem wirkmächtigen Symbol der emergierenden Umweltschutzbewegungen. Dieses Foto wurde jedoch auch unter vielfältigen weiteren Aspekten bedeutsam. Als Zeichen für die Isoliertheit und Verwundbarkeit der Erde ging es um die Welt. Wirtschaftliche Konzerne, Fluggesellschaften und die internationale Finanzbranche eigneten sich 22727 an, um die Idee einer globalen Bevölkerung in einer Welt ohne Grenzen zu transportieren (Cosgrove 2006: 22 f). Zugleich ist es produziert und das in mehrfacher Hinsicht. Ein Astronaut hat es mit einer Handkamera aufgenommen, mitten im

Kalten Krieg. Die Originalaufnahme (rechts) wurde um 180 Grad gedreht, um den Wiedererkennungseffekt zu erhöhen. Darüber hinaus zeigt das Foto die Erde, wie sie kaum ein Mensch je „wirklich" wird sehen können.

Was hat das nun mit dem Klimawandel zu tun? Dennis Cosgrove schreibt: „The earth will always be familiar to its inhabitants principally through images" (2006: 24). Diese Aussage lässt sich auch auf den Klimawandel übertragen: Ein äußerst komplexes Phänomen, das (fast) ausschließlich medial vermittelt und in Form von Visualisierungen aufbereitet wird. Des Weiteren ist dieser mit vielen unterschiedlichen Bedeutungen aufgeladen.

Wie der Klimawandel über den Filter der wissenschaftlichen Erkenntnis und der politisch-ökologischen Rahmungen an die Medien vermittelt wird, zeigt Abb. 2. Schließlich haben Umweltveränderungen von sich aus keine Relevanz, solange nicht darüber kommuniziert wird (Luhmann 1986).

„Es geht nicht um die vermeintlich objektiven Tatsachen: dass die Ölvorräte abnehmen, die Flüsse zu warm werden, die Wälder absterben, der Himmel sich verdunkelt und die Meere verschmutzen. Das mag alles der Fall sein, erzeugt als physikalischer, chemischer oder biologischer Tatbestand jedoch keine gesellschaftliche Resonanz, solange nicht darüber kommuniziert wird. Es mögen Fische sterben oder Menschen, das Baden in Seen oder Flüssen mag Krankheiten erzeugen, es mag kein Öl mehr aus den Pumpen kommen und die Durchschnittstemperaturen

DER MEDIALE VERMITTLUNGSPROZESS DES KLIMAWANDELS

Wissenschaftlich/politische Rahmenbedingungen:
- abhängig von wissenschaftlichem „Kenntnisstand"
- Einfluss von Diskursen und Handlungsinteressen, Skeptikern, Verträgen (Kyoto Protokoll etc.)

⬇ FILTER

Vermittlung des Klimawandels:
- abhängig vom Medium (Print, TV, Hörfunk, Internet; intermedial)
- Darstellungsunterschiede je nach Maßstabsebene (lokal, regional, national, global)
- Darstellungsunterschiede je nach Zeithorizont (kurz-, mittel-, langfristig, vorher/nachher)
- symbolische Vermittlung und soziale, technische und sozioökonomische Kodierungen und Konnotationen
- Unterschiede in der Repräsentation von Wissen durch die Art der Visualisierung

⬇ FILTER

Funktionen medialer Kommunikation:
- Thematisierungsfunktion
- Selektivitätsfunktion
- Alarmfunktion
- Informationsverbreitungsfunktion

⬇ FILTER

Gesellschaftlicher Resonanzboden und öffentliche Aneignung

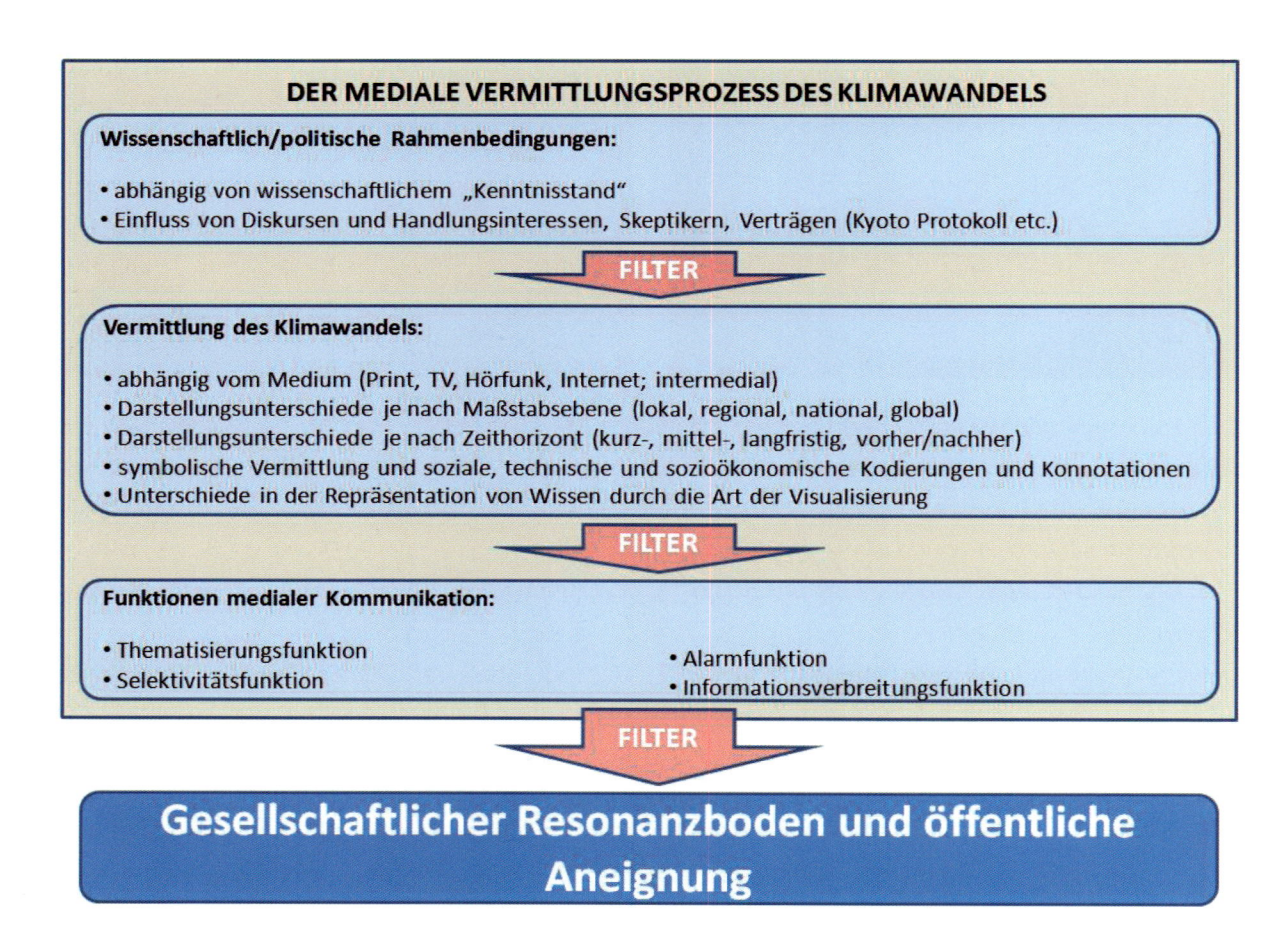

Abb. 2: Der mediale Vermittlungsprozess des Klimawandels (Entw.: T. Nehrdich, verändert nach Weber 2008: 84).

Geographien im Plural erzählen

mögen sinken oder steigen: solange darüber nicht kommuniziert wird, hat dies keine gesellschaftlichen Auswirkungen." (ebd.: 62 f)

Abhängig von der Darstellungsweise und der Reichweite werden die Informationen im Klimawandeldiskurs (die produzierten Wissensbestände) gemäß der vier Funktionen Thematisierung, Informationsverbreitung, Selektion und Alarmfunktion an die Öffentlichkeit kommuniziert, wo sie entsprechend rezipiert werden. Als Thematisierung und Informationsverbreitung wird das Setzen und Verbreiten (via Internet, TV, Radio etc.) von Themen bezeichnet. Die Selektivitätsfunktion hingegen greift auf, dass es ja erst die Medien sind, die Themen (öffentlich) machen. Die Aufgabe des Aufrüttelns der Gesellschaft durch das Lenken von Aufmerksamkeit auf gesellschaftliche und ökologische Probleme wird Alarmfunktion genannt (Weber 2008: 82-85). Dabei wird hier von einem „starken" Begriff des Mediums, als „konstitutive Aktivität eines [informellen] ‚Dazwischen'" (Tholen 2005: 151) ausgegangen. Das Medium ist dabei selbst die Botschaft (McLuhan) und NICHT als bloßes Werkzeug der Übertragung und Verbreitung zu verstehen.

Der anthropogen verursachte Klimawandel stellt sich als naturwissenschaftliche Erkenntnis und als sozio-ökologisches Problem aus der Perspektive der Medien (bzw. der Journalisten und Journalistinnen) als ein zu vermittelndes Phänomen dar. Schnell wird dabei klar, dass es „den" Klimawandel nicht geben kann. Er ist ein Begriff, mit dem verschiedene Vorstellungen und diskursive Stränge verknüpft sind. Diese Bedeutungen werden ständig produziert und verändert. So unendlich vielfältig diese jedoch sind, einige sind prominent und sozusagen „in aller Munde", andere dagegen werden kaum beachtet oder eben nicht reproduziert. Dabei stellt sich auch die Frage, wer denn überhaupt über den Klimawandel spricht, wer gehört wird und wie (womit) über den Klimawandel kommuniziert wird.

Am meisten gehört und zitiert werden wohl die Berichte und Stellungnahmen des IPCC (*Intergovernmental Panel on Climate Change*, auch „Weltklimarat" genannt). Argumentiert wird in erster Linie mit Hilfe von hochkomplexen Computermodellen und visualisierten Statistiken. Das IPCC als diskursbestimmendes semiwissenschaftliches Gremium, dem sowohl Wissenschaftler als auch Politiker angehören, forscht nicht selbst, sondern trägt wissenschaftliche Ergebnisse zusammen, prüft diese und bildet sie später in den sogenannten Wissensstandberichten ab. Dabei passieren wohl auch Fehler, wie sich vor kurzem zeigte. Schlagzeilen wie „Weltklimarat schlampte bei Gletscherprognosen" und „die verlorene Unschuld der Klimaforschung" beherrschen die mediale Berichterstattung. Zurückgehaltene Forschungsergebnisse, Pannen bei der Auswertung, die fehlerhafte Recherche zum Verschwinden der Himalayagletscher bis 2035 und die falsche Ausweisung von Landflächen in den Niederlanden, die unterhalb des Meeresspiegelniveaus liegen, können als Blitzlichter dienen (Edenhofer 2010; Traufetter 2010). Überraschend ist das nicht, da ja hunderte Akteure erst durch ihr alltägliches Handeln das IPCC machen. Dabei lassen sich die Eigenschaften und Strukturen des Gremiums (Makroebene des Systems) nicht auf die Eigenschaften und Strukturen der diese bildenden und mit ihr assoziierten Menschen (Elemente des Systems, Mikroebene) zurückführen. Das IPCC besitzt Emergenzeigenschaften. Die Handlungen und Eigenschaften des Gremiums lassen sich also nicht aus dem Tun der Wissenschaftler und Politiker rekonstruieren, die das IPCC bilden. Markant ist, dass der Klimawandel ebenso emergent ist und nicht nur auf das Zusammenspiel einzelner Elemente oder Ursache-Wirkung-Beziehungen zurückgeführt werden kann. Spinnt man diesen Gedankengang konsequent weiter, eröffnet sich ein Dilemma: Zum Klimawandel in seiner objektiven Beschaffenheit (den produzierten „Fakten", den "harten" Zahlen und Mittelwerten, vgl. Hamburger Bildungsserver 2010) können wir uns als Subjekte nur schwer in Beziehung setzen. Schließlich kann man eine globale Durchschnittstemperatur nicht anfassen, sie ist und bleibt abstrakt.

Was soll nun das Ganze? Offensichtlich ist die Welt so einfach nicht zu haben. Es stellt sich als schwierig heraus, SchülerInnen (Individuen allgemein) zum Handeln im Klimaschutz zu bewegen, trotz des breiten Konsens' darüber, dass eine globale Erwärmung anthropogen, v.a. durch Treibhausgasemissionen, verursacht wurde und wird. Die Auswirkungen der Klimaerwärmung werden uns täglich präsentiert: das Abschmelzen der Gletscher, die Erwärmung der Polarregionen, der Anstieg des Meeresspiegels, Veränderungen des Strömungssystems der Meere und der Winde etc. Dennoch erkennen nur wenige SchülerInnen einen Zusammenhang zwischen den eigenen Handlungsmöglichkeiten und dem Klimawandel (Rattersberger et al. 2008: 36). Der Klimagipfel in Kopenhagen 2009 offenbarte die Schwierigkeit der Aushandlung verbindlicher, konkreter Ziele zum globalen Klimaschutz eindringlich auf ein Neues auf einer internationalen Maßstabsebene.

Die Zukunftsszenarien liegen dabei auf dem Tisch. Laut IPCC ist ein Anstieg der globalen Temperatur von 1,8 °C bis 6,4 °C (je nach zugrundeliegendem Szenario) bis zum Ende dieses Jahrhunderts zu erwarten. Die höheren Breiten werden voraussichtlich stärker betroffen sein als äquatornahe Gebiete. Für Deutschland werden u.a. eine signifikante Umverteilung der Niederschläge und eine Zunahme von Extremwetterereignissen prognostiziert (von Storch 2007: 252-255).

Wie kann man nun als Lehrer mit der Vieldeutigkeit des Klimawandels im Speziellen und geographischer Inhalte im Allgemeinen umgehen? Ausgehend von dieser Frage, werden im Folgenden verschiedene Wege der geographischen Erkenntnisgewinnung aufgezeigt. Zentral ist dabei die Forderung, nicht von einem vermeintlich richtigen Geographieverständnis auszugehen, sondern Geographien im Plural zu akzeptieren und im Unterricht erfahrbar zu machen. Die Geographie ist entgegen der landläufigen Meinung eben kein „Einheitsfach", bestehend aus Humangeographie und Physischer Geographie, wie es nicht nur in der Schule häufig vertreten wird. Dieser Beitrag ist ein Angebot zu der Frage, wie man konstruktiv mit der multiparadigmatischen Ausrichtung des Faches umgehen kann, um globalisierten Lebenswelten, der Vielfalt an nebeneinander existierenden Lebensstilen, komplexen Umweltproblemen, grenzloser Kommunikation, postmodernen Gesellschaften und der fortschreitenden Durchdringung unserer Lebenswelten durch Technik und Digitalisierung angemessen begegnen zu können.

Im Fokus dieses Beitrages stehen die im Curriculum 2000+ vorgeschlagenen Raumkonzepte. Diese werden nach einführenden Worten zur Geographiedidaktik im Spannungsfeld von Fachwissenschaft und Schule (Abschnitt 1) vorgestellt. Die Raumkonzepte lassen sich aus prominenten fachwissenschaftlichen Erkenntnispositionen heraus begründen und sind somit aus dem disziplinhistorischen Kontext der Geographie ableitbar (Abschnitt 2). Anhand der Elbeflut in Dresden 2002 wird exemplarisch aufgezeigt, wie und unter welchen Fragestellungen die curricularen Raumkonzepte für den Unterricht fruchtbar gemacht werden können (Abschnitt 3).

Geographien im Plural erzählen

1. Geographiedidaktik im Spannungsfeld von Fachwissenschaft und Schule

Eine vielzitierte Metapher zu gegenwärtigen Forschungsanschauungen in der Geographie ist folgendes Zitat von Peter Weichhart (2001: 182): „Auch die Geographie ist ein weitläufiges Gebilde, das viele Kammern, Nischen, Tummelplätze und wohl auch den einen oder anderen Irrgang enthält".

Die starke Kammerung und Spezialisierung der gegenwärtigen wissenschaftlichen Geographie findet in dieser Metapher einen Ausdruck. Weniger intendiert sind hier die Disziplinen des Fachs (wie Klimageographie, Sozialgeographie, Bodengeographie oder Bevölkerungsgeographie), sondern vielmehr die Vielzahl an Forschungsperspektiven, die paradigmatischen Positionen. Ein Forschungsparadigma ist dabei vereinfacht die Frage nach dem Was (untersuche ich?) und dem Wie (untersuche ich?). Deutlich wird dabei, dass die Vorstellung von der Unterteilung des traditionellen Fachs (die klassische Einheitsgeographie), repräsentiert durch die zwei abgesteckten Arbeitsbereiche Physische Geographie und Humangeographie, zwischen denen dann Bezüge hergestellt werden, die wissenschaftlichen Geographien nicht abbildet. Das abgeschlossene Lehrgebäude, das wir Lehrer meinen vertreten zu sollen, entpuppt sich so schnell als Mythos. Zum einen sind die Domänen der Geographie in sich hochspezialisiert, zum anderen positioniert sich das Fach gegenwärtig grundlegend neu und zwar in allen Disziplinen. Es ist ein Prozess der Reflexion über die wissenschaftliche Praxis im Gange, der hinterfragt, wie Geographie gemacht, gedacht und gelehrt wird (und werden kann) und dies einer kritischen Prüfung unterzieht. Anlass dazu geben die aktuellen gesellschaftlichen Entwicklungen, wobei die Globalisierung und das Internet nur zwei Phänomene sind, die für die Veränderungsprozesse im Gesellschaft-Raum-Verhältnis stehen.

Jene prominenten Ansätze, auf die auch breit in der Geographiedidaktik rekurriert wird, lassen sich unter dem Label „Neue Kulturgeographie" subsumieren (einführend: Gebhardt et al. 2003) und sind nicht inhaltlich festgeschrieben. Das verbindende Element ist vielmehr ein bestimmter Forschungszugriff – der konstruktivistische Blick (Gebhardt et al. 2007: 14). Auf einen Satz gebracht bedeutet Konstruktivismus: Jeder Mensch erzeugt sein Weltbild im eigenen Kopf und macht es begehbar („viabel"), in Abhängigkeit vom Vorwissen. Der konstruktivistische Blick ist primär als spezifischer Denk- und Beobachtungsmodus zu verstehen, der davon ausgeht, dass „die eine" wie auch immer geartete Wirklichkeit „da draußen" nicht existiert, sondern dass Wirklichkeiten jeweils individuell und/oder sozial hergestellt werden, durch Handlungen, Kommunikationsprozesse oder Diskurse innerhalb einer bestimmten Perspektive. Das, was wir als Wirklichkeit identifizieren und zu deuten versuchen, ist in den Ausführungen von Watzlawick (2006: 90) „nicht das Abbild objektiv bestehender, sozusagen platonischer Wahrheiten, deren sich gewisse Menschen besser bewusst sind als andere, sondern sie sind überhaupt nur innerhalb eines bestimmten Kontexts denkbar. In Indien kann einem als *swami*, als Heiliger, vorgestellt werden, wer im Westen als katatoner Schizophrener diagnostiziert würde. Weder die eine noch die andere Einschätzung ist in irgendeinem objektiven Sinne wahr oder wirklich, die Folgen dieser aber erschaffen konkrete Resultate persönlicher oder gesellschaftlicher Natur".

In einem konstruktivistischen Blick ist das, was wir als Tatsachen oder Fakten begreifen, immer abhängig vom Kontext und vom Beobachter. „Wirklichkeit" stellt sich dementsprechend aus der Sicht eines Beobachters immer genau so dar, wie es die eingenommene Perspektive festlegt. Folglich determiniert jeder Beobachtungsblick die Ontologie, die Seinsweise der betrachteten Sachverhalte. Ein(e) konstruktivistisch informierte(r) GeographielehrerIn ist sich dessen bewusst. Dahinter steht ein Beobachtungsmodus zweiter Ordnung, der jegliche Art der Weltbeschreibung (Was?) um die Frage nach dem Wie (wird beobachtet?) ergänzt (Metaebene). Diese wissenschaftliche Positionierung hat selbstverständlich weitreichende Konsequenzen für Lernprozesse im Schulfach Geographie und dessen Raumbegriffe.

Ein „imaginatives" oder „verständnisintensives Lernen" baut nach Fauser (2002) auf den basalen Kategorien von Erfahrung, Vorstellung, Begreifen (begriffliches Ordnen) und Metakognition (das Denken über das Denken) auf. Anders formuliert:

„Ich lerne nicht mit Verständnis, wenn ich mich mit der Oberfläche von Dingen bescheide und das für die Wirklichkeit halte oder wenn ich die eine Erfahrung einfach übertrage auf alle möglichen anderen / ähnlichen Dinge. Verständnis entsteht dadurch, dass ich weiß, was ich wie wahrnehme und nachdenklich bin darüber, wie ich meine Vorstellungen über die Wirklichkeit bilde. Im ersten Zugriff: Dass ich beobachten *und* darüber reflektieren kann." (Rhode-Jüchtern 2004: 38, Hervorh. orig.)

Evident ist, dass jeder von uns in seiner Ausbildung in ein bestimmtes Paradigma hineinsozialisiert wurde. Meist ist uns nur eine Form geographischer Wissensproduktion vertraut, die oft unhinterfragt bleibt. In der Folge fällt uns nicht oder nur selten auf, dass Bekanntes auch Möglichkeiten verstellt, die Welt anders zu betrachten. Zugespitzt formuliert: Wir wollen oft gar nicht in Betracht ziehen, dass man die Welt auch anders sehen kann. Denn die Weitung des Blicks, das Zulassen verschiedener Wege geographischer Erkenntnisgewinnung nebeneinander ist mit Irritationen verbunden. Hier wird dafür plädiert, diese Unsicherheiten zuzulassen, diese nicht als „didaktische Spielerei" oder „neumodisches Zeug" abzustellen, sondern sie als Chance zu begreifen, Neues zu erkennen.

2. Raumkonzepte im Curriculum 2000+ der DGfG

Zu Beginn des neuen Jahrtausends setzten sich VertreterInnen der Teilverbände der Deutschen Gesellschaft für Geographie (DGfG) zusammen, um sich über Grundsätze und Empfehlungen für die Lehrplanarbeit im Schulfach Geographie zu verständigen (vgl. Arbeitsgruppe 2002).

Folgende Formulierung steht am Anfang des Curriculums (Arbeitsgruppe 2002: 3):

„Die Menschheit steht am Beginn des 21. Jahrhunderts vor grundlegenden Herausforderungen. Diese ergeben sich vor allem aus dem globalen Umweltwandel, aus der Entwicklung zur Informations- und Wissensgesellschaft und aus der zunehmenden Globalisierung. Auch die Rahmenbedingungen für Schule und Unterricht sowie die Erwartungen an die schulische Bildung und Erziehung haben sich verändert. Diesen Veränderungen muss sich auch das Schulfach Geographie stellen, indem es seine Aufgaben und Ziele, seine Lehrpläne und seine Unterrichtgestaltung neu überdenkt."

Die herausragende Leistung, das Neu-Denken des erarbeiteten Basiscurriculums, liegt darin, den Begriff „Raum" als Konzept zu begreifen (was schon früher gefordert wurde, vgl. z.B. Vielhaber 1999). Die Anführungszeichen weisen dabei darauf hin, dass es „nicht um eine Sache, sondern um eine relationale Kategorie geht, relativ zu Bedeutungen, zu Entscheidungen, zu Handlungen" (Rhode-Jüchtern 2004: 216).

Die SchulgeographInnen, DidaktikerInnen und FachwissenschaftlerInnen der Arbeitsgruppe schlugen vor, nicht mehr wie bisher von einem Raumbegriff auszugehen, sondern Räume in Zukunft unter vier verschiedenen Perspektiven zu beleuchten:

- als *Containerraum* (konkret-dinglich);
- Raum als *System von Lagebeziehungen* (thematisch geordnet);
- Raum als *Kategorie der Sinneswahrnehmung* (individuell wahrgenommen);
- Raum als *Konstruktion* (durch Handeln, Diskurs und Kommunikation gemachte Räume).

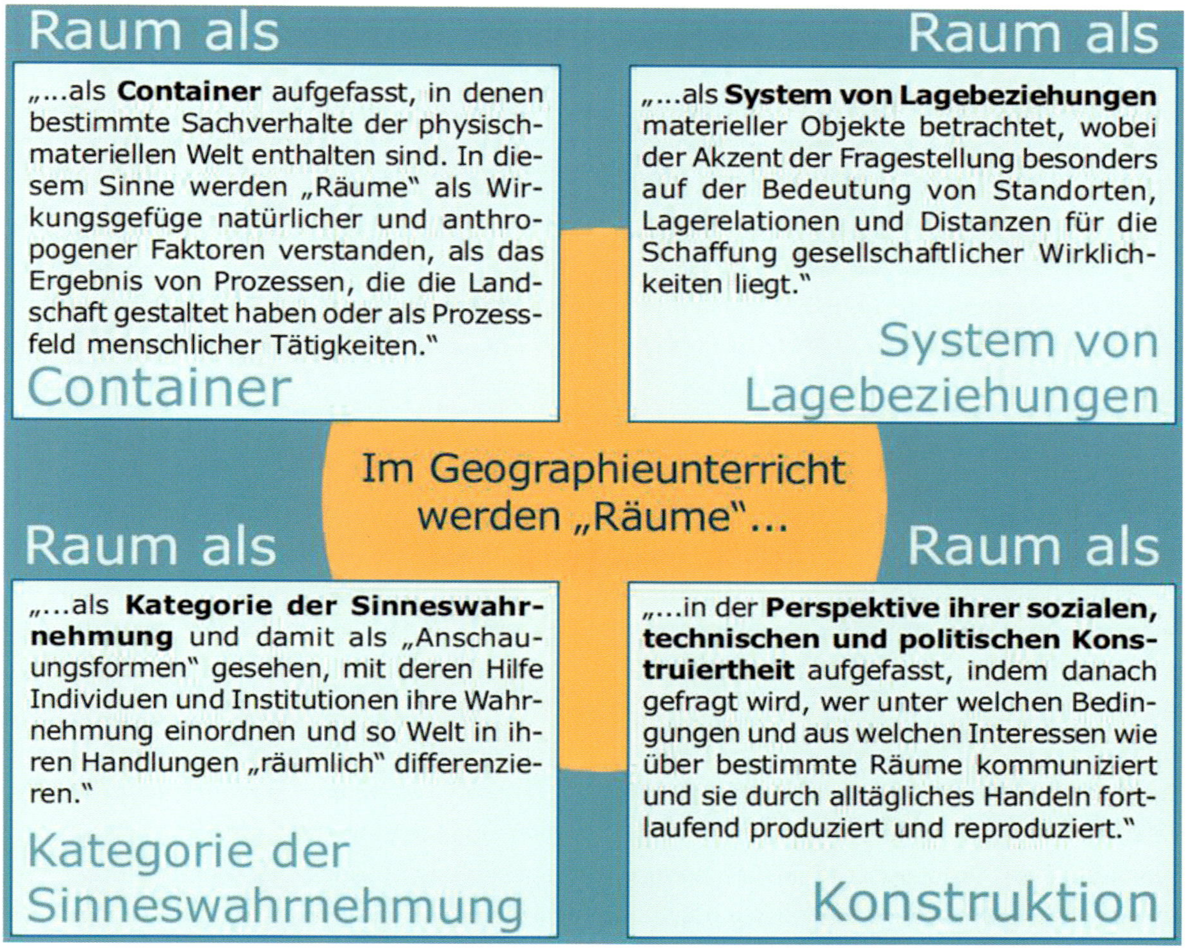

Raum als Container
„...als **Container** aufgefasst, in denen bestimmte Sachverhalte der physisch-materiellen Welt enthalten sind. In diesem Sinne werden „Räume" als Wirkungsgefüge natürlicher und anthropogener Faktoren verstanden, als das Ergebnis von Prozessen, die die Landschaft gestaltet haben oder als Prozessfeld menschlicher Tätigkeiten."

Raum als System von Lagebeziehungen
„...als **System von Lagebeziehungen** materieller Objekte betrachtet, wobei der Akzent der Fragestellung besonders auf der Bedeutung von Standorten, Lagerelationen und Distanzen für die Schaffung gesellschaftlicher Wirklichkeiten liegt."

Im Geographieunterricht werden „Räume"...

Raum als Kategorie der Sinneswahrnehmung
„...als **Kategorie der Sinneswahrnehmung** und damit als „Anschauungsformen" gesehen, mit deren Hilfe Individuen und Institutionen ihre Wahrnehmung einordnen und so Welt in ihren Handlungen „räumlich" differenzieren."

Raum als Konstruktion
„...in der **Perspektive ihrer sozialen, technischen und politischen Konstruiertheit** aufgefasst, indem danach gefragt wird, wer unter welchen Bedingungen und aus welchen Interessen wie über bestimmte Räume kommuniziert und sie durch alltägliches Handeln fortlaufend produziert und reproduziert."

Abb. 3: Raumkonzepte für den Geographieunterricht (nach Götz et al. 2008).

Die curricularen Raumkonzepte übertragen die Diskussion um paradigmatische Positionen und den Begriff „Raum" aus der Fachwissenschaft in den Unterricht. Das Fach Geographie als wissenschaftliche Disziplin ist, wie bereits angesprochen, hochspezialisiert und gekammert, wobei sich bestimmte Forschungsüberzeugungen herausgebildet haben. Diese Forschungsperspektiven können als Scheinwerfer betrachtet werden, um Geographien auszuleuchten. Diese Scheinwerfer setzen bestimmte Aspekte einer wie auch immer gearteten Wirklichkeit in Szene und blenden wiederum andere Aspekte aus.

Wie werden nun diese Raumbegriffe generiert und was ist mit ihnen intendiert? Der folgende Abriss soll dies, stark verkürzt, verdeutlichen.

Mit den curricularen Grundsätzen werden Räume im Geographieunterricht (nach Wardenga 2002; vgl. auch Abb. 3):

(1) „...als *Container* aufgefasst, in denen bestimmte Sachverhalte der physisch-materiellen

Welt enthalten sind. In diesem Sinne werden „Räume" als Wirkungsgefüge natürlicher und anthropogener Faktoren verstanden, als das Ergebnis von Prozessen, die die Landschaft gestaltet haben oder als Prozessfeld menschlicher Tätigkeiten."

Dieser Raumbegriff (Containerraum, Realraum oder absoluter Raum) entstammt der traditionellen Geographie. Die Länderkunde (oft synonym verwendet: Landschaftskunde, Regionale Geographie) galt vom Ende des 19. Jahrhunderts bis in die 1960er Jahre als „der Kernbereich disziplinärer Forschung, Lehre und Darstellung" (Wardenga 2007: 66) in der deutschsprachigen Hochschulgeographie. Räume, als real existent in „der" Wirklichkeit, wurden hier als Behälter, als individuelle Ausschnitte der Erdoberfläche, aufgefasst und beschrieben. Die Durchsetzung dieses Blickes korrelierte mit der Phase der sich nach außen immer weiter abschottenden Nationalstaaten und der Etablierung der Geographie an deutschen Universitäten. Damit einher ging der *scientific turn* der Geographie von der Propädeutik (Vorwissenschaft, bezogen auf das Zusammentragen von Fakten und Informationen über die Welt) hin zu einer „Raumwissenschaft", wobei der „Raum" zum Ordnungsschema für inkongruente Daten aus diversen Wissensbereichen (von der Geologie über Oberflächenformen, Klima und Böden bis hin zum Menschen, inklusive seiner Siedlungen, Wirtschaftsweisen, Verkehrswege usw.) gemacht wurde (Wardenga 2006: 32). Die Einzigartigkeit der Landschaft sollte herausgestellt werden, wobei dem Zusammenhang von natürlichen und anthropogenen Faktoren eine herausragende Bedeutung beigemessen wurde. Argumentiert wurde durch (mono-)kausale Beziehungen (Wenn-dann-Beziehungen) und häufig geodeterministisch (der Raum bzw. die Natur bestimmt die Kultur, das menschliche Handeln). Besonders das „länderkundliche Schema" oder auch „Hettnersches Schichtenmodell" genannt, hatte große Bedeutung im Geographieunterricht. Dabei wurde ein Containerraum nach einer bestimmten Reihenfolge anhand von Geofaktoren (von den natürlichen wie Klima, Oberflächenformen, Boden bis zu den anthropogenen wie Bevölkerung, Wirtschaft, Verkehr und Politik) durchdekliniert und die „Einzigartigkeit" des „Raumes" herausgestellt.

Ausgehend von dieser (Raum-)Perspektive könnte man fragen:
Wie wirken bestimmte Geofaktoren auf eine Region?
Deutlich herausgestellt werden muss jedoch, dass diese Frage lediglich als unterstützende (nicht notwendige und erst recht nicht alleinige) Perspektive für echte, lohnende Problemstellungen für die Inszenierung von Unterricht dienen kann, die innerhalb dieses Blicks nicht eröffnet werden können. Die Unterstützungsfunktion dieses Raumkonzeptes richtet sich u.a. auf die Bereitstellung topographischer Daten für die Bearbeitung einer übergreifenden Fragestellung.

Räume werden in einer zweiten Perspektive
(2) „....als *System von Lagebeziehungen* materieller Objekte betrachtet, wobei der Akzent der Fragestellung besonders auf der Bedeutung von Standorten, Lagerelationen und Distanzen für die Schaffung gesellschaftlicher Wirklichkeiten liegt."

Die raumwissenschaftliche Forschungsanschauung kritisierte die länderkundliche Forschungsweise als deskriptiv und unterkomplex. Forderungen nach einer theoretisch fundiert arbeitenden Geographie wurden spätestens auf dem Kieler Geographentag im Jahr 1969 laut. Computer konnten immer umfangreichere Algorithmen erstellen und Datensätze verarbeiten. Diese quantitative Revolution erreichte auch das Lehrgebäude der wissenschaftlichen Geographie. „Die Aufgabe des Faches ist die Erfassung und Erklärung erdoberflächlicher Verbreitungs- und Verknüpfungsmuster" schrieb Dietrich Bar-

Geographien im Plural erzählen

tels (1970: 30), die Galionsfigur eines frühen *spatial turns*. Diese Raumstrukturforschung thematisiert Räume als Systeme von Lagebeziehungen materieller Objekte, wobei Regionalisierungen reflexiv besser zugänglich werden. „Raum" wird auch innerhalb dieses Paradigmas als Entität, als per se existent, betrachtet. Zwar nicht mehr absolut als fixer Container, vielmehr relativ als Distanzrelationsgefüge. Durch eine Analyse der (vermeintlich) objektiven Raumstrukturen sei es möglich, allgemeingültige Raumgesetze zu formulieren. Auch dieser Raumbegriff arbeitet mit Ursache-Wirkungs-Beziehungen, diese Kausalbeziehungen rekurrieren jedoch nicht auf eine Erklärung der erdräumlichen Verteilungsmuster durch das Zusammenspiel der Geofaktoren, sondern argumentieren mit der Distanz (Entfernung) zwischen den Dingen. Transportwege und Warenströme, die Ausbreitung von Epidemien, technischen Innovationen oder politischen Strömungen (Diffusionsforschung) oder die Bedeutung der Versorgungsfunktion von Orten für das Umland (Theorie der Zentralen Orte) werden gemessen und deren Arrangement aufgrund der Bedeutung von Standorten, Lagerelationen und Distanzen für die Herstellung gesellschaftlicher Realität erklärt.

Innerhalb dieser Perspektive könnte man fragen:
Wie ist die Raumstruktur in einem bestimmten Gebiet objektiv beschaffen, welche regionalen Zusammenhänge sind ausgeprägt und wie lassen sich diese abgrenzen?
Diese beiden o.g. Raumkonzepte fokussieren die *objektive Beschaffenheit* von Sachverhalten. Dabei wird die räumliche Ausprägung aus einer makroskopischen Perspektive beleuchtet und das Subjekt (der einzelne Mensch) ausgeblendet. Eine Erklärung von geographischen Sachverhalten mit der länderkundlichen Brille (Ensemble von Geofaktoren, die eine einzigartige Landschaft bilden) oder der raumwissenschaftlichen Perspektive (Erfassung, Erklärung und Finden von Raumgesetzen für erdoberflächliche Verteilungsmuster) führt menschliche Sinnstiftungen auf eine äußere Ursache zurück. Die erkenntnistheoretischen Grenzen sind somit evident.

Darüber hinaus werden Räume in schulischen Lehr-Lern-Prozessen, dem Curriculum 2000+ folgend,

(3) „...als *Kategorie der Sinneswahrnehmung* und damit als „Anschauungsformen" gesehen, mit deren Hilfe Individuen und Institutionen ihre Wahrnehmung einordnen und so Welt in ihren Handlungen „räumlich" differenzieren."

Dieser Raumbegriff berücksichtigt, dass sich verschiedene Individuen unter gleichen Rahmenbedingungen eben nicht zwangsläufig gleich bzw. vorhersehbar verhalten. Die Wahrnehmungsgeographie, herausgebildet Ende der 1970er Jahre, beforschte nun die subjektive Wahrnehmung und Bewertung von Wirklichkeit und leitete damit eine *kognitive Wende* ein. Kritisiert wurde die bis dahin gültige Annahme, raumbezogene Verhaltensweisen der Menschen könnten mit den „objektiven Strukturen" des Realraums erklärt werden. Daraus ableitbare Fragestellungen zielen darauf ab, wie Individuen, Gruppen und Institutionen scheinbar reale „Räume" betrachten und bewerten. „Die" Wirklichkeit muss dabei zugunsten einer Pluralisierung des Begriffs weichen. Grundannahme der vielfältigen Ansätze, die sich innerhalb dieser Perspektive formieren, ist immer noch die Erklärbarkeit von Räumen (über subjektive Wahrnehmungen, die mit räumlichen Begriffen arbeitet und die Welt so räumlich differenziert). Eine hervorragende Position innerhalb wahrnehmungsgeographischer Forschung hat die Perzeptionsgeographie, die danach fragt, wie die subjektive Wahrnehmung von der objektiven Raumstruktur abweicht (Werlen 2000: 286). Wenn wir in der Schule mit „mental maps" arbeiten, um an die subjektiven Raumvorstellungen und kognitiven Raumbilder

der SchülerInnen anzuschließen, beziehen wir uns implizit auf die Perzeptionsgeographie.

Ausgehend vom wahrnehmungsgeographischen Blick würde man fragen:

Wie werden bestimmte Prozesse, Ereignisse oder geographische Sachverhalte durch Individuen, Gruppen und Institutionen verschieden wahrgenommen und bewertet und so räumlich differenziert?

Im Geographieunterricht werden Räume ebenfalls

(4) „...in der *Perspektive ihrer sozialen, technischen und gesellschaftlichen Konstruiertheit* aufgefasst, indem danach gefragt wird, wer unter welchen Bedingungen und aus welchen Interessen wie über bestimmte Räume kommuniziert und sie durch alltägliches Handeln fortlaufend produziert und reproduziert."

Dieser Konzeption von Raum ist ein grundlegender Perspektivenwechsel inhärent. Die Auffassung des Vorhanden-Seins von „Raum" wurde in den drei angesprochenen Perspektiven und den daraus abgeleiteten Raumbegriffen nicht in Frage gestellt. Geographie wird bis dahin als im „Raum" verankert thematisiert, der „Raum" ist einfach da. Dies ändert sich mit den emergierenden konstruktivistischen Ansätzen ab den 1980er Jahren. Die Einsicht, dass nicht der Raum die Gesellschaft bestimmt, sondern konträr dazu die Gesellschaft/die Individuen erst Raum durch Handeln, Kommunizieren und Diskurse machen, bildet die Basisprämisse des konstruktivistischen Blicks auf das Verhältnis Gesellschaft-Raum. Helmut Klüter (1986) konzipierte den ersten Ansatz zur Betrachtung von Räumen als Elemente von Kommunikation und baute seine Ausführungen auf der Luhmannschen Systemtheorie auf. Klüter schlug vor zu untersuchen, wie in unterschiedlichen, funktional getrennten sozialen Systemen wie z.B. der Wissenschaft, der Wirtschaft, der Politik, der Erziehung oder der Kunst, Räume zu Elementen einer sozialsystemspezifischen Kommunikation gemacht werden und forderte eine Analyse der Raumabstraktionen und Ordnungsweisen durch Raumbegriffe, die von den Systemen mit einem bestimmten Zweck produziert und reproduziert werden (Wardenga 2002).

Die wirkmächtigste Konzeption von konstruktivistischen Raumkonzepten bildet die „handlungstheoretische Geographie" von Benno Werlen (einführend: Werlen 2000). Dieser fordert eine Fokussierung der (Sozial-)Geographie auf die Handlungen, das „alltägliche Geographie-Machen" (die Regionalisierungsweisen durch Handlungen) der Subjekte. Er geht davon aus, dass wir mit unserem alltäglichen Handeln die Welt auf uns beziehen und andererseits mit unseren Handlungen die Welt auch aktiv und bewusst gestalten und formen. Was hier einleuchtend klingt, hat jedoch weitreichende Konsequenzen für das Denken und Deuten von Geographien. Der „Raum" ist nicht länger Forschungsobjekt, sondern das Handeln und die Bedeutungszuweisungen der Subjekte stehen im Mittelpunkt. Der Begriff der Handlung wird im Gegensatz zum reaktiven Verhalten als intentional und reflexiv gesetzt, vor dem Hintergrund von Wissen, Interessen und möglichen alternativen Handlungen. Für diese Geographien der Subjekte stellt die Geographie der Objekte nur mehr eine Voraussetzung dar. Wenn wir in dieser Perspektive davon ausgehen, dass das, was wir als „Raum" verstehen, nicht einfach da, sondern sozial konstruiert ist, dann müssen wir uns auf die Suche nach den Konstruktionsbedingungen und Herstellungsweisen begeben, um etwas über diesen „Sachverhalt" erfahren zu können.

Geographische Imaginationen werden ständig durch Akteure und v.a. durch die Medien hergestellt. Ein Beispiel soll das kurz verdeutlichen: Hamburg als mondäne, maritime und weltoffene Stadt mit einem hohen Lebensstandard, für die der Hamburger Hafen, die HafenCity und der Michel (St. Michaelis Kirche) symbolisch stehen, wird in dieser Perspektive eben nicht unhinter-

Geographien im Plural erzählen

fragt so übernommen. Diesem Raumkonzept folgend wird man z.B. die Konstruiertheit, die Imagebildung der „Stadt als Marke" analysieren und dekonstruieren. Die Marke „Hamburg" wird bewusst entworfen, durch Befragungen und Marketinganalysen begründet und über Internetauftritte, Plakate in der Stadt, einheitliche Layoutentwürfe und über Slogans wie „Hamburg – die Stadt am Wasser", „Hamburg – die Metropole der Kultur" oder „Hamburg – das Tor zur Welt der Wissenschaft" ständig neu gemacht und kommuniziert (Kausch 2010). Dabei wird durch findige Spezialisten der Werbebranche ein wirkmächtiges Bild vom „Raum" Hamburg hergestellt, mit der Absicht ein positives Image der Stadt aufzubauen und zu transportieren. Dass sich dadurch jedoch viele Menschen nicht vertreten, ja sogar instrumentalisiert fühlen, wird verschwiegen (siehe Initiative „Not in our name, Marke Hamburg", http://nionhh.wordpress.com/about/). Hier könnte der Unterricht mit einer konstruktivistischen Brille ansetzen.

Der konstruktivistische Blick regt folgende Fragestellungen an:

Wie, durch wen und mit welchen Folgen wird über einen Raum kommuniziert? Welche Arten von Räumen werden durch welche subjektiven Handlungsweisen gemacht? Wer macht welche Räume mit welchem Interesse?

Mit den beiden letztgenannten Raumkonzepten (Raum als Kategorie der Sinneswahrnehmung und Raum als Konstruktion) rückt das Subjekt, der einzelne Mensch, in den Mittelpunkt. Damit können schulische Lehr- und Lernprozesse an die subjektiven Erfahrungs- und Erlebniswelten andocken und persönliche Sinnstiftungen und Bedeutungszuweisungen in den Blick genommen werden. Die *subjektive Bedeutsamkeit* der Weltbindung und -aneignung wird damit berücksichtigt.

Ein zeitgemäßer Geographieunterricht bemüht damit weniger eine objektive Wissensvermittlung, sondern strebt vielmehr eine gelingende Verständigung über die Relationalität

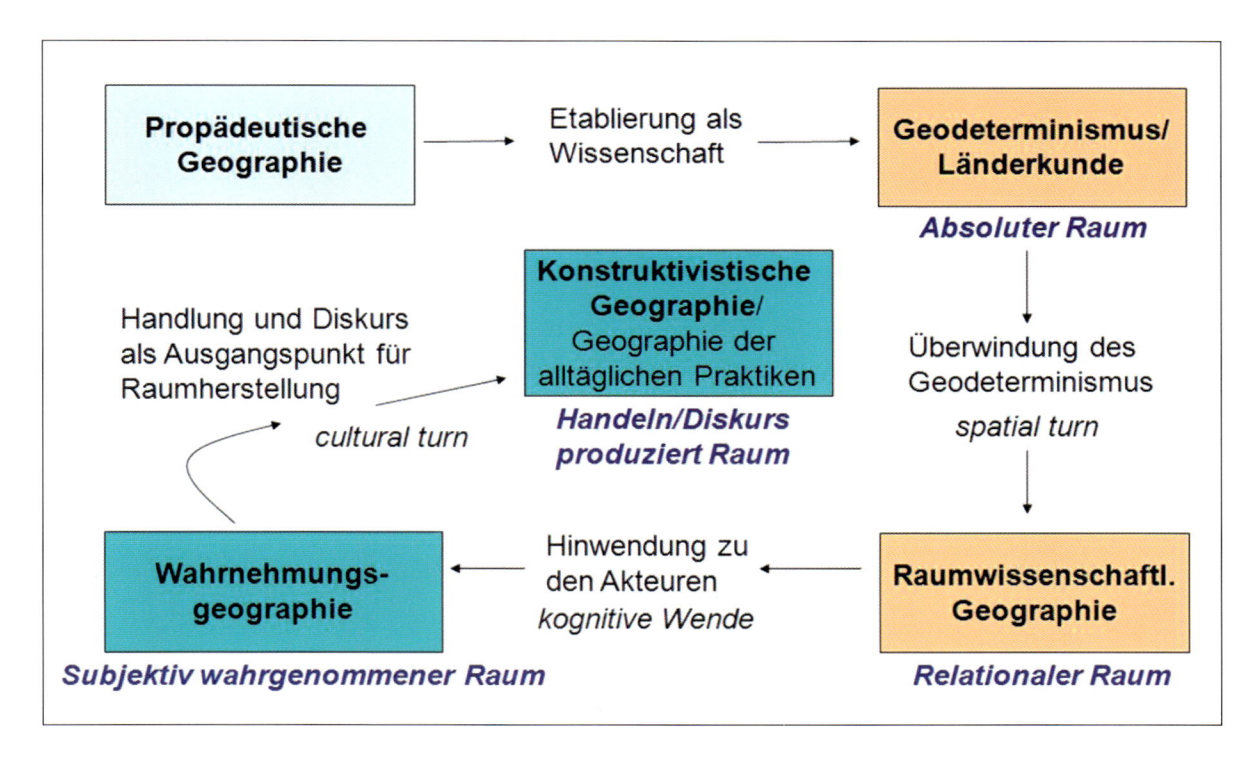

Abb. 4: Prominente Forschungsanschauungen der Geographie und die jeweiligen Konzeptionalisierungen von „Raum" (Entw.: T. Nehrdich).

und Kontingenz von Perspektiven und individuellen Sinnstiftungen an.

„Die Grundfrage soll nämlich nicht lauten: *Beobachtest du (Schüler) so wie ich (Lehrer)?* Sondern sie soll lauten: *Wie kann beobachtet werden? / Wie wird aktuell beobachtet?* Und: *Was bedeutet das?*" (Rhode-Jüchtern 2004: 38, Hervorh. orig.).

Abb. 4 setzt die angesprochenen paradigmatischen Positionen und die damit verbundenen Raumkonzepte schematisch in Beziehung.

Die curricularen Raumkonzepte können als didaktische Denkfiguren für die Planung und Reflexion von Unterricht angewendet werden, quasi als Blueprint, der dem Unterricht zu Grunde liegt. Um geographische Problematisierungen vielperspektivisch in ihrer objektiven Beschaffenheit, vor allem aber in ihrer subjektiven Bedeutsamkeit im Unterricht problemorientiert zu thematisieren, können die Raumkonzepte als Strukturierungshilfe verstanden werden. Damit rücken bei Lehr- und Lernprozessen im Geographieunterricht neben dem traditionellen „Erklären von Welt" auch das „Verstehen von Welt und subjektive Aneignungsprozesse" in den Fokus – wie wir die Welt auf uns beziehen wird damit bedeutsam. Je nach dem Fenster der Weltbeobachtung treten bestimmte Aspekte in den Vordergrund und andere wiederum werden ausgeblendet. Das Nachdenken und die Reflexion über geographische Zusammenhänge und die Notwendigkeit, in einer globalisierten Gesellschaft Verstehensprozesse vielperspektivisch und zunehmend schülerzentriert zu denken, wird so erst möglich und mit dem curricularen Entwurf in den Mittelpunkt geographischer Bildungsprozesse gestellt. Verschiedene Wege geographischer Erkenntnisgewinnung werden so nebeneinander erfahrbar, mehr noch: Sämtliche Geographien sind damit als gemachte Tatsachen zu begreifen, wobei implizit die Relationalität von Wissen und die Gerichtetheit einer jeden Beobachtung herausgestellt werden können. Der konstruktivistische Blick (Raum als Konstruktion) ist so elementarer Bestandteil jeder geographiedidaktischen Auseinandersetzung mit Räumlichkeit.

Der Geographiedidaktik, der zugesprochen wird „zwischen der Fachwissenschaft Geographie und der Schulpraxis zu vermitteln" (Rinschede 2005: 20), fällt dabei die Aufgabe zu, Angebote zu Umsetzungen der curricularen Raumkonzepte, die auch in den Bildungsstandards als unterrichtsleitende Kategorien hervorgehoben werden (Deutsche Gesellschaft für Geographie 2007), bereitzustellen.

Eine Möglichkeit findet sich im neuen TERRA Geographieschulbuch für Gymnasien in Rheinland-Pfalz und Saarland. Am Beispiel des Nürburgrings werden die Raumkonzepte als Methode für eine spannende, vielperspektivische, moderne Raumanalyse fruchtbar gemacht (Hoffmann 2010: 52-63). Zudem schreitet die Implementierung der Raumkonzepte in die Lehrpläne der Bundesländer fort. Publikationen in fachdidaktischen Zeitschriften der Geographie und Herausgeberschriften arbeiten explizit mit den Raumkonzepten als unterrichtsleitende Kategorien (z.B. Dickel & Kanwischer 2006; Schneider & Vogler 2008; Vogler 2010). Die Exkursionsdidaktik entwickelt neue Methoden, um die subjektiven Aneignungsprozesse und Sinnstiftungen für Lernende (und Lehrende, die zugleich immer Lernende sind) erfahrbar zu machen (u.a. Dickel 2004; Budke & Wienecke 2009). Besonders erfreulich aus fachdidaktischer Sicht ist die Verschränkung der Raumkonzepte (4) mit den Bildungsstandards (6) für die konkrete Planung von Unterricht (1-4-6 Regel), wobei ausdrücklich als Ausgangspunkt von Unterricht für eine lohnende Fragestellung in einer problemorientiert gestalteten Lernumgebung plädiert wird (Hoffmann 2009).

Abb. 5 beinhaltet konkrete Vorschläge, die vier Raumkonzepte im Unterricht befragbar zu machen.

Geographien im Plural erzählen

RAUMKONZEPT „REALRAUM"
(Raum als Container)

Untersuche die Merkmale des Raumes in Bezug auf

- seine Lage im Gradnetz
- sein Ausstattungspotenzial (Geofaktoren, Klima, Relief, Böden, Bodenschätze, natürliche Vegetation)
- seine Wirtschafts- und Erwerbsstruktur: Landwirtschaft, Bergbau und Industrie, Dienstleistungen
- seine Wirtschaftskraft (BIP, Arbeitslosigkeit)
- seine Bevölkerung (Verteilung, Dichte, Altersaufbau, Entwicklung, Geburten- und Sterberate, Zu- und Abwanderung)
- seine Siedlungsstrukturen und -prozesse
- seine historische Entwicklung
- aktuelle Planungen

RAUMKONZEPT „BEZIEHUNGSRAUM"
(Raum als System von Lagebeziehungen)

Stelle die charakteristischen Merkmale für diesen Raum heraus und Zusammenhänge her!

Analysiere für diesen Raum

- die Erreichbarkeit und Verkehrsanbindung
- die Lage in einem übergeordneten Bezugsraum (Bundesland, Staat, Welt)
- die Zentralität
- Einzugsbereiche, z.B. von Pendlern, Touristen
- Abhängigkeiten (z.B. von Rohstoffanlieferung, Subventionen etc.)
- Waren- und Güterströme

Berücksichtige dabei verschiedene Maßstabsebenen (lokal, regional, global) und stelle Zusammenhänge her!
Tipp: Nutze auch hierfür deinen Atlas!

RAUMKONZEPT „WAHRGENOMMENER RAUM"
(Raum als Kategorie der Sinneswahrnehmung)

Untersuche, wie verschiedene Akteure und Akteursgruppen den Raum wahrnehmen.

Unterscheide dabei zwischen
- Generationen/Alter und Geschlecht
- Familienstand (z.B. Single, verheiratet)
- „Fremden" und „Einheimischen"
- Reisenden/Touristen und „Bereisten"
- Befürwortern und Gegnern
- Vertretern unterschiedlicher Interessengemeinschaften
- Politikern und Umweltschützern
- Opfern/ Betroffenen einer Katastrophe/ in einer Problemregion

Arbeite Widersprüche und Gemeinsamkeiten heraus! Stelle dabei auch Zusammenhänge zu deinen Kenntnissen aus der objektiven Raumanalyse her!

RAUMKONZEPT „GEMACHTER RAUM"
(Raum als Konstruktion)

Werte Dokumente wie Internetauftritte, Prospekte, Filme und Filmankündigungen, Flyer, Plakate etc. daraufhin aus,
- wer, welche Institution oder welche gesellschaftliche Gruppierung das Dokument mit welchen Interessen verfasst und gestaltet hat
- wie der Raum und der dafür bedeutsame Sachverhalt in diesen Dokumenten unterschiedlich in Text und Bild dargestellt und kommuniziert wird
- und so der Raum „gemacht", konstruiert und inszeniert wird

Überprüfe die mediale Vermittlung kritisch mit Hilfe deiner Kenntnisse aus den drei vorausgehenden Schritten der Raumanalyse!
Hinterfrage abschließend, mit welcher Absicht der Raum auf diese Weise medial vermittelt wird.

Abb. 5: Konkrete Analysevorschläge für Unterricht (Entw.: T. Nehrdich, verändert nach K.W. Hoffmann, A. Coen, H. Wenz, siehe auch: www.klett.de/sixcms/media.php/229/104006_KV.pdf).

Hamburger Symposium Geographie – Klimawandel und Klimawirkung

Die im Folgenden vorgestellte Umsetzung der curricularen Raumkonzepte am Beispiel der Elbeflut in Dresden ist das Ergebnis eines kooperativen Studienprojektes der Geographiedidaktik an der Universität Jena. Für eine vertiefende Betrachtung wird die Onlinepublikation des Projektes empfohlen (Götz et al. 2008).

3. Die Raumkonzepte am Beispiel der Elbeflut in Dresden 2002

Extremwetterereignisse werden häufig in den Medien und Schulbüchern als kleine Erzählungen in den Zusammenhang einer großen Erzählung, des Klimawandels gestellt (vgl. Abb. 6). Auch Werner Lahmer vom Potsdam-Institut für Klimafolgenforschung setzt das „Jahrhunderthochwasser" der Elbe im August 2002 in der Schrift „Klimawandel – Hochwasser, Dürren, Vorsorgestrategien" (Lahmer 2004) in Beziehung zum Klimawandel.

Zur emotionalen und inhaltlichen Einstimmung einer möglichen konkreten Umsetzung der Raumkonzepte soll der folgende fiktive Bericht dienen, der die Elbeflut in Dresden 2002 kommentiert:

Starkniederschläge und Überflutungen, die man in Europa nur selten erlebt, führten im August 2002 in Österreich, in der Tschechischen Republik, der Slowakei, in Deutschland und anderen Teilen Europas zu Zerstörungen in bisher unbekanntem Ausmaß. Besonders drastisch zeigten sich die Überschwemmungen in den Elberegionen. Sie brachten Schäden in Milliardenhöhen. Extrem betroffen waren Städte wie Dresden. Der Rekordpegel der Elbe von 9,40 m am 17. August 2002 markiert eine Zäsur, die eine neue Ära der Hochwassergeschichte einleitete.

Die verheerenden Auswirkungen – Sachschäden und zu beklagende Menschenleben – veranlasste die Öffentlichkeit zu einer kontroversen

Klimawandel – Wo? Hier!

Lange hielt man nur *die Anderen* für betroffen.
Von Dürren geplagte afrikanische Entwicklungsländer oder tief gelegene wie Bangladesch. Zu oft gerät in Vergessenheit: Der Klimawandel ist auch bei uns bereits angekommen.

Das Elbehochwasser 2002, der Jahrhundertsommer 2003 oder Orkan Kyrill im Januar 2007 - ganz *normale* Wetterextreme? Der Jahrhundertsommer hat allein in Deutschland mehr als 7000 Hitzeopfer gefordert. Tote. Und auch im letzten Jahr sind hierzulande 4500 Menschen aufgrund übermäßiger Hitze gestorben. Deutschland nimmt nach dem Klima-Risiko-Index 2008 der Organisation Germanwatch Rang 10 der am meisten vom Klimawandel betroffenen Länder ein.

http://www.greenpeace.de/themen/klima/nachrichten/artikel/klimawandel_wo_hier/

Klaus Töpfer, Chef der UN-Umweltbehörde UNEP, glaubt, dass die vom Menschen verursachte Klimaänderung nicht mehr abgewendet, höchstens abgemildert werden kann. „Wir sind bereits mitten im Klimawandel", sagte er der Frankfurter Rundschau. Jüngstes Beispiel dafür, dass die extremen Wettersituationen zugenommen haben, sei der Weihnachtsorkan „Lothar", der mit Spitzengeschwindigkeiten von mehr als 200 Kilometern pro Stunde über Süddeutschland raste. Andere Indizien seien die gewaltigen Niederschläge in Venezuela, die „Jahrhunderthochwasser" 1993 und 1995 am Rhein oder die starken Schneefälle mit verheerenden Lawinenabgängen im letzten Winter. Laut Töpfer vermittelt all das „eine Ahnung davon, was uns noch blüht".
(Süddeutsche Zeitung vom 29.12.1999)

Diercke Erdkunde 11 (2007)

Abb. 6: Extremwetterereignisse als Indikatoren für einen Klimawandel?

Geographien im Plural erzählen

Diskussion über Ursachen und Folgen. Fernseh- und Radioberichte sowie zahlreiche Tageszeitungen verschafften weltweit einen Einblick in diese „Jahrhundertflut".

Bilder von überfluteten Landschaften, schutzsuchenden Menschen und Helfern im Dauereinsatz strömten in die Wohnzimmer auch aller fernab Beteiligten. Spätestens zu diesem Zeitpunkt avancierte die Flut zu einer Katastrophe kollektiven Ausmaßes. Eindringlich, offensichtlich und zum Greifen nah demonstrierten sämtliche Medien, welche Risiken von so genannten „Naturphänomenen" für das eigene Leben ausgehen können.

An den Sommertagen im August schien nichts mehr so, wie es vorher war: Ein Opfer, deren private und berufliche Existenzgrundlage durch die Flut vernichtet wurde, äußerte: „Aus Elbe, Mulde und Weißeritz sind böse Nachbarinnen geworden. Aufbrausende Wesen, die aus schierer Willkür Existenzen vernichtet und Leben zerstört haben. Die Flüsse, die im Sommer die Schicksalsflut gebracht haben, sind im Leben ihrer Opfer zu festen Größen geworden, Bekannte, die über Glück oder Unglück entscheiden."

In Dresden entschied die Elbe das Unglück. Die Ursachen sind einfacher Natur. Die Katastrophe ist determiniert durch die besondere Ausprägung urbaner Landschaften, bedingt durch das Zusammenwirken der Geofaktoren: Versiegelte und verdichtete Böden, gestaute und begradigte Flüsse und fehlende Flussauen wie in Dresden – so etwas hält extremen Naturgewalten nicht stand.

Ein Umweltschützer ist bei dieser Sichtweise empört: „Alles Unsinn. Weder Elbe, Mulde, Weißeritz sind böse. Bitte, was sind extreme Naturgewalten? Für sich genommen handelt es sich bei einem Hochwasser zunächst um ein harmloses Naturereignis und nicht um eine Katastrophe. Zur solchen wird es erst, wenn der Mensch in für ihn gefährliche und riskante Räume ohne Rücksicht auf natürliche Grenzen eindringt, sie verändert und sich zu eigen macht. Dann ist sie hausgemacht – die so genannte ‚Naturkatastrophe'. Wir sind selbst daran schuld."

Ein Experte vom Katastrophenschutz hält dagegen: „Nun gut, Natur- oder Kulturkatastrophe. Die Frage ist alles andere als erschöpfend. Fakt ist, es ist passiert. Und um was geht es jetzt? Wir müssen herauszufinden, welche regionalen Zusammenhänge das Ausmaß der Katastrophe bestimmen, welche Raumgesetze dahinter stecken, was wir zukünftig erwarten müssen und was wir schließlich dagegen tun können."

So kann Dresden und Umgebung als Katastrophenregion Nummer eins fixiert werden, was aus der spezifischen Verteilung und funktionellen Verknüpfung physisch-materieller Sachverhalte resultiert. Gemeint sind die regelhaften Lagebeziehungen zwischen Standorten hoher Niederschlagsmengen im Einzugsgebiet der Elbe (z.B. die Osterzgebirgsregion) und dicht bebauter Areale (z.B. der Oberelbe), die verantwortlich sind für die Rekordpegel in Dresden und der daraus resultierenden Vernichtung materieller Werte.

Summa summarum: Max Frisch hat einmal gesagt: „Die Natur kennt keine Katastrophen, Katastrophen kennt nur der Mensch, sofern er sie überlebt." Dresden hat überlebt, die Schäden sind beseitigt, das Problem jedoch nicht. Es spricht nur keiner mehr darüber. Allenfalls sporadisch und am Rande berichten die Medien zum Jahrestag von Gedenkfeiern an die Jahrhundertflut. Ob sich was verändert hat? Alle sind erwartungsvoller für das nächste Mal!

Aufmerksame Leser haben wohl schon entdeckt, dass die oben präsentierten Argumentationen und Lesarten der Elbeflut implizit auf die vier vorgestellten Raumkonzepte verweisen. Die Erzählung bezieht verschiedene Fenster der Beobachtung der Elbeflut in Dresden 2002 mit ein.

Wie würde man sich nun der Elbeflut in Dresden aus den einzelnen Perspektiven annähern?

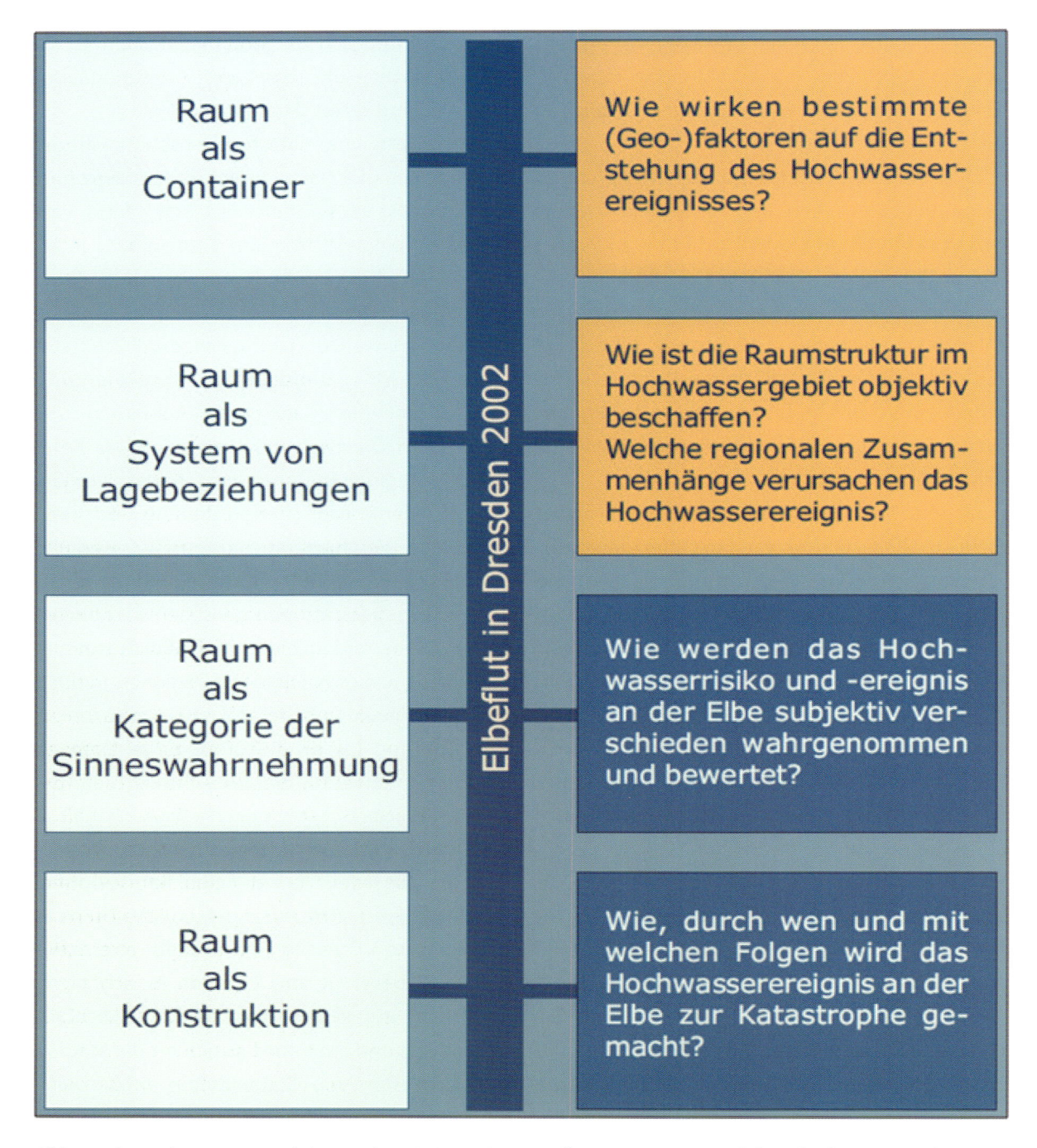

Raum als Container	Elbeflut in Dresden 2002	Wie wirken bestimmte (Geo-)faktoren auf die Entstehung des Hochwasserereignisses?
Raum als System von Lagebeziehungen		Wie ist die Raumstruktur im Hochwassergebiet objektiv beschaffen? Welche regionalen Zusammenhänge verursachen das Hochwasserereignis?
Raum als Kategorie der Sinneswahrnehmung		Wie werden das Hochwasserrisiko und -ereignis an der Elbe subjektiv verschieden wahrgenommen und bewertet?
Raum als Konstruktion		Wie, durch wen und mit welchen Folgen wird das Hochwasserereignis an der Elbe zur Katastrophe gemacht?

Abb. 7: Raumkonzepte und daraus konzipierte Fragestellungen am Beispiel der Elbeflut in Dresden 2002 (nach Götz et al. 2008).

Wie kann man das Hochwasserereignis befragbar machen?

Ausgehend von den in Abschnitt 2 genannten Fragestellungen, die aus den vier Positionierungen und Betrachtungen von „Raum" abgeleitet wurden, ist es sinnvoll, zu einer Konkretisierung der Fragestellungen voranzuschreiten (vgl. Abb. 7).

Die folgenden vier Poster zeigen exemplarisch auf, wie eine inhaltliche Annäherung an die Elbeflut in Dresden 2002 aus vier verschiedenen Beobachtungswarten, ausgehend von den vier formulierten Fragestellungen, aussehen kann. Hier liegt die einfache Erkenntnis zugrunde, dass alles, was wir sehen, beschreiben, deuten, analysieren usw., in einer bestimmten Perspektive erkannt wird und dass nichts als „Ganzes", sondern immer nur unter bestimmten Aspekten beobachtet und verstanden werden kann.

Die landschaftsgeographische Perspektive versucht die Elbeflut als Wirkungsgefüge natürlicher und anthropogener Geofaktoren zu erklären. Abb. 9 visualisiert dies exemplarisch anhand der Geofaktoren Boden, Hydrologie, Klima und Mensch. Die ungünstige Ausprägung der Landschaft mit begradigten Flussläufen, zu wenig Retentionsflächen und verdichteten Böden bestimmt so die Hochwasserkatastrophe unausweichlich. Die so hergestellte enzyklopädische, rein beschreibende und unterkomplexe Darstellung des Hochwasserereignisses kann in einem zeitgemäßen, problemorientierten Geographieunterricht, wenn überhaupt, nur unterstützend Anwendung finden. Schlagworte wie „Geofaktoren" oder „Wirkungsgefüge natürlicher und anthropogener Faktoren" verweisen auf den Containerraum und den länderkundlichen Blick.

Eine zweite Perspektive, die die objektive Beschaffenheit der Elbeflut ins Visier nimmt, diese als System von Lagebeziehungen herausstellt und mit Hilfe von Distanzen und Beziehungsmuster erklärbar machen möchte, ist der raumwissenschaftliche Blickwinkel. Abb. 9 zeigt, wie mit Hilfe von quantitativen Datensätzen (Wetterdaten, Abflussregime, Pegelstände, Schadenskalkulationen, Niederschlagsverteilungen etc.) die Verteilungen und Verflechtungen räumlicher Sachverhalte erhoben werden, um daraus regionale Zusammenhänge zur Verbreitung und zum Schadensausmaß des Hochwasserereignisses abzuleiten. Zu Beginn einer Analyse in drei Schritten steht das Erfassen und Lokalisieren von physisch-materiellen Sachverhalten (das Zustandekommen der Vb-Wetterlage, Niederschlagsmengen, Daten zu Talsperren und Rückhaltesystemen, materielle Schäden etc.). Ein zweiter Analyseschritt wird durch die funktionelle Verknüpfung der erfassten Sachverhalte realisiert, in dem Raumgesetze, ausgehend von den erhobenen Sachverhalten, formuliert werden. Abschließend können Systemregionen fixiert werden, die wiederum das Erstellen von Prognosen und Interventionsmaßnahmen ermöglichen. Der Raum wird hier als System regelhafter Lagebeziehungen thematisiert. Begriffe wie „Ursache-Wirkungs-Beziehungen", „Raumstruktur", und „kausale Zusammenhänge" verweisen auf eine raumwissenschaftliche Perspektive.

Der wahrnehmungsgeographische Blick rückt die subjektive Bedeutsamkeit und Sinnstiftung der Menschen als wahrnehmende Akteure in den Fokus. Schließlich lassen sich mit linear kausal formulierten raumstrukturellen Sachverhalten die verschiedenen Verhaltensweisen und Reaktionen der Menschen nicht erklären. Innerhalb dieser Perspektive interessiert nicht mehr die Ausprägung von Landschaft/Raum, sondern die jeweils unterschiedliche Wahrnehmung und Bewertung der Raumstruktur im Hochwassergebiet. „Raum" wird so individuell bedeutsam: als einmalige Attraktion, als politische Herausforderung oder als gestörtes Mensch-Natur-Verhältnis (vgl. Abb. 10). So wird schnell deutlich, dass die Situation aus der Sicht der Subjekte viel differenzierter ist und dass der persönliche Umgang wahrnehmungsbedingt unzählige alternative Perspektiven im Hinblick auf die Einschätzung des Hochwasserrisikos, -ereignis' und der -folgen eröffnet. Lernenden wird so auch die Möglichkeit gegeben, sich selbst zum Hochwasserereignis in Beziehung zu bringen, sich in Standpunkte einzufühlen und eine Haltung zu entwickeln.

Das vierte Poster macht mit einem konstruktivistischen Blick befragbar, wie, warum und mit welchen Mitteln und Folgen Akteure im Kontext des Hochwasserereignisses handeln und darüber kommunizieren. Handlungen werden in diesem Zusammenhang als planbar/zielgerichtet (der Handlungsentwurf, die Absicht), durchführbar (das Handeln) und reflektierbar (das Bewerten und Nachdenken über beabsich-

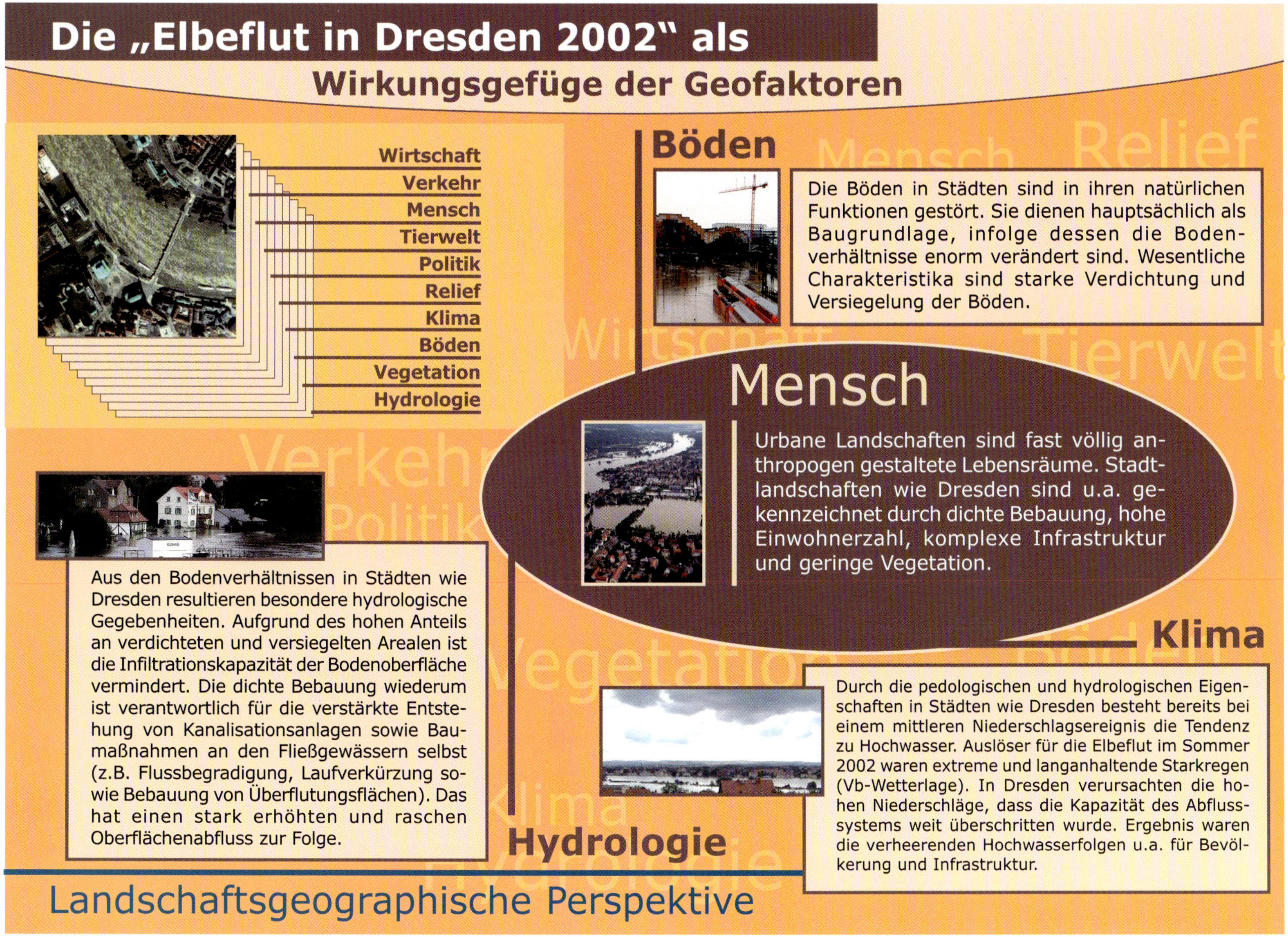

Die „Elbeflut in Dresden 2002" als Wirkungsgefüge der Geofaktoren

Böden
Die Böden in Städten sind in ihren natürlichen Funktionen gestört. Sie dienen hauptsächlich als Baugrundlage, infolge dessen die Bodenverhältnisse enorm verändert sind. Wesentliche Charakteristika sind starke Verdichtung und Versiegelung der Böden.

Mensch
Urbane Landschaften sind fast völlig anthropogen gestaltete Lebensräume. Stadtlandschaften wie Dresden sind u.a. gekennzeichnet durch dichte Bebauung, hohe Einwohnerzahl, komplexe Infrastruktur und geringe Vegetation.

Klima
Durch die pedologischen und hydrologischen Eigenschaften in Städten wie Dresden besteht bereits bei einem mittleren Niederschlagsereignis die Tendenz zu Hochwasser. Auslöser für die Elbeflut im Sommer 2002 waren extreme und langanhaltende Starkregen (Vb-Wetterlage). In Dresden verursachten die hohen Niederschläge, dass die Kapazität des Abflusssystems weit überschritten wurde. Ergebnis waren die verheerenden Hochwasserfolgen u.a. für Bevölkerung und Infrastruktur.

Hydrologie
Aus den Bodenverhältnissen in Städten wie Dresden resultieren besondere hydrologische Gegebenheiten. Aufgrund des hohen Anteils an verdichteten und versiegelten Arealen ist die Infiltrationskapazität der Bodenoberfläche vermindert. Die dichte Bebauung wiederum ist verantwortlich für die verstärkte Entstehung von Kanalisationsanlagen sowie Baumaßnahmen an den Fließgewässern selbst (z.B. Flussbegradigung, Laufverkürzung sowie Bebauung von Überflutungsflächen). Das hat einen stark erhöhten und raschen Oberflächenabfluss zur Folge.

Geofaktoren: Wirtschaft, Verkehr, Mensch, Tierwelt, Politik, Relief, Klima, Böden, Vegetation, Hydrologie

Landschaftsgeographische Perspektive

Abb. 8: Die „Elbeflut in Dresden 2002" als Wirkungsgefüge der Geofaktoren (landschaftsgeographische Perspektive) (Götz et al. 2008: 15).

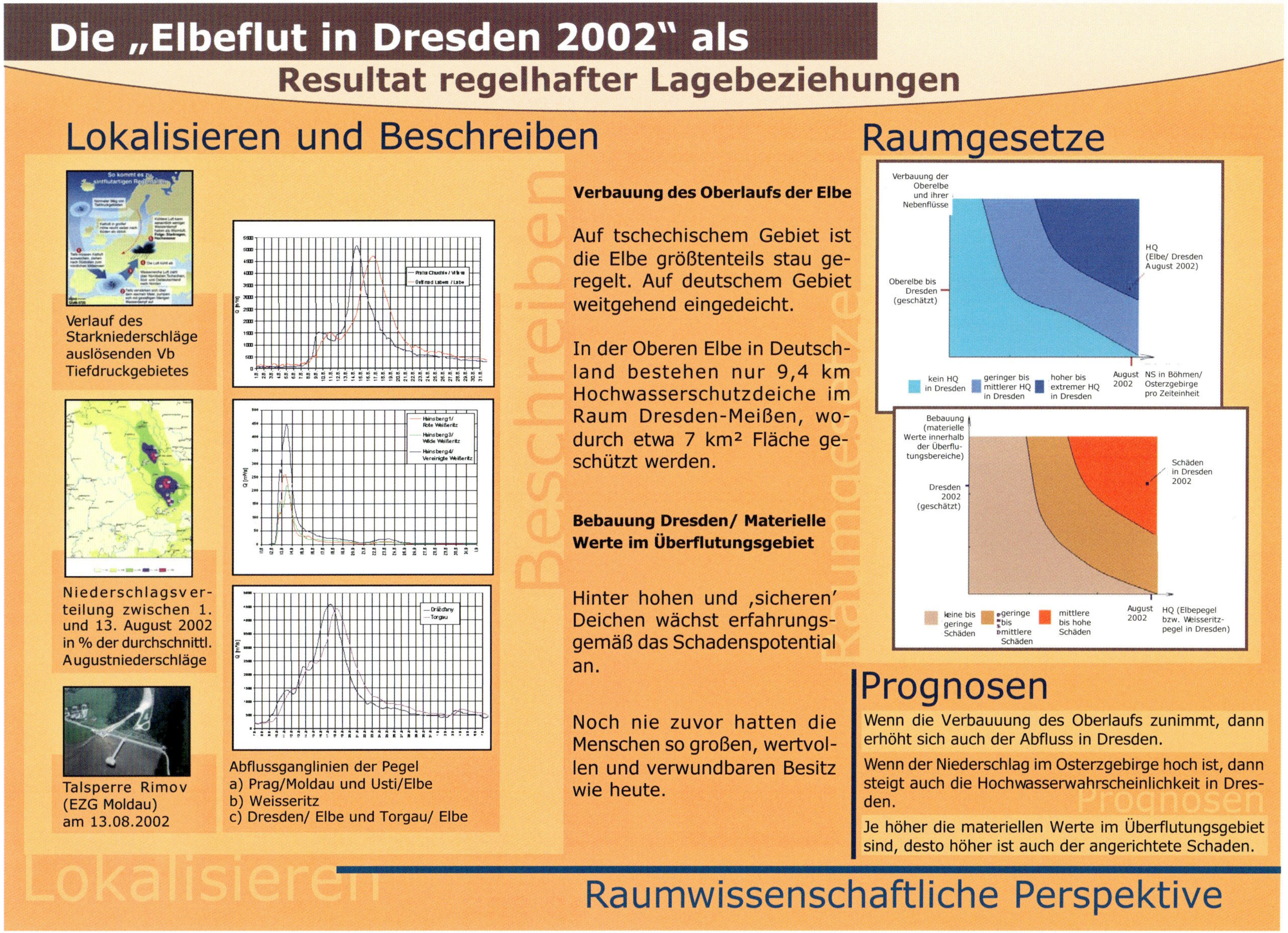

Geographien im Plural erzählen

Die „Elbeflut in Dresden 2002" als Resultat regelhafter Lagebeziehungen

Lokalisieren und Beschreiben

Verbauung des Oberlaufs der Elbe

Auf tschechischem Gebiet ist die Elbe größtenteils stau geregelt. Auf deutschem Gebiet weitgehend eingedeicht.

In der Oberen Elbe in Deutschland bestehen nur 9,4 km Hochwasserschutzdeiche im Raum Dresden-Meißen, wodurch etwa 7 km² Fläche geschützt werden.

Bebauung Dresden/ Materielle Werte im Überflutungsgebiet

Hinter hohen und ‚sicheren' Deichen wächst erfahrungsgemäß das Schadenspotential an.

Noch nie zuvor hatten die Menschen so großen, wertvollen und verwundbaren Besitz wie heute.

Verlauf des Starkniederschläge auslösenden Vb Tiefdruckgebietes

Niederschlagsverteilung zwischen 1. und 13. August 2002 in % der durchschnittl. Augustniederschläge

Talsperre Rimov (EZG Moldau) am 13.08.2002

Abflussganglinien der Pegel
a) Prag/Moldau und Usti/Elbe
b) Weisseritz
c) Dresden/ Elbe und Torgau/ Elbe

Raumgesetze

Prognosen

Wenn die Verbauuung des Oberlaufs zunimmt, dann erhöht sich auch der Abfluss in Dresden.

Wenn der Niederschlag im Osterzgebirge hoch ist, dann steigt auch die Hochwasserwahrscheinlichkeit in Dresden.

Je höher die materiellen Werte im Überflutungsgebiet sind, desto höher ist auch der angerichtete Schaden.

Raumwissenschaftliche Perspektive

Abb. 9: Die „Elbeflut in Dresden 2002" als Resultat regelhafter Lagebeziehungen (raumwissenschaftliche Modellierung) (Götz et al. 2008: 19).

Hamburger Symposium Geographie – Klimawandel und Klimawirkung

Die „Elbeflut in Dresden 2002" aus der Sicht von ...

Tourist – Raum als einmalige Attraktion

„Das Restaurant „Villa Marie" am Fuße des Dresdner „Blauen Wunders" versank vor genau drei Monaten im Elbehochwasser. Die Spuren sind noch unübersehbar. Das war unser außergewöhnlichstes und dramatischstes Urlaubserlebnis ...."

Familie Otto, Urlauber

Naturschützer – Raum als gestörte Natur

„Durch das Hochwasser der Elbe und ihrer Nebenflüsse im Jahr 2002 wurden so viele Giftstoffe freigesetzt wie in keinem anderen Jahr seit 1975."

Karsten Smid, Greenpeace

Journalist – Raum als ...

Unternehmer – Raum als existenzielle Verunsicherung

„Wenigstens aufgetaucht sind sie wieder, die drei in der Elbeflut gekenterten Fähren der Oberelbischen Verkehrsgesellschaft. Zwei Fähren müssen komplett neu gebaut werden. Wir hoffen nun auf finanzielle Unterstützung aus den Fluthilfeprogrammen."

Vertreter, OVPS

Politiker – Raum als politische Herausforderung

„Die Elbe muss zum Symbol einer neuen zukunftsfähigen Flusspolitik werden..."

Dr. A. Zahrnt, BUND-Vorsitzende

Anwohner – Raum als tragisches Schicksal

„Die Elbe brachte im Sommer die Schicksalsflut in unsere Wohnsiedlung und entschied damit über Glück und Unglück. Unsere Wohnung ist völlig zerstört, nun sind wir auf die Unterstützung und Hilfe von Freunden und Verwandten angewiesen."

Ernst Paul, Dresdner

Schüler

Pendler

Wie wird die Elbeflut subjektiv verschieden wahrgenommen und bewertet?

Wahrnehmungsgeographische Perspektive

Abb. 10: Die „Elbeflut in Dresden 2002" als Kategorie der Sinneswahrnehmung (wahrnehmungsgeographischer Blick) (Götz et al. 2008: 24).

Geographien im Plural erzählen

Die „Elbeflut in Dresden 2002" als Konstruktion

Im Zentrum des Interesses steht die Frage, wie, warum, mit welchen Mitteln und Folgen Akteure im Kontext des Hochwasserereignisses handeln.

Das folgende Schema bietet eine (!) Möglichkeit, diese Handlung(en) zu beschreiben, zu interpretieren und zu verstehen.

Akteure
Akteur A ⇔ Akteur B ⇔ Akteur C ⇔ (...) ⇔ Akteur X

Konstruktionsebene
materiell(technisch)   politisch(administrativ)   sozial(kommunikativ)   (...)

Konstruktionsmaßstab
lokal   regional   überregional   global   (...)

Zeitliche Rahmung
langfristig   mittelfristig   kurzfristig   (...)

➩

Handlungsintention(en)
Handlung
Handlungsfolgen

Ein Geographieunterricht muss zunächst fragen, unter welchem Aspekt das Thema „Elbeflut 2002" behandelt wird.
Ein mögliches Problem wäre z.B.:

> „Wie, durch wen und mit welchen Folgen wird das Hochwasserereignis an der Elbe zur Katastrophe gemacht?"

Im nächsten Schritt stellt sich die Frage, welche Akteure in das Problem involviert sind.

Die Art und Weise des Handelns bezüglich des Hochwassers ist vielseitig beschreibbar. Je nach Interessen und Möglichkeiten wird das Ereignis durch verschiedene Akteure zur Katastrophe gemacht (z.B. von Politikern, Planern, Ökonomen, Bewohnern, ...).

Aus der Vielzahl der in das Problem involvierten Subjekte können exemplarisch bedeutsame Handlungsträger ausgewählt und deren Praktiken interpretiert werden.

Für die gesellschaftliche Bedeutung des Ereignisses als Katastrophe spielt die Berichterstattung der öffentlichen Medien eine mächtige Rolle.

Bedeutsame **Akteure** sind in diesem Zusammenhang die öffentlichen Medien (also *Redakteure, Reporter, Fotografen*, etc.) ...

...die auf sozial-kommunikativer **Konstruktionsebene** (gefiltertes) Wissen produzieren, welches wiederum an die Rezipienten (also Leser bzw. Zuschauer) weitergetragen wird.

Dies geschieht in einem recht großen, überregionalen **Maßstab** *bundesbzw. europaweit*.

Die **zeitliche Rahmung** dieser Handlung(en) beschränkt sich lediglich auf den Zeitraum des Ereignisses. Sie ist also nur *kurz-*, allenfalls *mittelfristig*.

➩

Handlungsintention ist das Informieren über das Ereignis bei gleichzeitiger Orientierung an den Interessen der Rezipienten und der Wirtschaftlichkeit des Mediums.

Handlung(en) ist (sind) die ‚gefärbte' Berichterstattung durch Überbetonung und bewusste Wiederholung von Bildern und Sequenzen besonders dramatischer Einzelschicksale.

Die wohl markanteste **Folge** der Berichterstattung ist, dass das Ereignis erst durch die einseitige mediale Präsenz zur „Jahrhundertkatastrophe" („Sintflut", „Jahrhundertflut", „Jahrtausendflut", ...) gemacht wird.

Aus der „Elbeflut" wird eine mediale *Bilderflut!*

So wird deutlich, dass die scheinbar objektive mediale **Repräsentation** des Ereignisses zur medialen **Konstruktion** der **Katastrophe** wird.

Konstruktivistische Perspektive

Abb. 11: Die „Elbeflut in Dresden 2002" als Konstruktion (konstruktivistische Perspektive) (Götz et al. 2008: 29).

tigte und unbeabsichtigte Handlungsfolgen) verstanden, abhängig von Interessen, Möglichkeiten und subjektiven Wissensbeständen. Der Begriff der Handlung wird so konträr zum reaktiven Begriff des Verhaltens entworfen. Diese Perspektive geht weiter davon aus, dass es die Menschen mit ihren alltäglichen Praktiken des „Geographie-Machens" (Werlen 2000) sind, die Regionen durch Kommunikation und alltägliches Handeln erst hervorbringen. Die linke Seite der Abb. 11 visualisiert ein mögliches formales Gerüst, sich diesen Handlungsabläufen zu nähern. Ausgehend von einer lohnenden Fragestellung innerhalb des Themenkomplexes „Elbeflut in Dresden 2002" („Wie, durch wen und mit welchen Folgen wird das Hochwasserereignis an der Elbe zur Katastrophe gemacht") wird das theoretische Fundament auf der rechten Seite der Abb. 11 anschlussfähig. Voraussetzung dafür ist lediglich die Einsicht, dass die Elbeflut keine Katastrophe an sich darstellt, sondern erst durch menschliche Handlungen und Kommunikation Bedeutungen wie Sintflut, Katastrophe und Jahrtausendflut zugewiesen bekommt. Die mediale Vermittlung der Elbeflut in Dresden kann so mit der Erkenntnis fokussiert werden, dass die scheinbar objektive mediale Repräsentation des Ereignisses zur medialen Konstruktion der Katastrophe wird. Indem die Handlungen und Kommunikationsprozesse der Akteure in den Mittelpunkt gestellt und räumliche Bezüge erst nachgeordnet als gemacht thematisiert werden, wird der Mythos, dass „Raum" einen wissenschaftlichen Erklärungswert habe, in dieser Perspektive konsequent nicht bedient.

Literatur

ARBEITSGRUPPE Curriculum 2000+ der Deutschen Gesellschaft für Geographie (2002): Curriculum 2000+. Grundsätze und Empfehlungen für die Lehrplanarbeit im Schulfach Geographie, Geographie heute, Vol. 23, No. 200: 4-7

BARTELS, D. (1970): Einleitung, in: Bartels, D. (Hg.): Wirtschafts- und Sozialgeographie. Köln et al., Kiepenheuer & Witsch (Neue Wissenschaftliche Bibliothek, Wirtschaftswissenschaften 35): 13-48

BUDKE, A. & M. WIENECKE (Hg.) (2009): Exkursion selbst gemacht. Innovative Exkursionsmethoden für den Geographieunterricht, Potsdam, Universitäts-Verlag Potsdam (Schriftenreihe Praxis Kultur- und Sozialgeographie 47)

CLAAßEN, K., ENGELMANN, D., GAFFGA, P., LATZ, W. & W. WEIDNER (2007): Diercke Erdkunde. Klasse 11, 3. Aufl., Braunschweig, Westermann

COSGROVE, D. (2006): Apollo's eye: a cultural geography of the globe, in: Gebhardt, H. & P. Meusburger (eds.): Geographical imagination and the authority of images, Heidelberg, Steiner (Hettner-Lecture 9): 7-27

DEUTSCHE GESELLSCHAFT FÜR GEOGRAPHIE (2007): Bildungsstandards im Fach Geographie für den mittleren Schulabschluss – mit Aufgabenbeispielen, Berlin, DGfG

DICKEL, M. (2004): Reisen. Zur Erkenntnistheorie, Praxis und Reflexion für die Geographiedidaktik, Berlin (Praxis Neue Kulturgeographie 2)

DICKEL, M. & D. KANWISCHER (Hg.) (2006): Tat-Orte. Neue Raumkonzepte didaktisch inszeniert, Berlin (Praxis Neue Kulturgeographie 3)

EDENHOFER, O. (2010): Pannenserie. IPCC kommt auf den Prüfstand, http://www.faz.net/s/Rub-C5406E1142284FB6BB79CE581A20766E/Doc~ED2F00AD839DD43478959E668B0F9E976~ATpl~Ecommon~Scontent.html (Stand: 10.02.2010) [16.02.2010]

FAUSER, P. (2002): Lernen als innere Wirklichkeit. Über Imagination, Lernen und Verstehen, Neue Sammlung, Vol. 42, No. 2: 39-68

GEBHARDT, H., MATTISEK, A., REUBER, P. & G. WOLKERSDORFER (2007): Neue Kulturgeographie? Perspektiven, Potentiale, Probleme, Geographische Rundschau, Vol. 59, No. 7/8: 12-20

GEBHARDT, H., REUBER, P. & G. WOLKERSDORFER (Hg.) (2003): Kulturgeographie. Aktuelle Ansätze und Entwicklungen, Heidelberg et al., Spektrum

GÖTZ, C., MEERBACH, K., MÜLLER, S. et al. (2008): Raumkonzepte im Geographieunterricht. Ein- und Ausblicke – Raumkonzepte praktisch im Dialog, Thüringer Schulgeograph, No. 44 (http://www.schulgeographen-thueringen.de/Raumkonzepte.pdf)

HAMBURGER BILDUNGSSERVER (2010): Klimawandel und Klimafolgen, http://www.hamburger-bildungsserver.de/index.phtml?site=themen.klima (Stand: 06.01.2010) [18.02.2010]

HOFFMANN, K.W. (2009): Mit den Nationalen Bildungsstandards Geographieunterricht planen und auswerten, Geographie und ihre Didaktik, Vol. 37, No. 3: 105-119

HOFFMANN, K.W. (2010): Raumanalyse: vier Blicke auf den Nürburgring, in: Wilhelmi, V. (Hg.): TERRA Geographie 3, Gymnasium Rheinland-Pfalz und Saarland, Stuttgart, Klett: 52-63 (im Druck)

KAUSCH, T. (2010): Die Marke „Hamburg", http://www.marketing.hamburg.de/Marke-Hamburg.64.0.html (Stand: o.A.) [20.02.2010]

KLÜTER, H. (1986): Raum als Element sozialer Kommunikation, Gießen, Selbstverlag des Geographischen Instituts der Justus Liebig-Universität Gießen (Gießener Geographische Schriften 60)

LAHMER, W. (2004): Klimawandel – Hochwasser, Dürren, Vorsorgestrategien, http://www.living-rivers.de/hochwassertagung/vortraege/Klimawandel_W_Lahmer.pdf (Stand: 26.04.2004) [22.02.2010]

LUHMANN, N. (1986): Ökologische Kommunikation. Kann die moderne Gesellschaft sich auf ökologische Gefährdungen einstellen? Opladen, Westdeutscher Verlag

LUNAR AND PLANETARY INSTITUTE (2010): Apollo image atlas. AS17-148-22727, http://www.lpi.usra.edu/resources/apollo/frame/?AS17-148-22727 (Stand: 2010) [10.02.2010]

PETTY, J.I. (2009): Apollo imagery, http://spaceflight.nasa.gov/gallery/images/apollo/apollo17/html/as17-148-22727.html (Stand: 02.03.2009) [10.02.2010]

RATTERSBERGER, M., JEKEL, T., WALLENTIN, G. & U. MITTERBAUER (2008): Der Klimawandel und was sich unsere Schülerinnen und Schüler darunter so vorstellen: eine Erhebung von SchülerInnen-Perspektiven, GW-Unterricht, No. 111: 36-44

RINSCHEDE, G. (2005): Geographiedidaktik, Paderborn, Schöningh

RHODE-JÜCHTERN, T. (2004): Derselbe Himmel, verschiedene Horizonte. Zehn Werkstücke zu einer Geographiedidaktik der Unterscheidung, Wien (Materialien zur Didaktik der Geographie und Wirtschaftskunde 18)

SCHNEIDER, A. & R. VOGLER (2008): Der Turm von Jena. Vielperspektivische Exkursionsdidaktik am Beispiel der Jenaer Innenstadt, Praxis Geographie, No. 7-8/2008: 10-14

THOLEN, G. C. (2005): Medium/Medien, in: Roesler, A. & B. Stiegler (Hg.): Grundbegriffe der Medientheorie, Paderborn, Fink: 150-172

TRAUFETTER, G. (2010): Recherchepanne. Weltklimarat schlampte bei Gletscher-Prognosen, http://www.spiegel.de/wissenschaft/natur/0,1518,672709,00.html (Stand: 19.01.2010) [16.02.2010]

VIELHABER, C. (1999): Über die (Un)Wichtigkeit des Raumes in der Schulgeographie, in: Vielhaber, C. (Hg.): Geographiedidaktik kreuz und quer, vom Vermittlungsinteresse bis zum Methodenstreit – von der Spurensuche bis zum Raumverzicht, Wien, Institut für Geographie: 47-66

VOGLER, R. (2010): Japan wird gemacht – Bildanalyse im (GW)-Schulbuch, GW-Unterricht, No. 117: 52-66

VON STORCH, H. (2007): Klimaszenarien, in: Gebhardt, H., Glaser, R., Radtke, U. & P. Reuber (Hg.): Geographie. Physische Geographie und Humangeographie, München, Spektrum: 252-259

WARDENGA, U. (2002): Alte und neue Raumkonzepte für den Geographieunterricht, Geographie heute, Vol. 23, No. 200: 8-11

WARDENGA, U. (2006): Raum- und Kulturbegriffe in der Geographie, in: Dickel, M. & D. Kannwischer (Hg.): TatOrte. Neue Raumkonzepte didaktisch inszeniert, Berlin (Praxis Neue Kulturgeographie 3): 21-47

WARDENGA, U. (2007): Länderkunde – Regionale Geographie, in: Gebhardt, H., Glaser, R., Radtke, U. & P. Reuber (Hg.): Geographie. Physische Geographie und Humangeographie, München, Spektrum: 66-67

WATZLAWICK, P. (2006): Wirklichkeitsanpassung oder angepasste „Wirklichkeit"? Konstruktivismus und Psychotherapie, in: Gumin, H. & H. Meier (Hg.): Einführung in den Konstruktivismus, 9. Aufl., München, Piper (Veröffentlichungen der Carl Friedrich von Siemens Stiftung 5): 89-107

WEBER, M. (2008): Alltagsbilder des Klimawandels. Zum Klimabewusstsein in Deutschland, Wiesbaden, VS Verlag für Sozialwissenschaften

WEICHHART, P. (2001): Humangeographische Forschungsansätze, in: Sitte, W. & H. Wohlschlägl (Hg.): Beiträge zur Didaktik des „Geographie und Wirtschaftskunde"-Unterrichts. Wien, Institut für Geographie: 182-198

WERLEN, B. (2000): Sozialgeographie. Eine Einführung, Bern, Haupt

Tobias Nehrdich
Universität Hamburg
Institut für Erziehungswissenschaften, Psychologie und Bewegungswissenschaften
Didaktik der Geographie
Von-Melle-Park 8, 20146 Hamburg
tobias.nehrdich@uni-hamburg.de
http://www.epb.uni-hamburg.de/personen/nehrdich

Bereits erschienen:

Hamburger Symposium Geographie

Küste und Klima

Herausgegeben von
Beate M.W. Ratter

Institut für Geographie der Universität Hamburg 2009

Zu beziehen über:

Bibliothek des Instituts für Geographie der Universität Hamburg
bibliothek.geographie@uni-hamburg.de